超轻粘土制作

从入门到精通

DVD 教学版

董星 编著

人民邮电出版社
北京

图书在版编目（CIP）数据

超轻粘土制作从入门到精通 ： DVD教学版 / 董星编著. -- 北京 ： 人民邮电出版社，2017.1（2019.4重印）
ISBN 978-7-115-44159-1

Ⅰ. ①超… Ⅱ. ①董… Ⅲ. ①粘土－手工艺品－制作－基本知识 Ⅳ. ①TS973.5

中国版本图书馆CIP数据核字(2016)第280827号

内 容 提 要

超轻粘土是一种包容度很高的环保手工材料，不仅能自由捏塑造型，还能用颜料上色，在日式手办和少儿手工中应用非常广泛。

本书共有 5 个部分，从超轻粘土手工作品的制作基础，到入门案例、技术案例、创意案例、趣味应用案例，由浅入深地教授了超轻粘土手工作品的全流程制作方法。本书案例囊括了新鲜蔬果、美食、花卉、家居物品、可爱饰物和人物，萌系的造型和简化的制作方法绝对能柔软你的生活！另外，本书还有精美的DVD，包含制作超轻粘土手工作品的教学视频，以及附赠的十二生肖系列小案例和视频。

本书内容简单易学、案例可爱精致，适合手工爱好者与初学者阅读学习，也可以作为老师、家长与孩子的互动教程，以及相关专业的培训教材。

◆ 编　　著　董　星
　责任编辑　易　舟
　责任印制　陈　犇
◆ 人民邮电出版社出版发行　　北京市丰台区成寿寺路 11 号
　邮编　100164　　电子邮件　315@ptpress.com.cn
　网址　http://www.ptpress.com.cn
　北京虎彩文化传播有限公司印刷
◆ 开本：787×1092　1/16
　印张：11.5　　　　2017 年 1 月第 1 版
　字数：476 千字　　2019 年 4 月北京第 4 次印刷

定价：59.80 元（附光盘）

读者服务热线：(010)81055296　印装质量热线：(010)81055316
反盗版热线：(010)81055315
广告经营许可证：京东工商广登字 20170147 号

本书使用说明

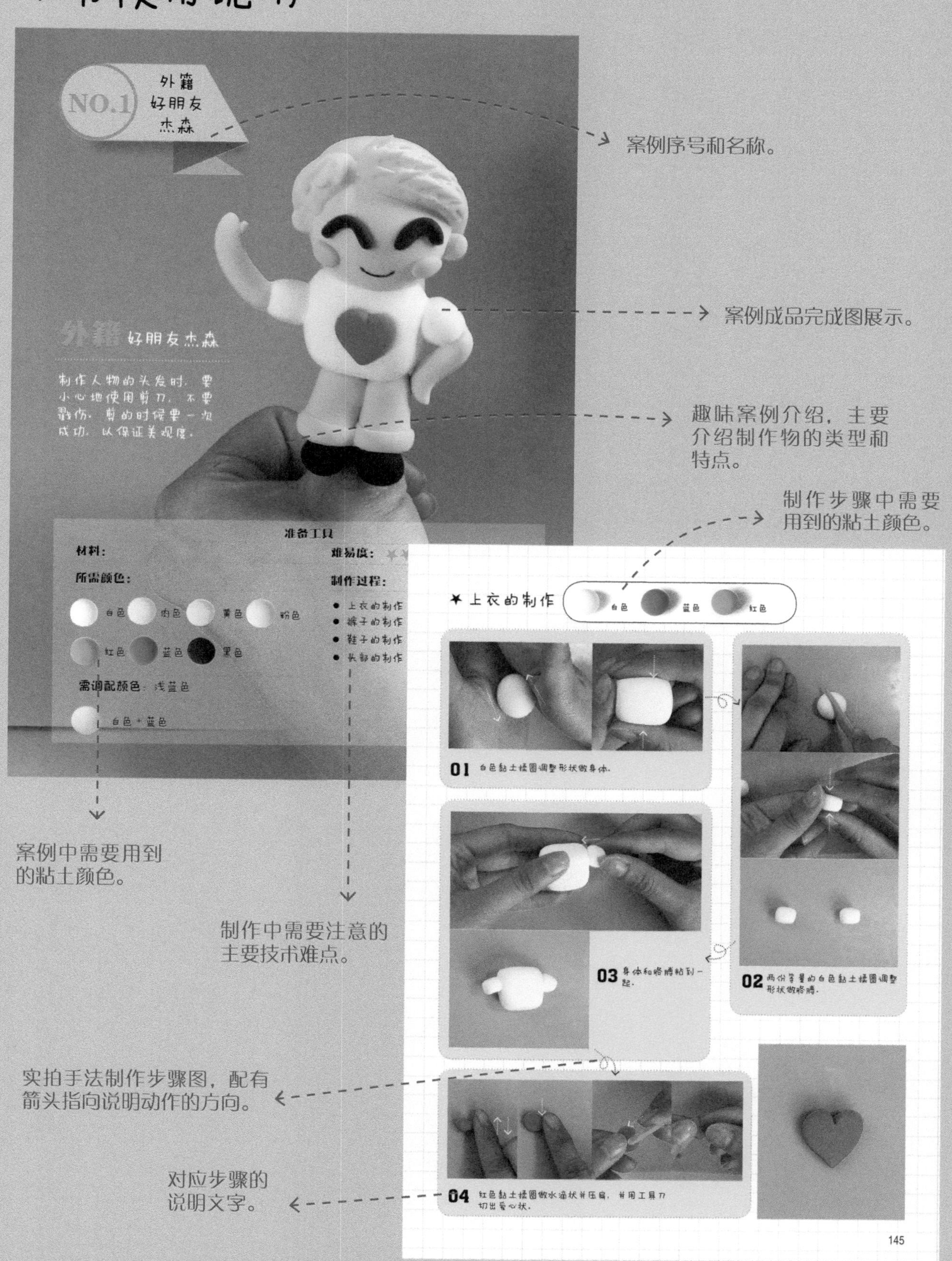

NO.1
外籍
好朋友
杰森
案例序号和名称。
案例成品完成图展示。
外籍 好朋友杰森
制作人物的头发时，要小心地使用剪刀，不要戳伤，剪的时候要一次成功，以保证美观度。
趣味案例介绍，主要介绍制作物的类型和特点。
制作步骤中需要用到的粘土颜色。
准备工具
材料：
难易度：
所需颜色：
制作过程：
白色
肉色
黄色
粉色
红色
蓝色
黑色
上衣的制作
裤子的制作
鞋子的制作
头部的制作
需调配颜色：浅蓝色
白色＋蓝色
案例中需要用到的粘土颜色。
制作中需要注意的主要技术难点。
上衣的制作
白色
蓝色
红色
01 白色黏土揉圆调整形状做身体。
02 两份等量的白色黏土揉圆调整形状做胳膊。
03 身体和胳膊粘到一起。
04 红色黏土揉圆做水滴状并压扁，并用工具刀切出爱心状。
145
实拍手法制作步骤图，配有箭头指向说明动作的方向。
对应步骤的说明文字。

PART. 01 超轻粘土基础

制作粘土作品的工具 10
制作粘土作品的基本手法 11

★揉捏 11
★混色的方法 12
★粘土的软硬调节 13
★粘土的修补 13
★粘土的保存 13

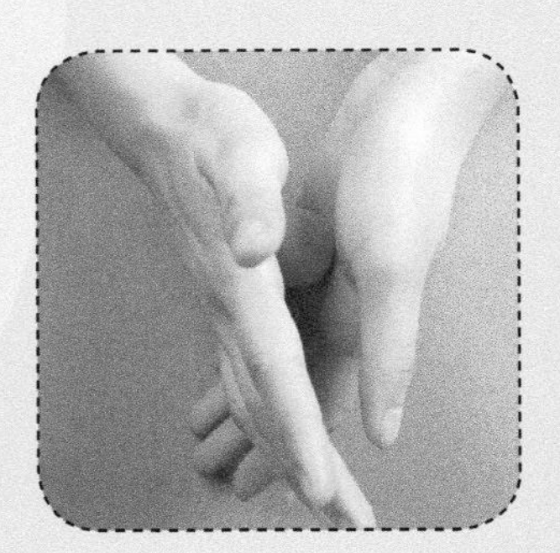

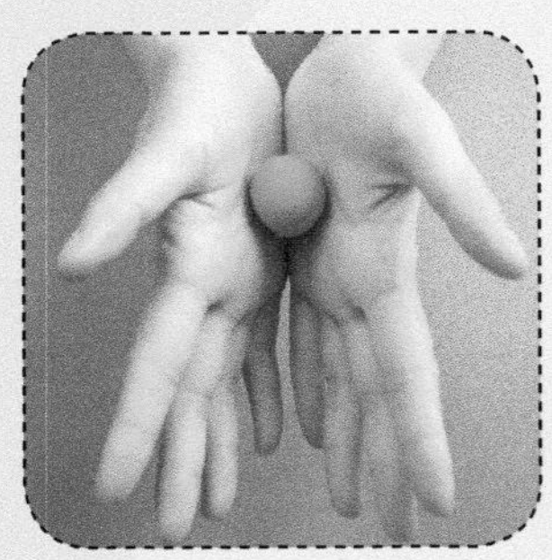

PART. 02 入门篇

新鲜的蔬菜

NO.1 红红的胡萝卜 15

NO.2 新鲜的番茄 19

NO.3 表情各异的豌豆荚 21

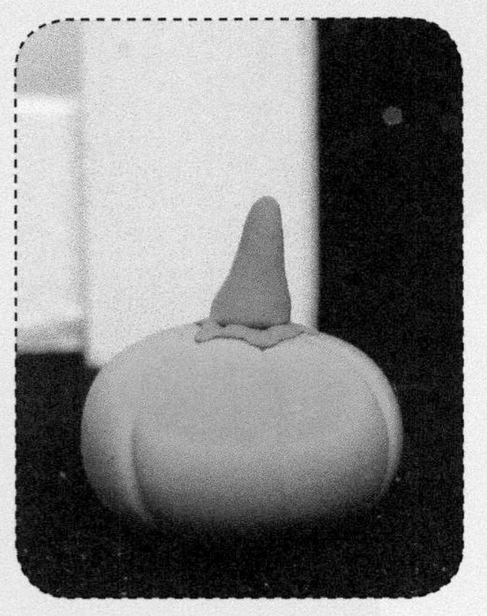

NO.4 可爱的南瓜 24

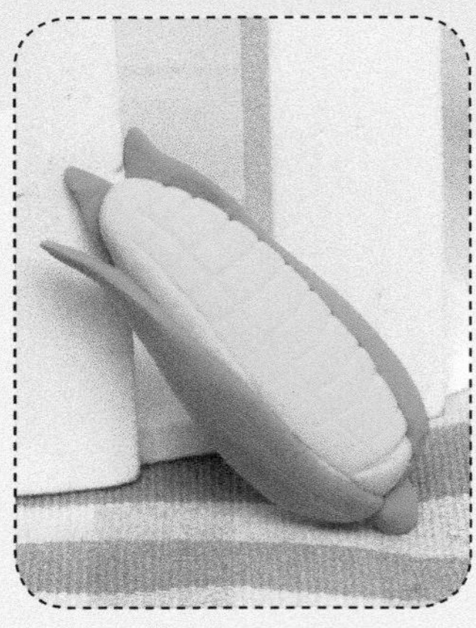

NO.5 金灿灿的玉米 26

NO.6 丰富的菜篮子 29

香甜的水果

NO.1 晶莹的樱桃 33

NO.2 爽口的西瓜 36

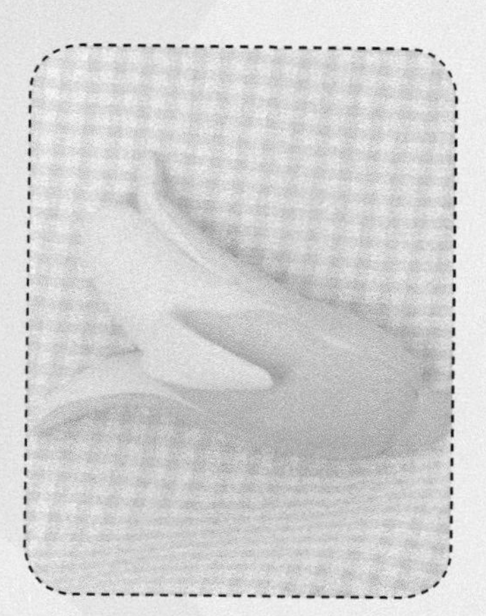

NO.3 甜甜的香蕉 40

NO.4 香脆的苹果 44

NO.5 缤纷的果盘 47

PART.03 技术篇

可口的美食

NO.1 曲奇饼干 51

NO.2 巧克力蛋糕 55

NO.3 饱满的寿司 61

NO.4 清凉的冰激凌 64

美丽的花卉

NO.1 温馨的多肉植物 68

NO.2 可爱的雏菊 73

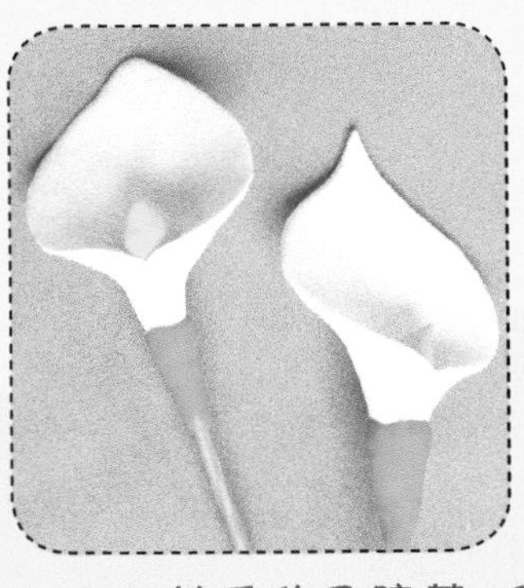

NO.3 芳香的马蹄莲 78

NO.4 脱俗的蓝玫瑰 81

NO.5 多姿多彩的花篮 86

PART.04 创意篇

温馨的家居

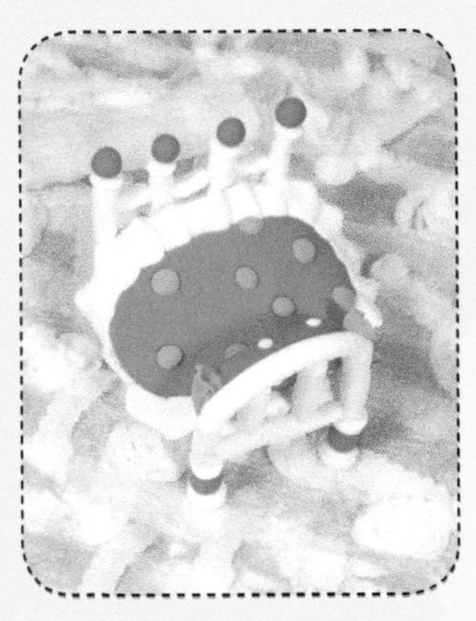

NO.1 漂亮的公主床 92

NO.2 软软的靠垫沙发 103

NO.3 花朵小圆桌 108

NO.4 复古的四脚板凳 114

NO.5 可爱的天线电视机 117

NO.6 冬日风格的冰箱 122

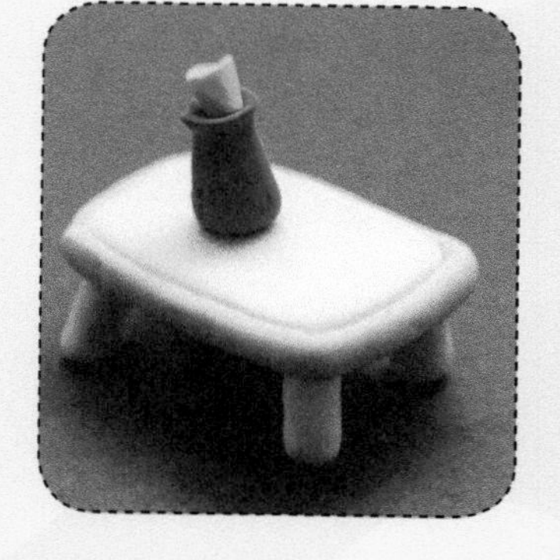
NO.7 干净清新的茶几 125

NO.8 具有年代感的橱柜 128

NO.9 装满书的抽屉柜 134

PART.05 趣味应用篇

NO.1 外籍好朋友杰森 144

NO.2 长颈鹿笔筒 150

NO.3 萌萌的猫咪戒指 159

NO.4 糖果手机壳 162

NO.5 雪人音乐盒 166

NO.6 冰激凌时钟 172

NO.7 汉堡钥匙圈 176

NO.8 音乐风相框 179

NO.9 马卡龙便签夹 183

PART.01 超轻粘土基础

我们首先认识一下什么是超轻粘土，了解一下制作超轻粘土作品需要哪些工具。

制作粘土作品的工具

塑料刀

使用塑料刀，可以方便地在超轻粘土上划出想要的痕迹；抹平超轻粘土连接的接缝；分割超轻粘土，分出想要的大小，在超轻粘土上面划出好看的花纹。

剪刀

普通的剪刀，可准备不同大小的，用于剪出粘土的细节部分。

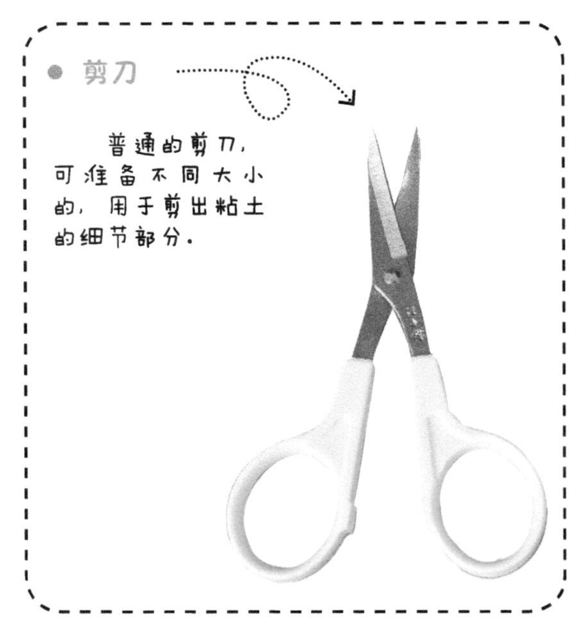

不锈钢滚筒

滚筒材质为不锈钢。它主要用来压泥、揉泥、擀片。在制作中它可以调整泥条，能保证超轻粘土饼的厚度一致，且表面平滑。使用滚筒方便快捷，除不锈钢滚筒外，还建议选择透明或半透明材质滚筒，以方便观察制作过程中超轻粘土的效果。

喷壶

超轻粘土如果在使用过程中变得干燥了，可用喷壶适当喷水后揉捏，使超轻粘土恢复原状。

胶水

速干白乳胶比502胶更加方便安全。用于超轻粘土的连接或者其他材料的粘合。使用时只须蘸一点，薄薄地涂一层即可。

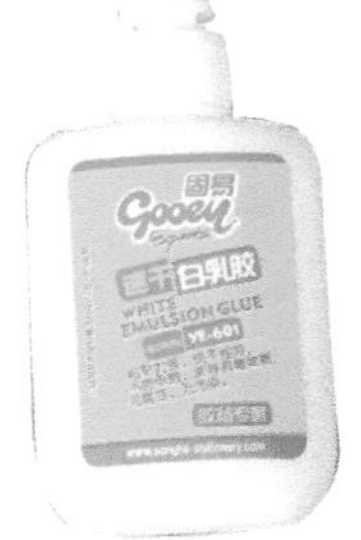

超轻粘土

超轻粘土是纸粘土的一种，捏塑起来很容易，适合初学者使用，是新型无毒环保自然风干的手工材料，做出来的作品形象很可爱。它的干燥速度取决于成品的大小，作品越小，干燥速度越快，越大则越慢。一般表面干燥的时间为3小时左右。

制作粘土作品的基本手法

★ 揉捏

● 圆球

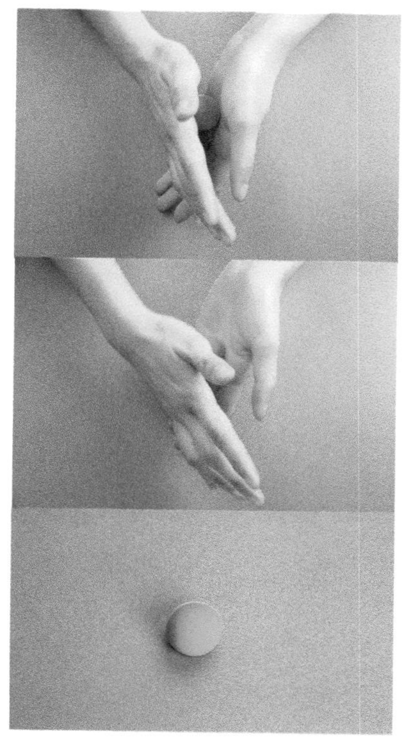

● 水滴

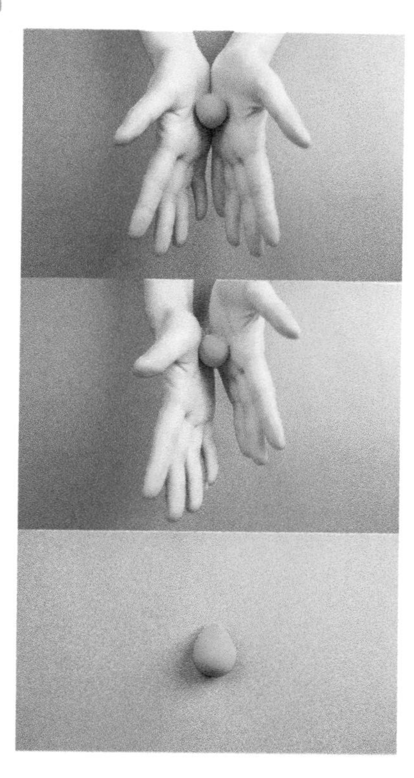

● 长条

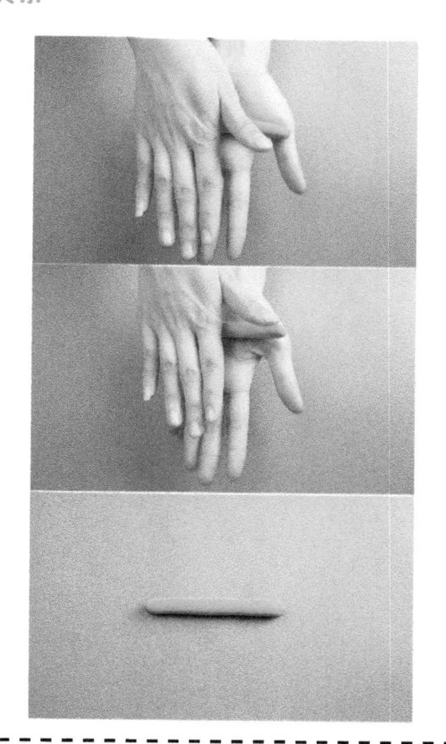

● 圆饼

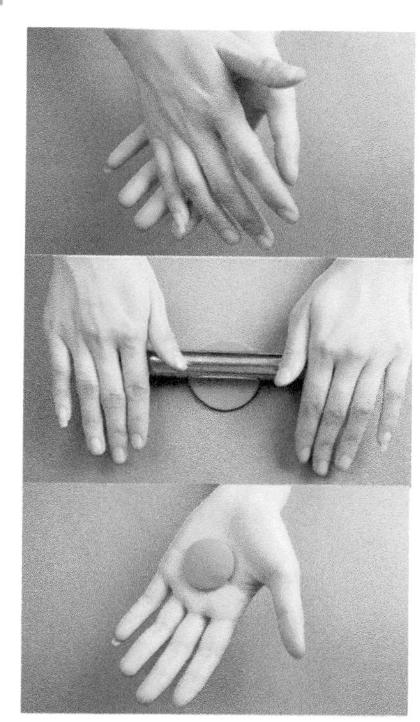

★混色的方法

将两种颜色的粘土混合揉匀。根据所需颜色，调整颜色比例。有些粘土则不用揉匀，可根据需要小心揉制。

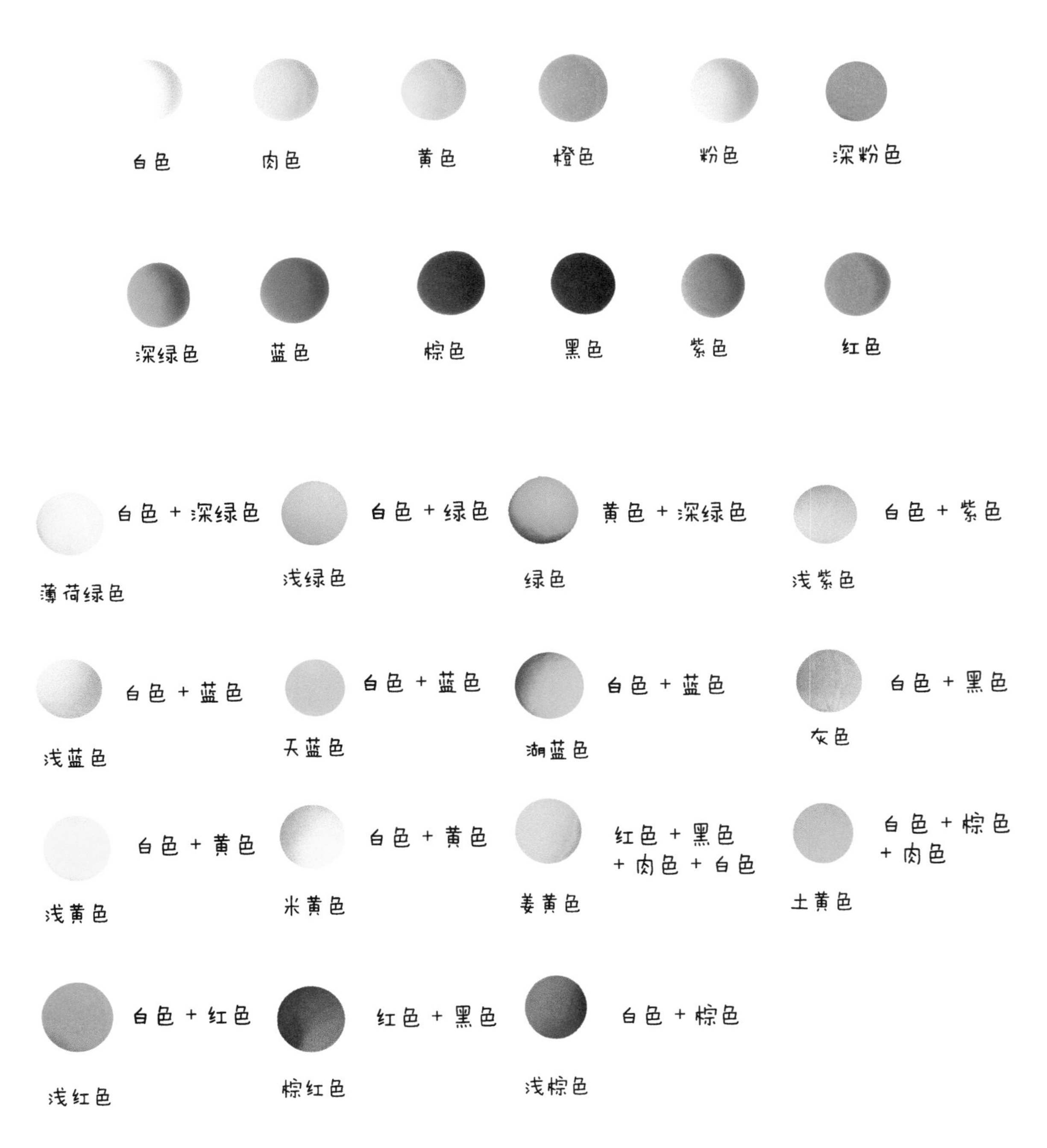

棕色纹理

蓝紫色纹理

粉色纹理

混合粘土时，初学者可以一点一点添加，慢慢掌握颜色的比例，以免造成粘土的浪费。

★粘土的软硬调节

超轻粘土质地柔软，不包装好很容易变硬变干。用小喷壶喷一点水，再揉捏3分钟，即可变回质地柔软的粘土。

一整盒的粘土如果变干，可以往盒子里倒一点水，浸泡一天。随后倒掉盒子里面的水，揉捏2~3分钟，粘土就变得跟刚买回来的一样质地柔软了。

★粘土的修补

做出来的成品如果零件掉落，可以用少量的水或者胶水进行粘合。损坏的零件可以重新制作，再进行粘贴。

如果成品表面蹭掉了一些粘土，可用相同颜色进行覆盖，再用工具整理边缘。

★粘土的保存

常见的包装有三种：1. 塑料纸包裹；2. 塑料密封袋；3. 塑料盒子。

盒子的包装最严密，粘土不容易变干。塑料密封袋密封度也很好。这两种粘土包装，每次用完后密封好包装。塑料纸包裹的粘土容易干。每次使用后要严密包好。

粘土要放在阴凉处保存，不应放在有阳光和通风的地方。

PART. 02

入门篇

刚刚接触粘土，可以从简单可爱的小物件开始制作，练习熟练度。先来做一些常见的水果蔬菜吧。

红红的
胡萝卜

红红的胡萝卜

胡萝卜的制作重点在于揉粘土的手法运用。

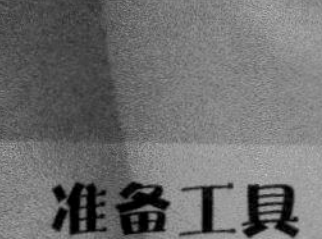

准备工具

材料：

难易度： ★

所需颜色：

白色　橙色　黄色

深绿色　蓝色

需调配颜色： 天蓝色　绿色

白色＋蓝色　黄色＋深绿色

制作过程：

- 主体的制作
- 表情的制作

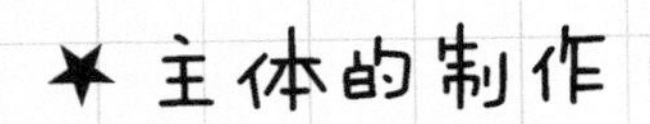

★ 主体的制作

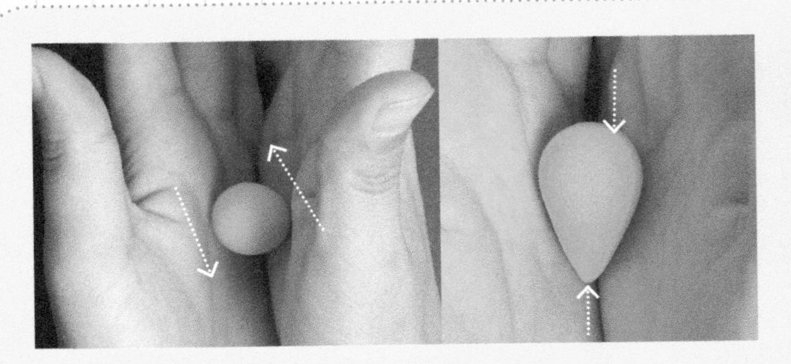

01 将粘土放到手掌心相对揉圆，再搓出一个小水滴的样子，

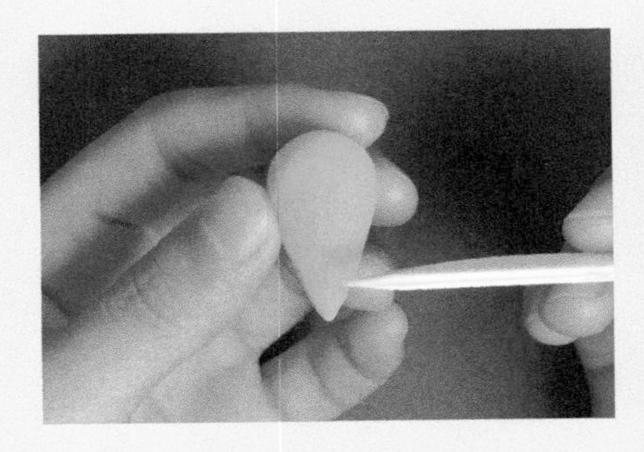

02 用工具刀将小水滴轻轻地划出胡萝卜的小细纹。

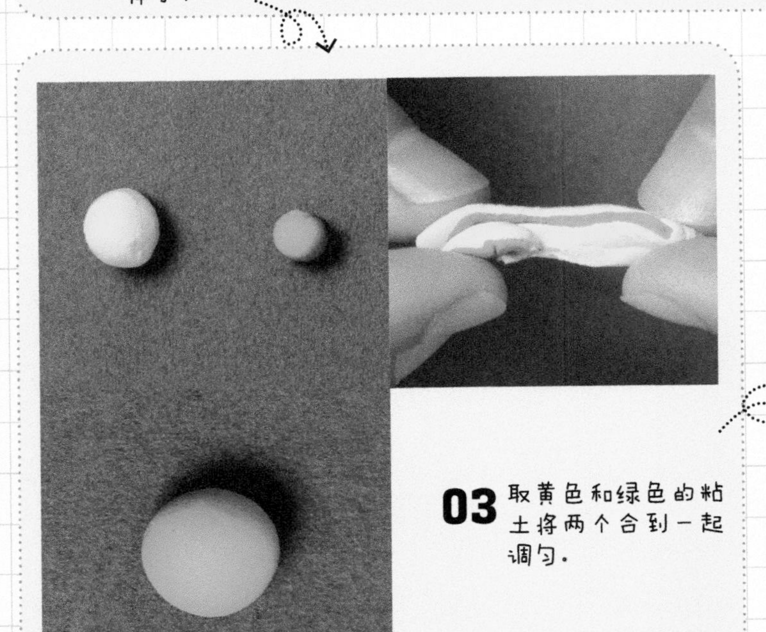

03 取黄色和绿色的粘土将两个合到一起调匀。

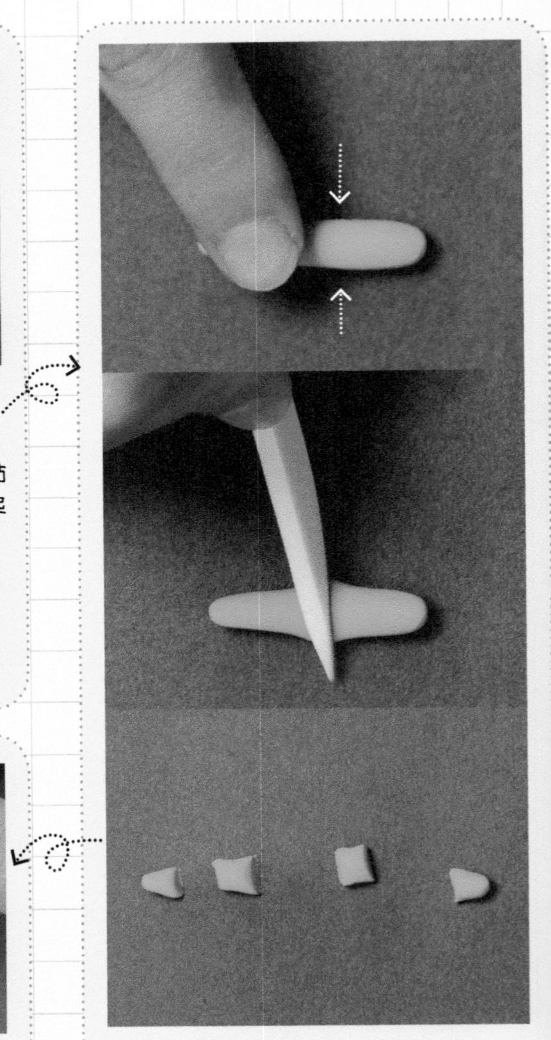

04 将新调出来的绿色分成四小份做小叶子。

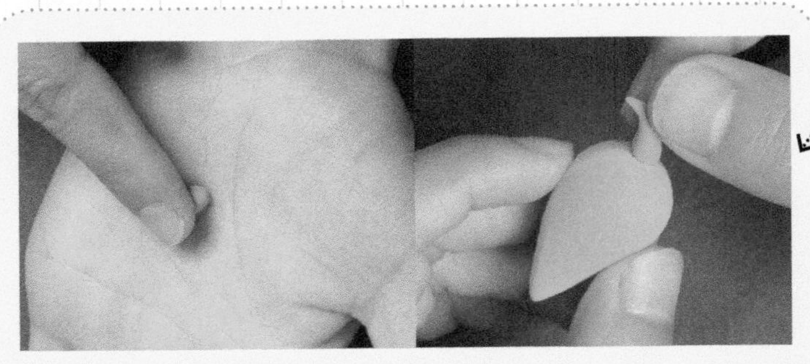

05 小叶子做成小水滴的形状，尖尖的一面朝上放到胡萝卜的上边。

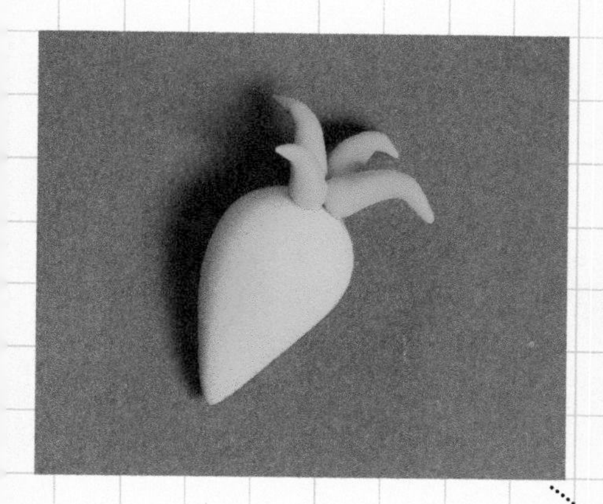

06

胡萝卜的主体
就做好了。

★ 表情的制作

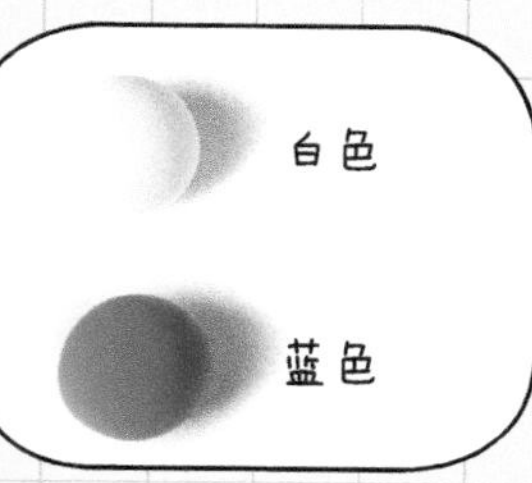

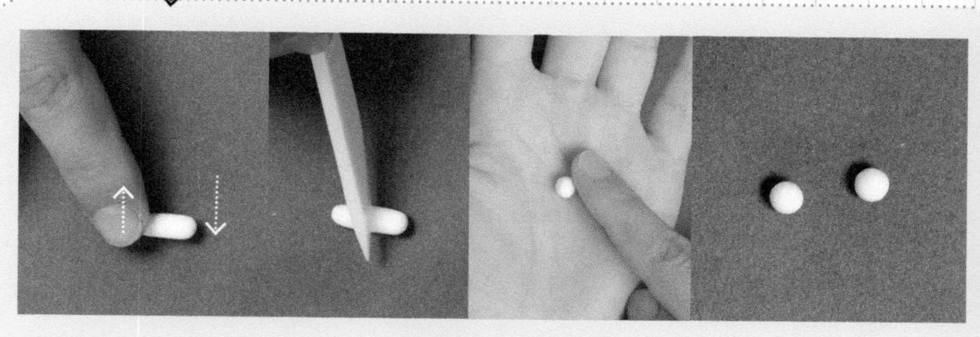

07 胡萝卜的眼睛，取一小块白色粘土分成两等份，分别揉圆。

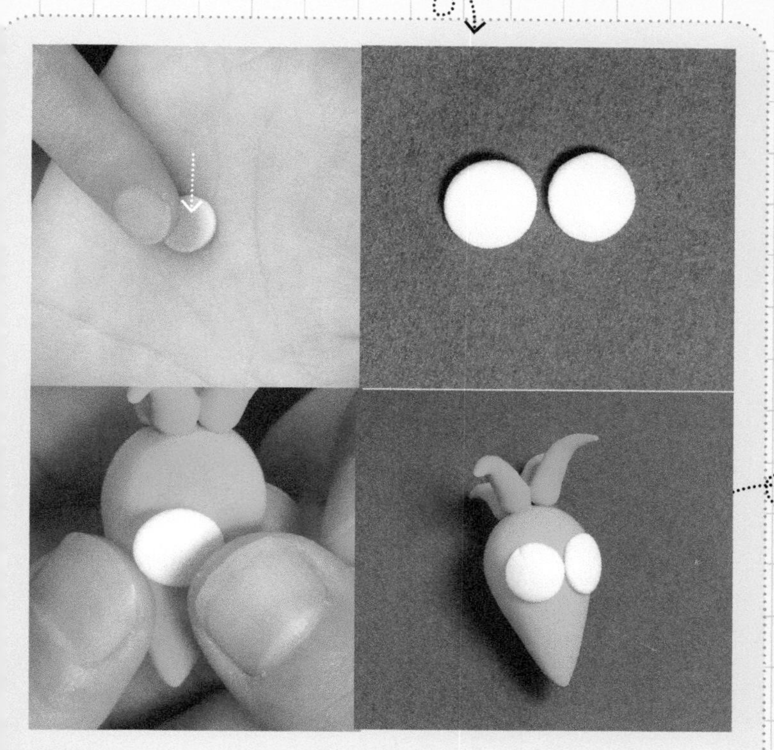

08 将两个小圆压扁，放到胡萝卜上边。

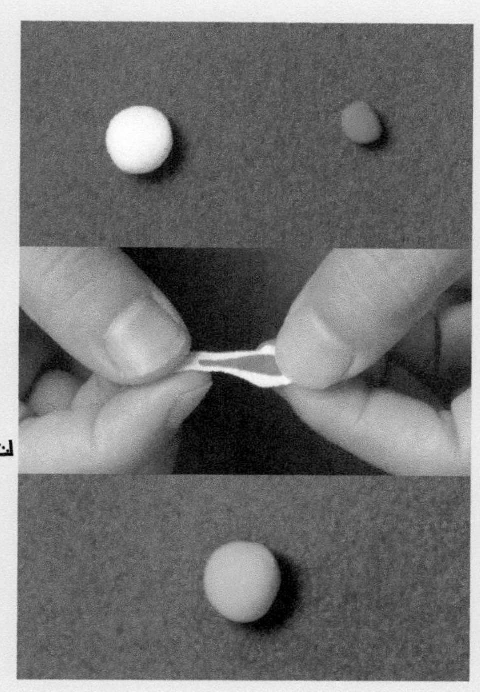

09 制作胡萝卜水汪汪的眼睛，需将小块蓝色粘土跟白色粘土混合调匀。

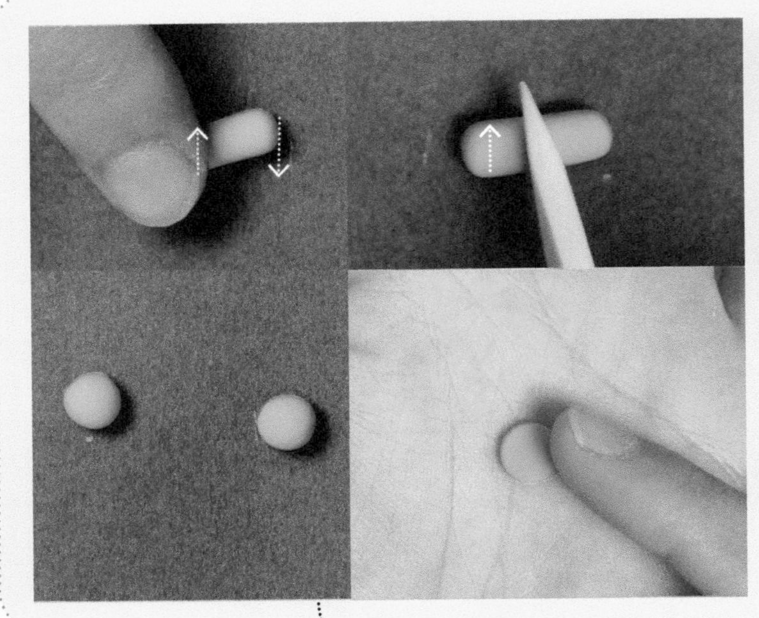

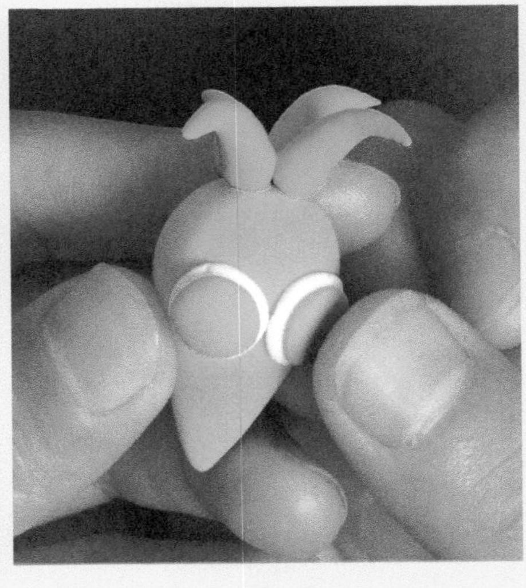

10 将调好的天蓝色分粘土两份揉圆，压扁。

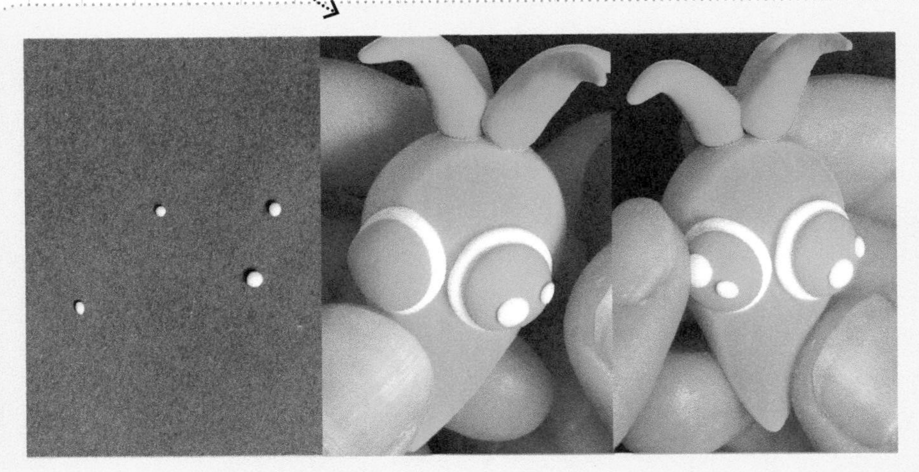

11 贴到白色上边，再加两个小高光，眼睛就做好了。

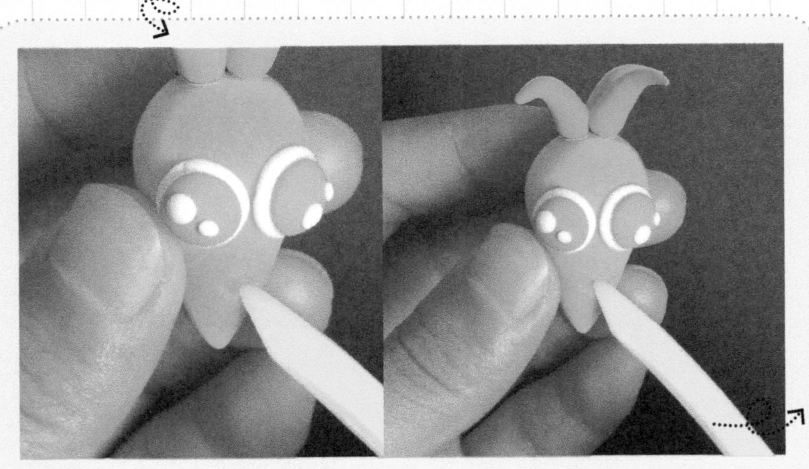

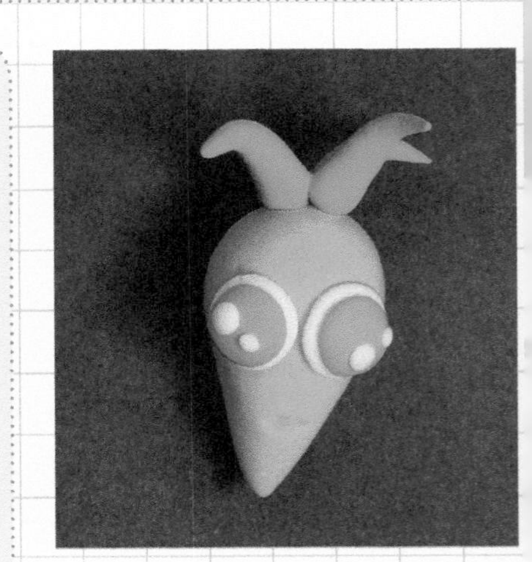

12 用工具刀再给胡萝卜点出一个嘴巴，完工。

新鲜的番茄

番茄的制作方法简单易学，重点在于萼片形状的揉捏。

准备工具

材料：

难易度：★

所需颜色：

 红色

 深绿色

制作过程：

- 番茄的制作

✶ 番茄的制作

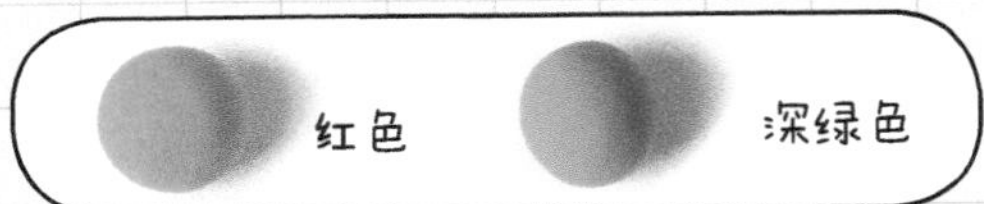

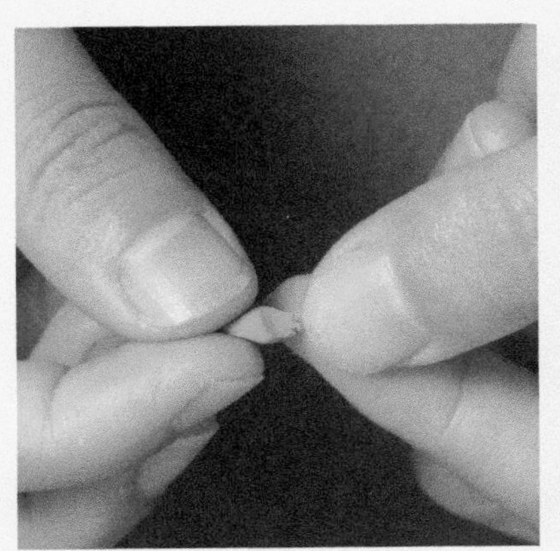

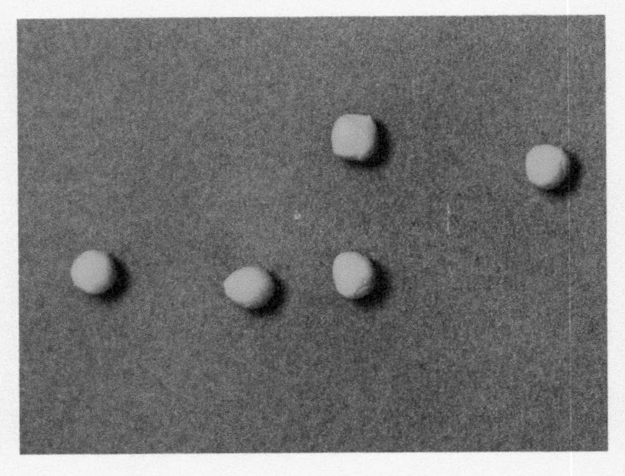

01 取红色和深绿色的粘土，将红色粘土放到掌心揉圆，深绿色粘土分成5等份。

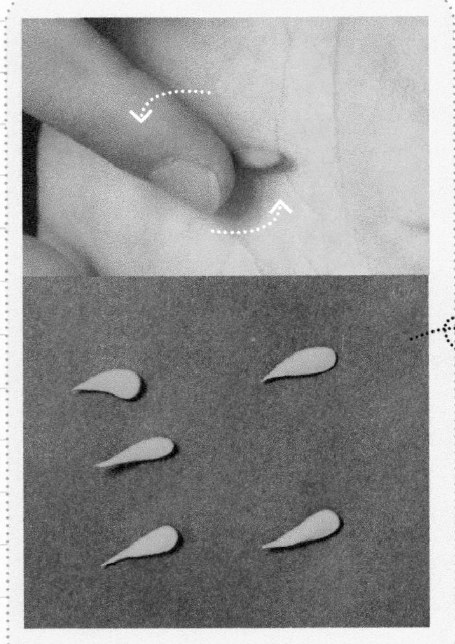

02 用左手食指指肚将分好的深绿色粘土搓出5个小水滴。

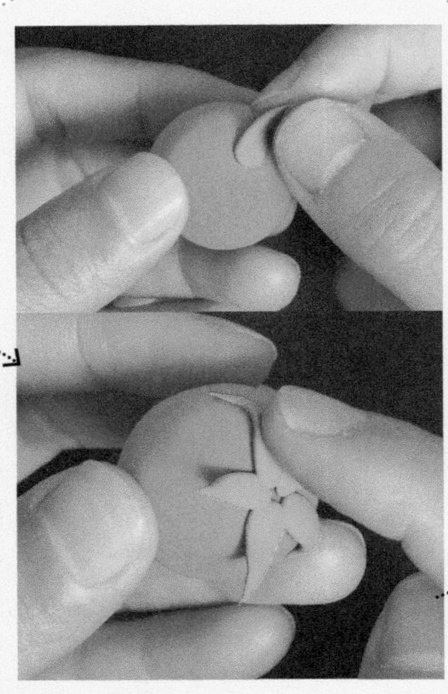

03 做好的小水滴放在红色番茄的上边。

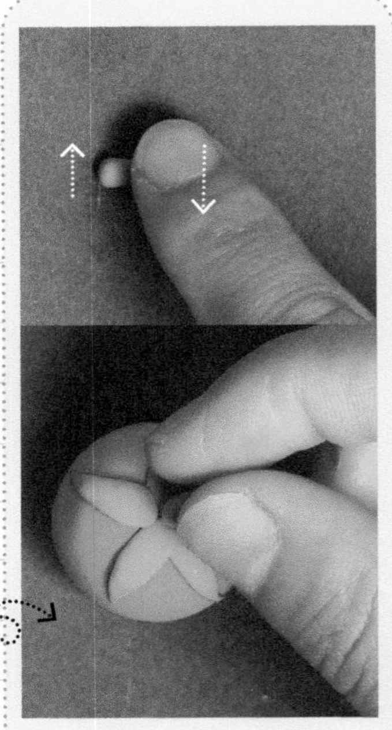

04 取一小块深绿色粘土做成番茄蒂放到顶端。

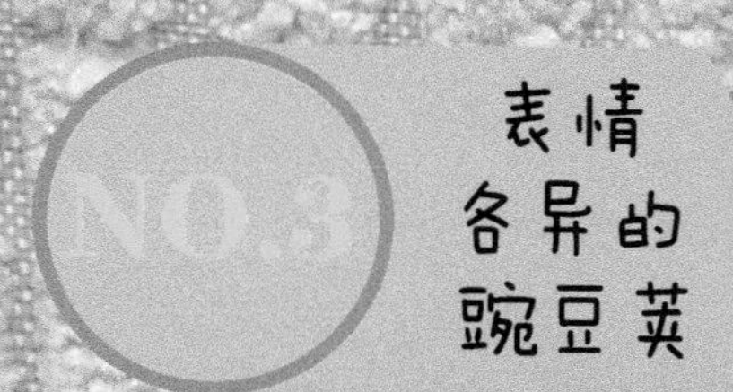

表情各异的豌豆荚

豌豆荚的制作简单，重点在于豌豆的豆荚大小。

准备工具

材料：

难易度： ★

所需颜色：

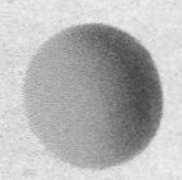
深绿色

黄色

制作过程：

- 豆荚的制作
- 豆子的制作
- 组合豆荚和豆子
- 表情的绘制

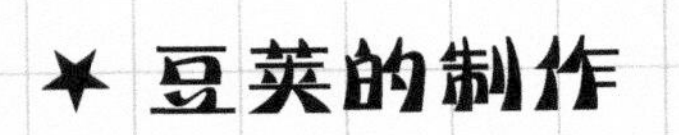

★ 豆荚的制作

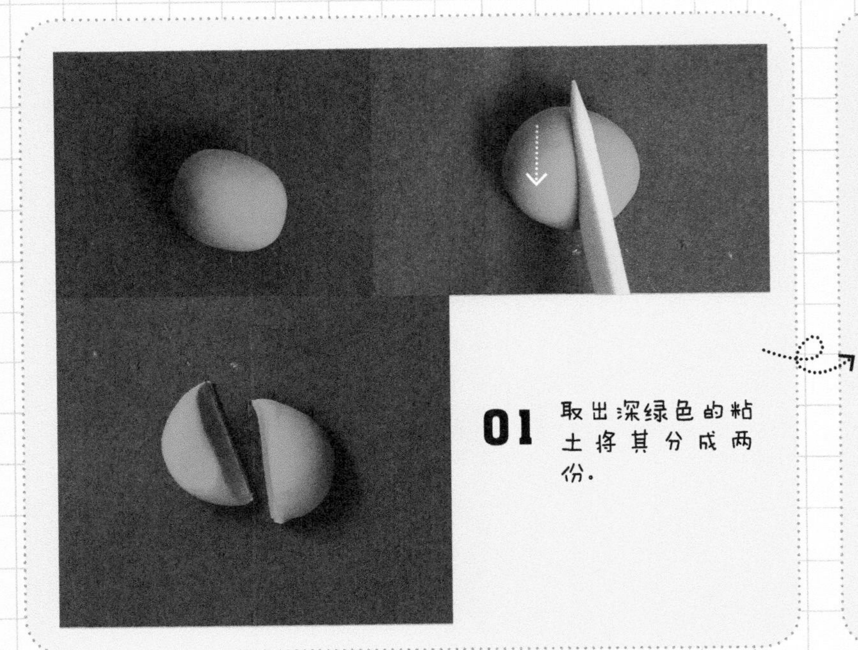

01 取出深绿色的粘土将其分成两份。

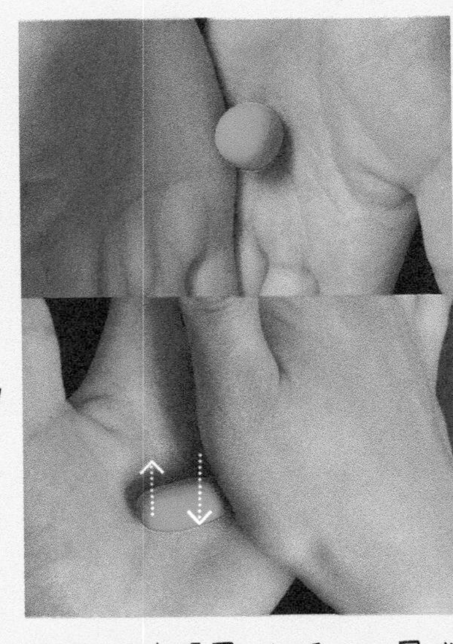

02 先揉圆，然后把小圆球搓成柱形。

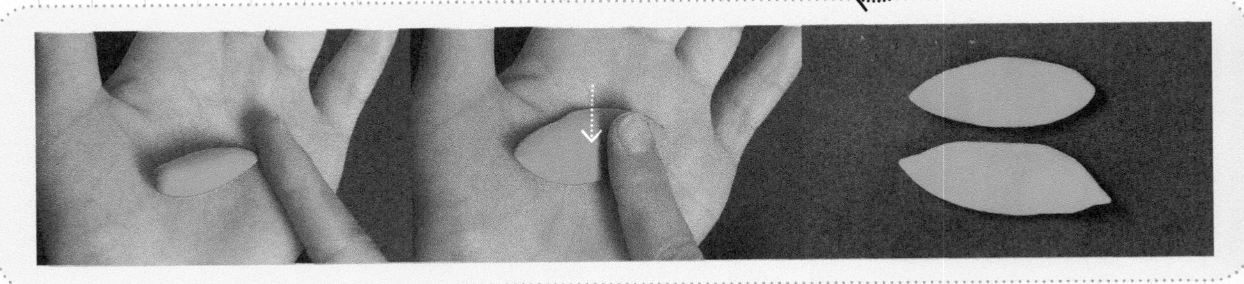

03 再将柱形的两端用食指指肚搓得尖尖的，在手心压扁。

★ 豆子的制作

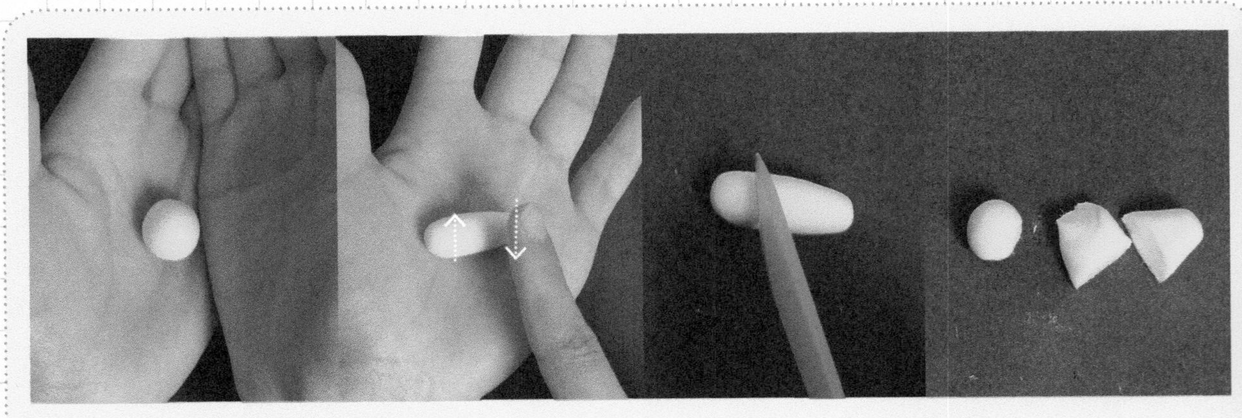

04 取黄色的粘土将其分成3份。

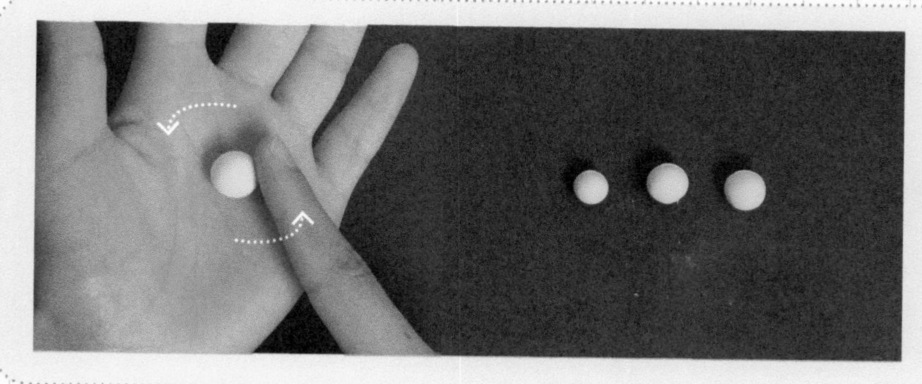

05 分别揉圆。

★ 组合豆荚和豆子

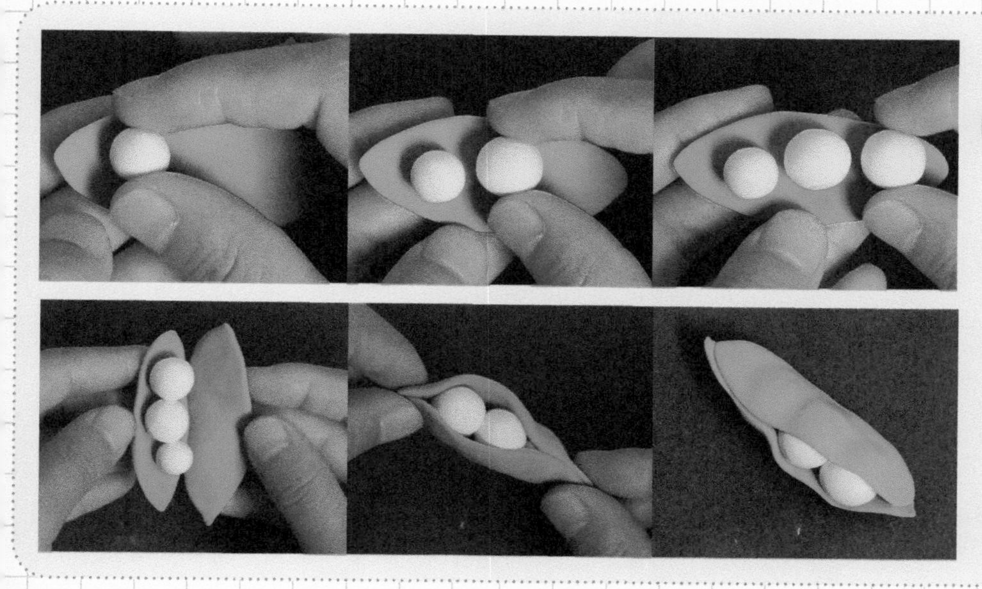

06 将揉圆后的小豆子放到深绿色的豆皮上边，用另一个豆皮将其包上，露出两个豆子。

★ 表情的绘制

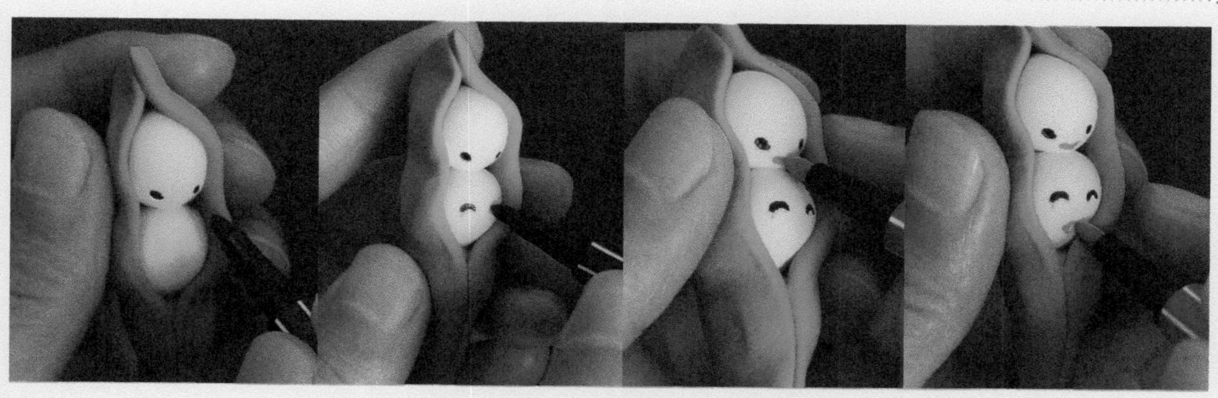

07 用笔绘出自己喜欢的表情就好了。

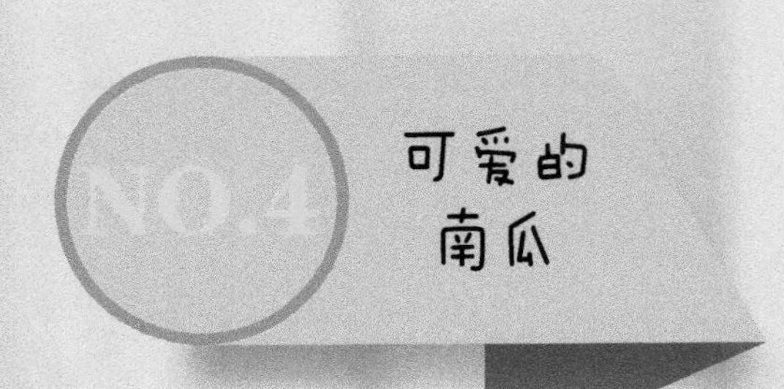

的南瓜

南瓜的制作方法简单易学，重点在于工具的应用。

准备工具

材料：

所需颜色：

深绿色　　橙色

难易度： ★

制作过程：

- 南瓜的制作
- 南瓜蒂的制作

★南瓜的制作

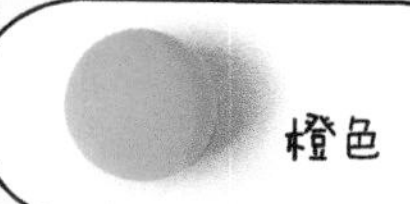

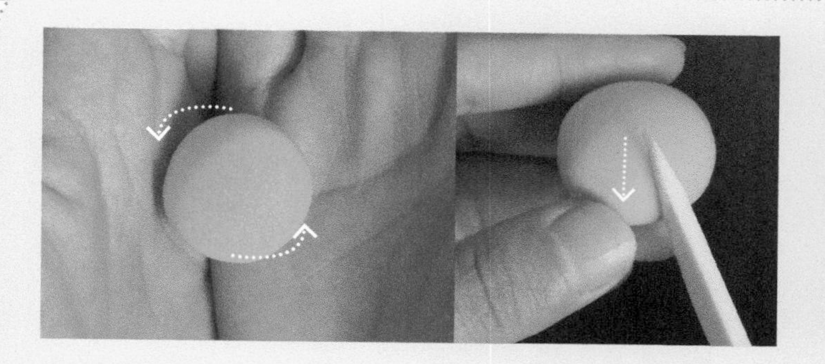

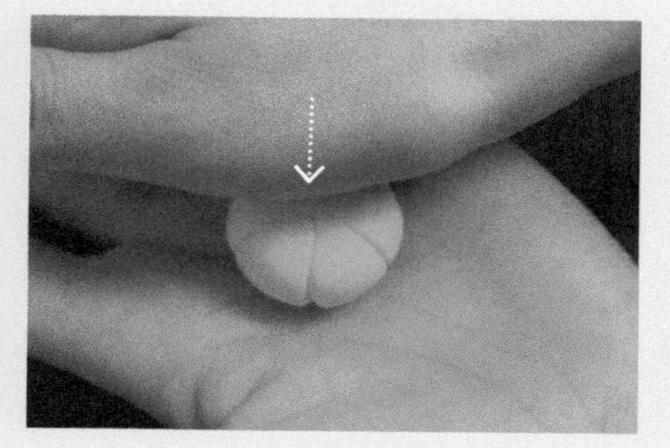

01 将橙色的粘土放到手心揉圆，用工具刀划出南瓜的纹路。

02 放于手心轻轻地压一压。

★南瓜蒂的制作

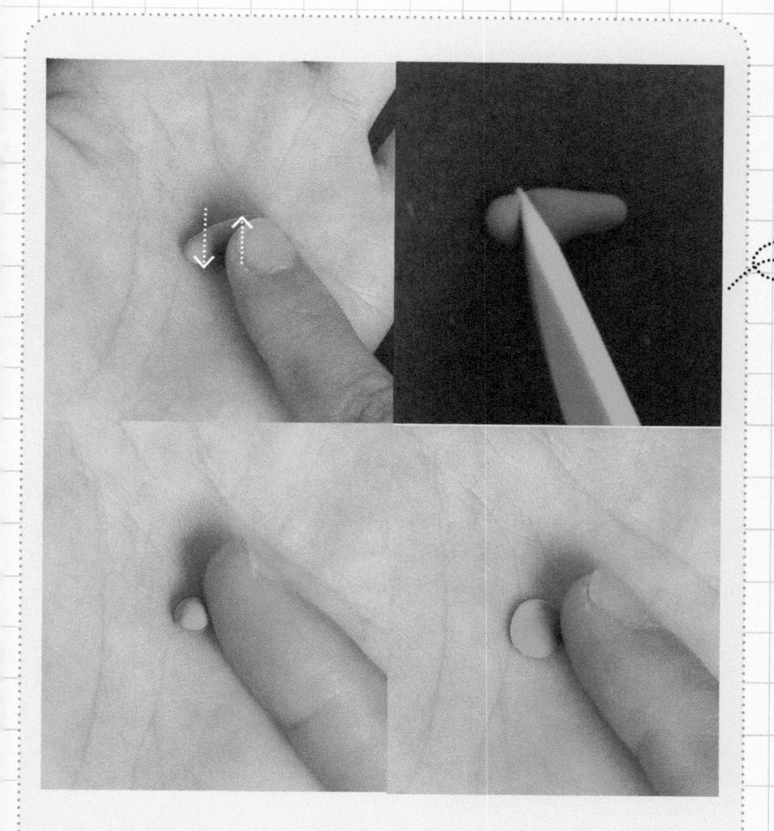

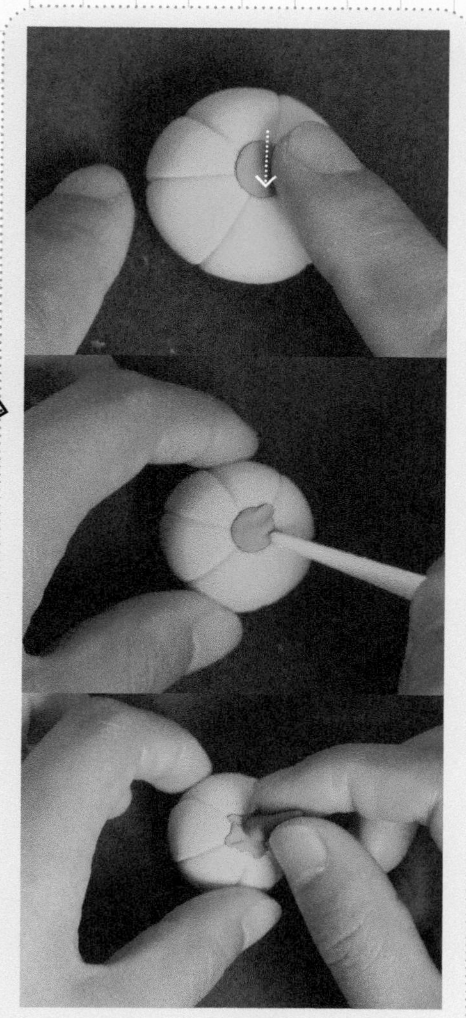

03 将深绿色的粘土分成两份不等的量，小的那份揉圆压扁。

04 压扁后的小圆放到南瓜顶端，用工具刀轻轻划出五角星的形状，将另一块深绿色的粘土搓成柱形放到上边。

金灿灿的玉米

金灿灿的玉米

玉米制作简单，用工具划出玉米一粒粒的质感时要注意玉米粒的大小。

准备工具

材料：

难易度： ☆

所需颜色：

白色　黄色

深绿色

需调配颜色： 草绿色

黄色 + 深绿色

制作过程：

- 玉米的制作
- 玉米苞叶的制作
- 玉米与苞叶的组合

★ 玉米的制作

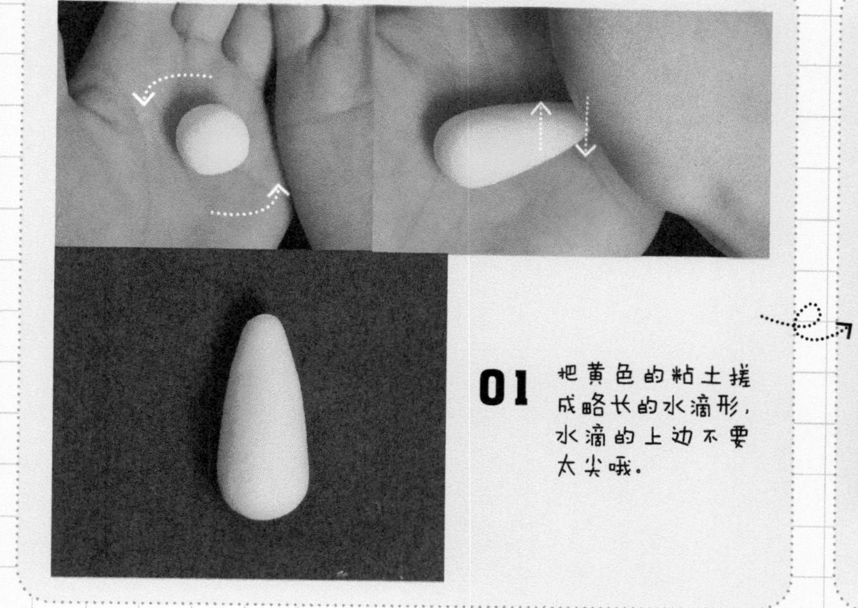

01 把黄色的粘土搓成略长的水滴形，水滴的上边不要太尖哦。

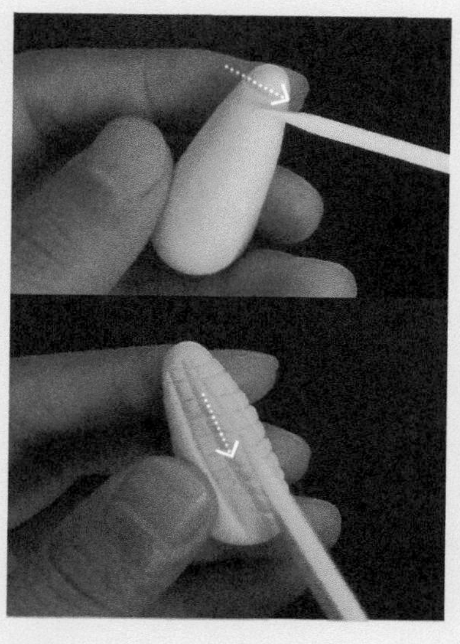

02 用工具刀划出一半的玉米粒的纹路。

★ 玉米苞叶的制作

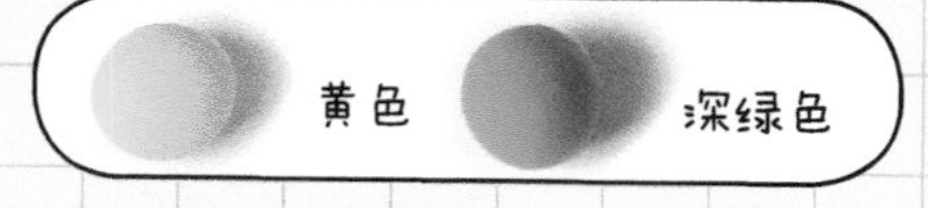

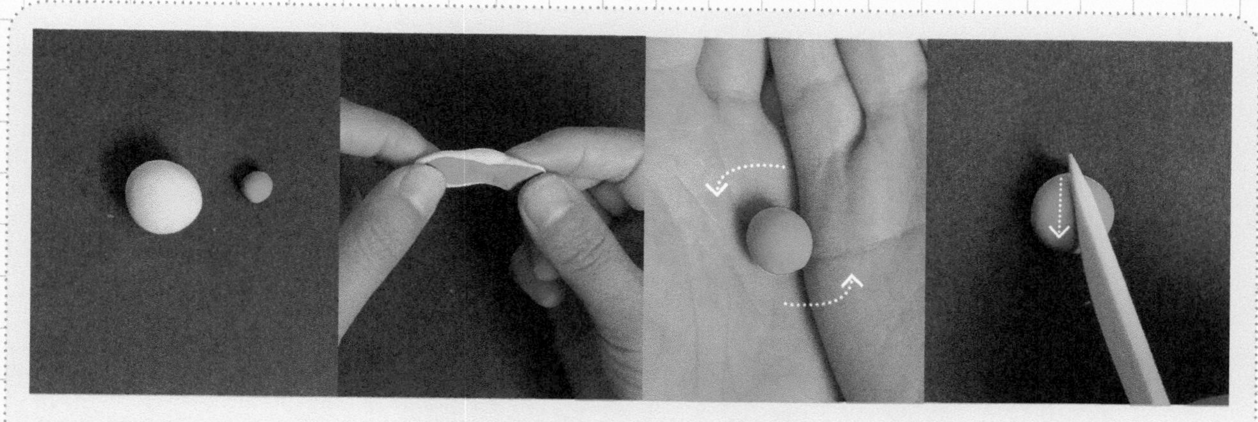

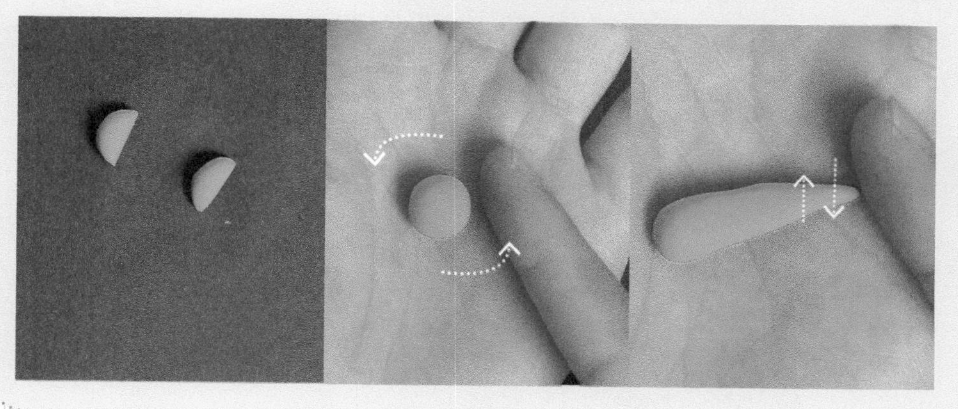

03 将黄色和深绿色的粘土调匀，变成草绿色，分成三份分别搓出比玉米略长点的水滴形。

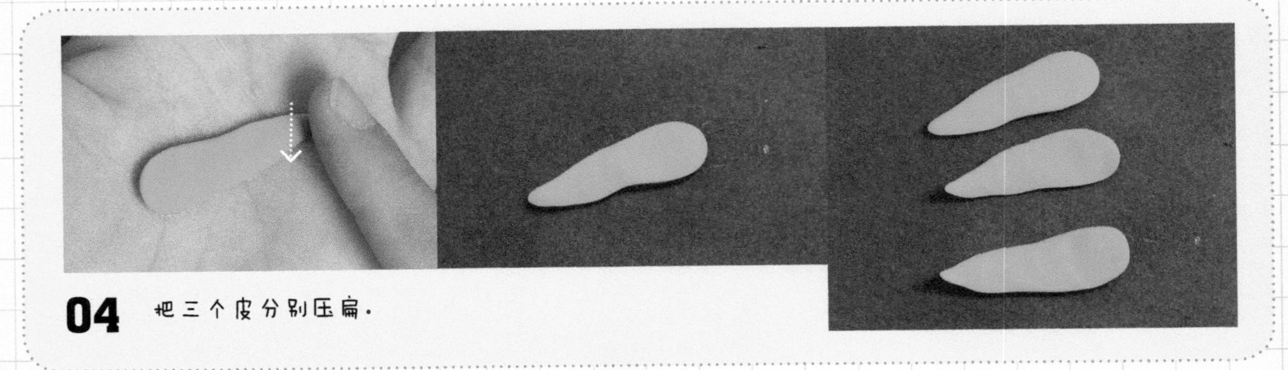

04 把三个皮分别压扁。

★ 玉米与苞叶的组合

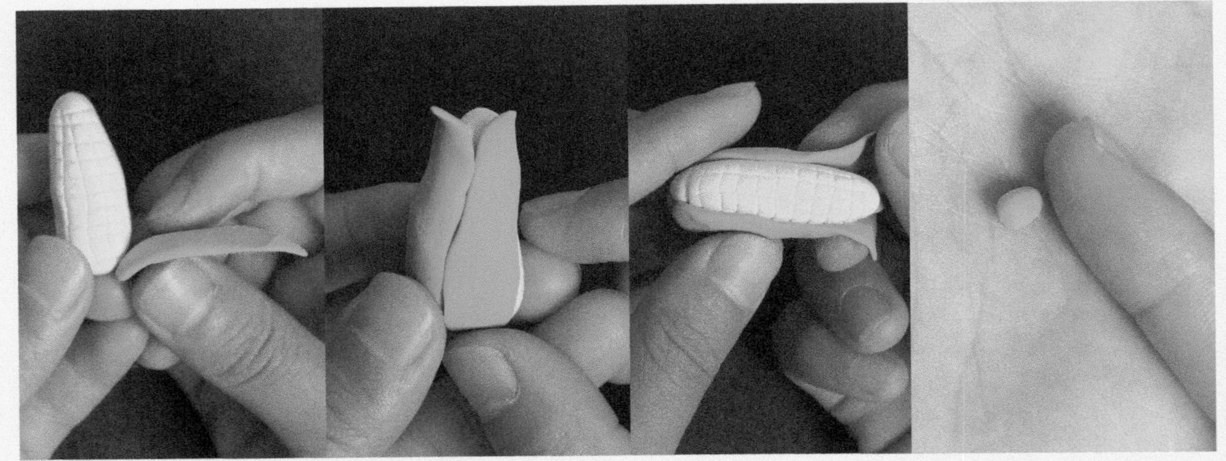

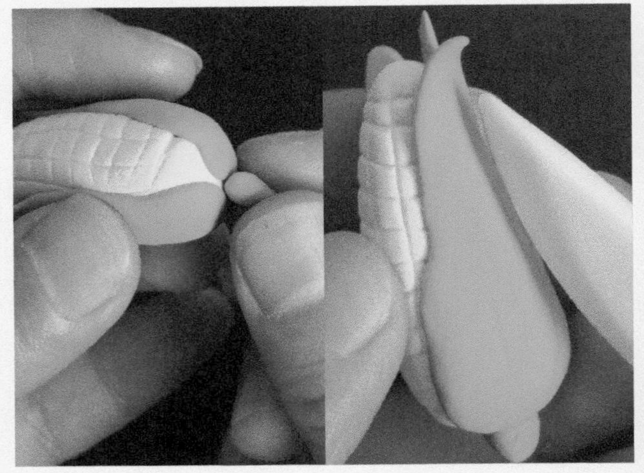

05 将苞叶包到玉米上边，玉米的纹路要露出来哦，取小块草绿色的粘土做玉米蒂。

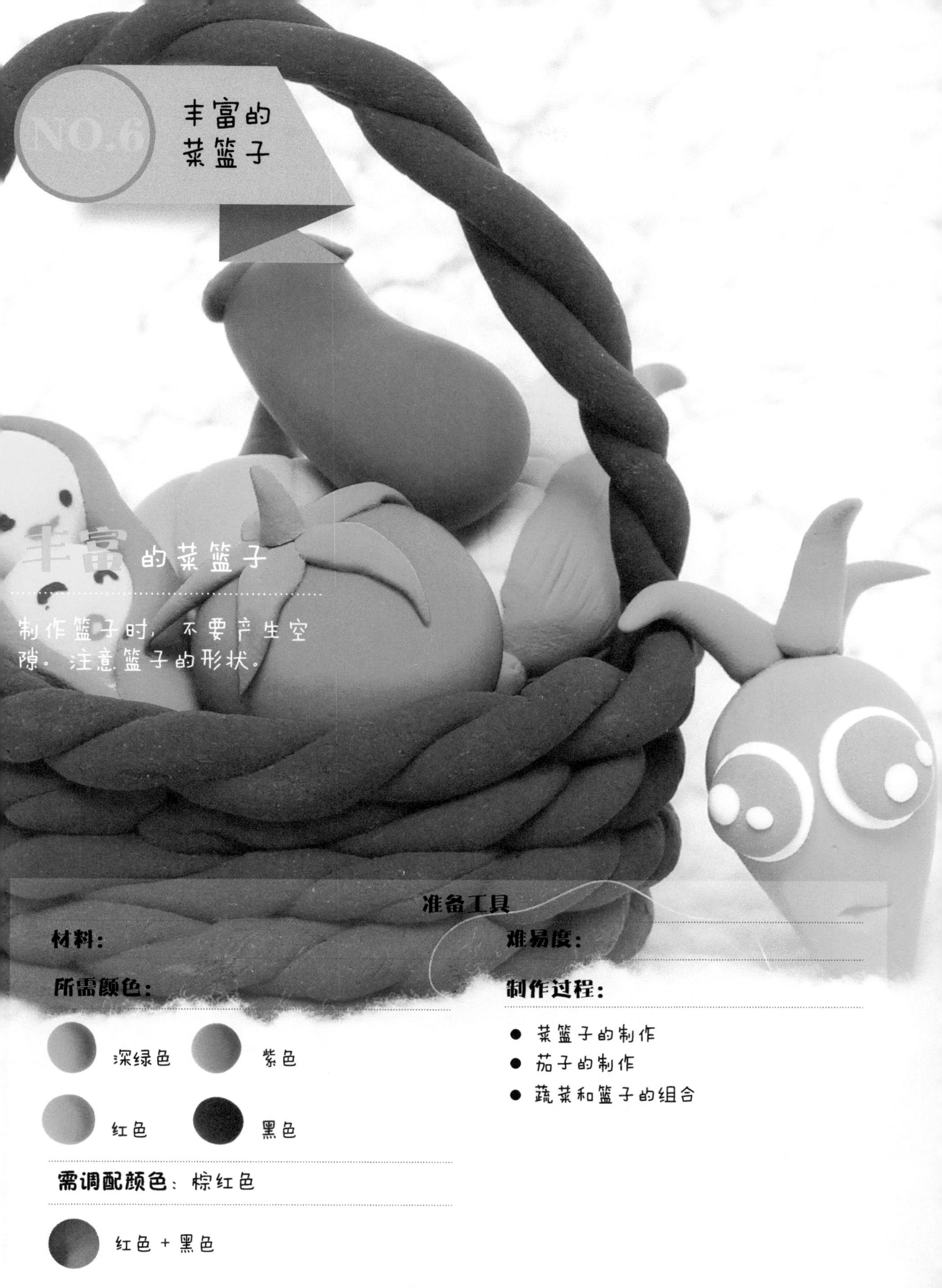

NO.6 丰富的菜篮子

丰富的菜篮子

制作篮子时，不要产生空隙。注意篮子的形状。

准备工具

材料：

难易度：

所需颜色：

深绿色　紫色

红色　黑色

需调配颜色：棕红色

红色 + 黑色

制作过程：

- 菜篮子的制作
- 茄子的制作
- 蔬菜和篮子的组合

★ 菜篮子的制作

红色

黑色

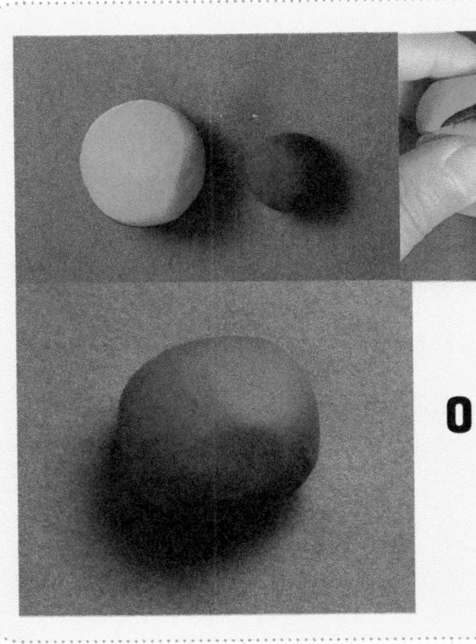

01 红色和黑色的粘土混合调匀，变成棕红色的粘土。

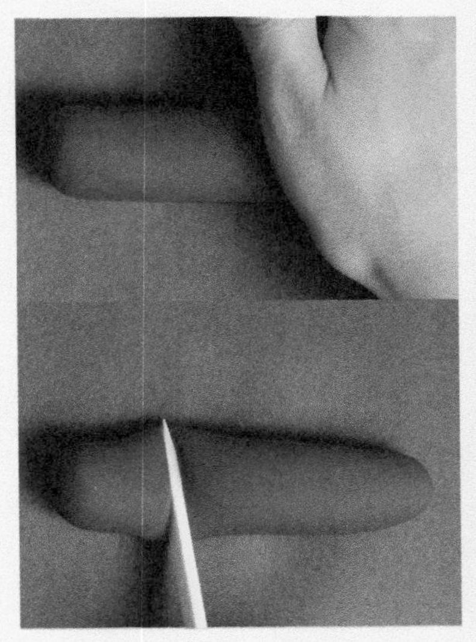

02 将棕红色的粘土分成几小份，以方便操作。

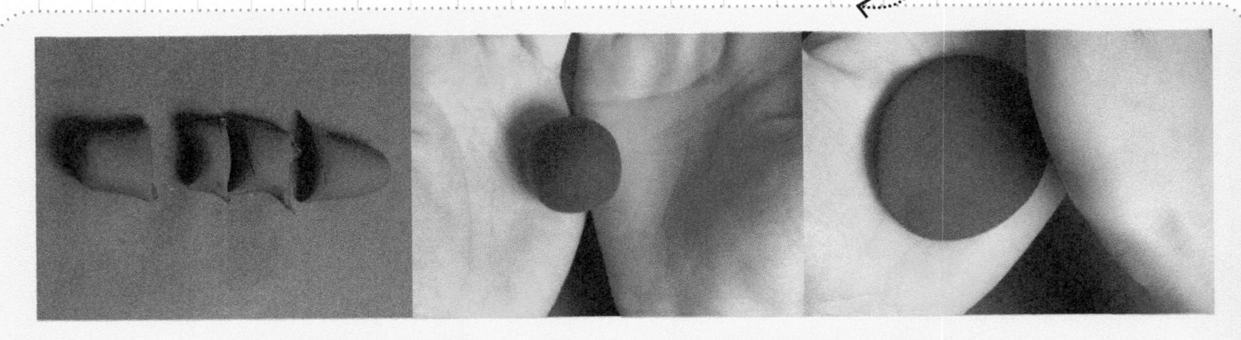

03 取其中一份揉圆压扁做篮子底部。

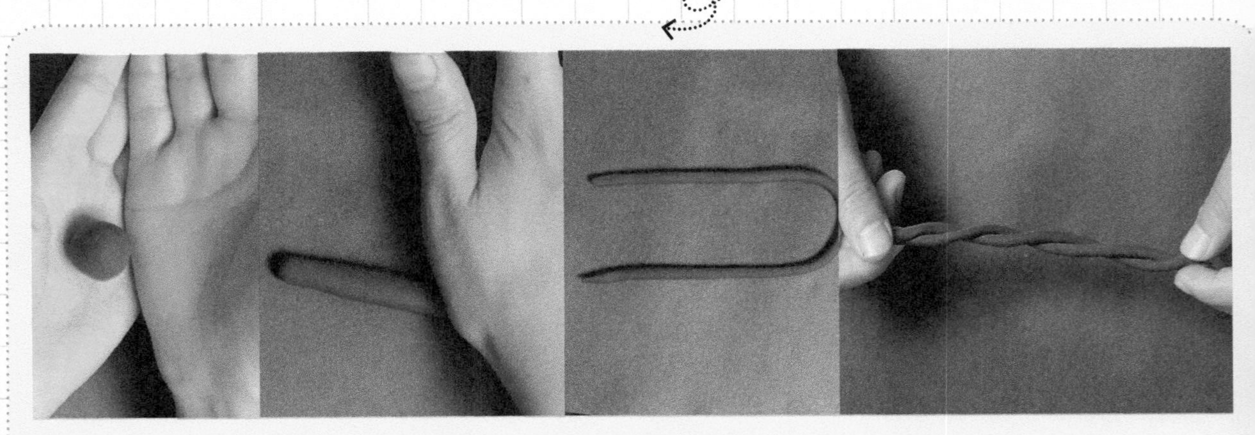

04 剩下的几份棕红色的粘土做成长长的柱形，拧成麻花状。

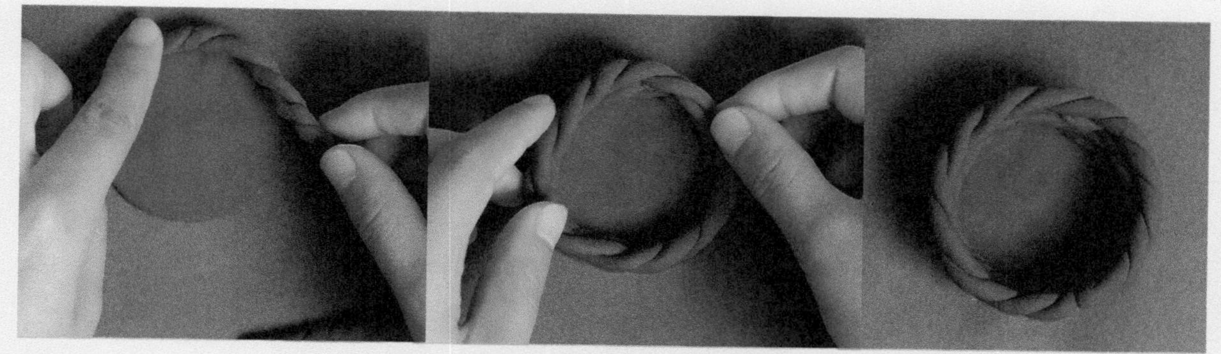

05 将拧好的长条一圈圈盘到篮子底上。

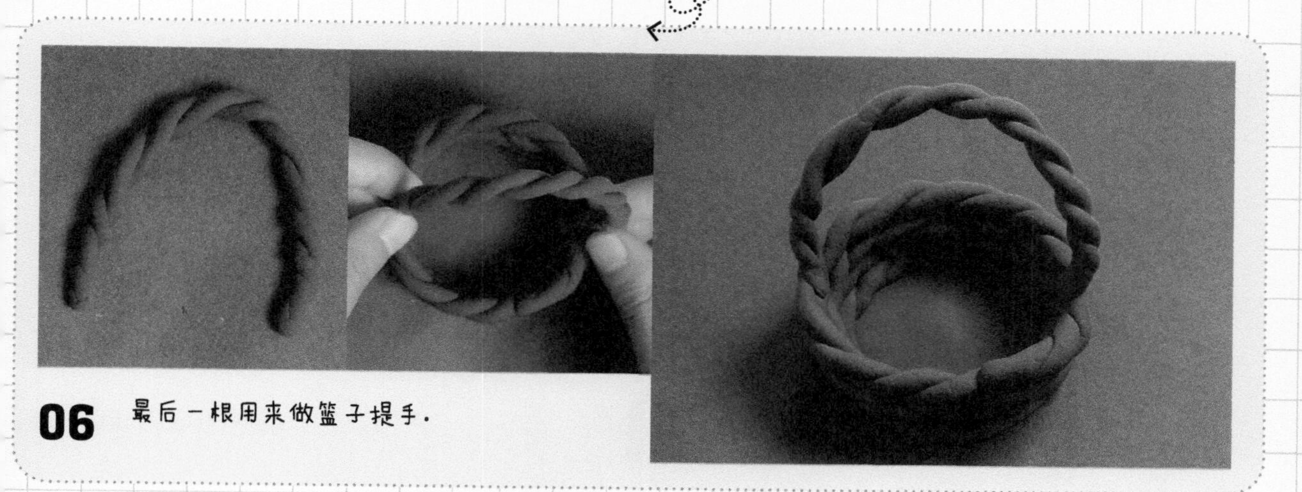

06 最后一根用来做篮子提手。

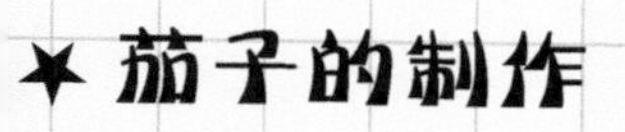

紫色 深绿色

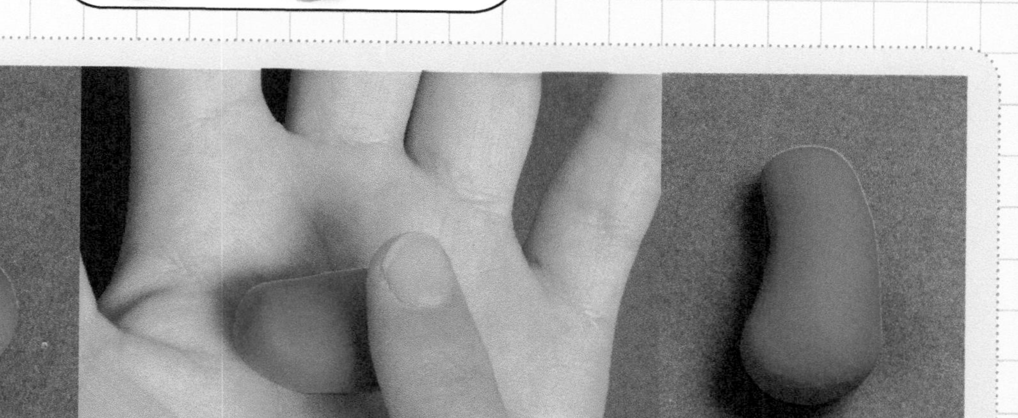

07 将紫色的粘土揉圆，然后用食指指肚搓出茄子的形状。

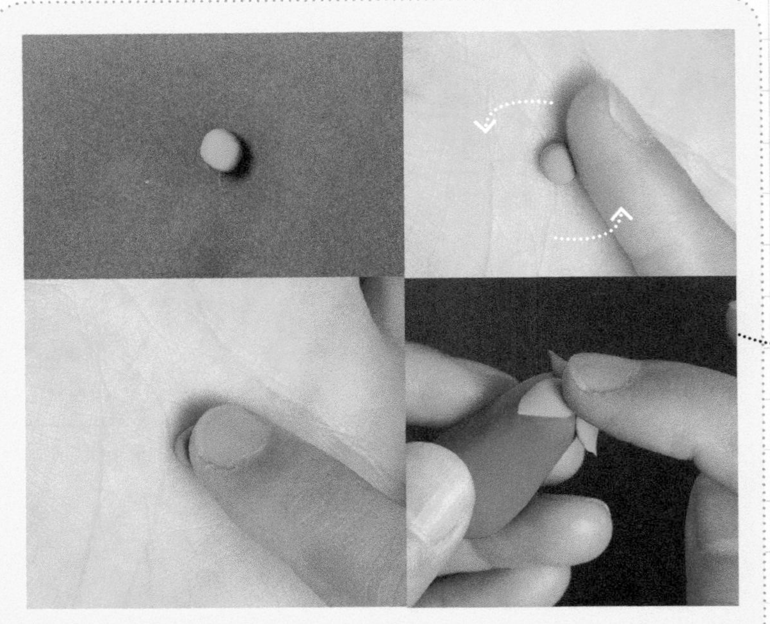

08 把深绿色的粘土分成五等份，其中四份做成水滴形压扁，作为茄子的小萼片。

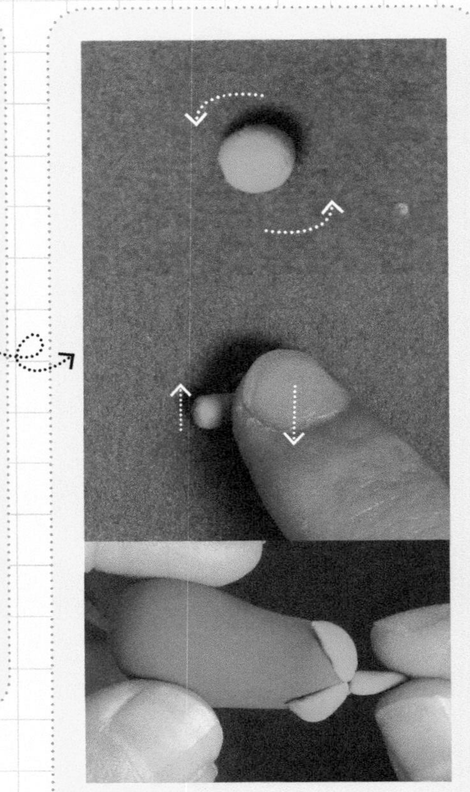

09 最后一份搓成柱形做茄子蒂。

★蔬菜和篮子的组合

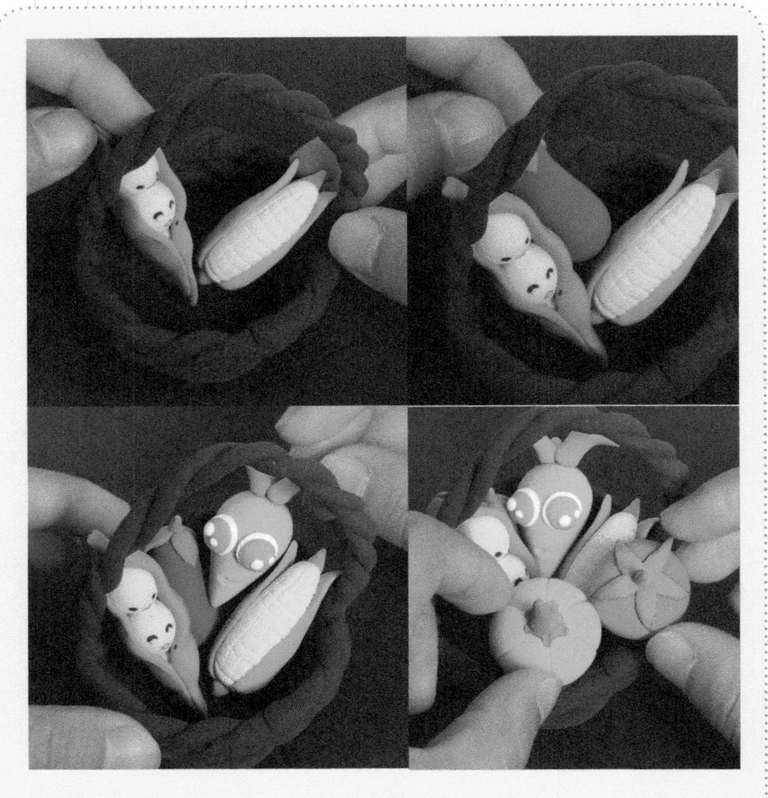

10 把做好的所有蔬菜放到篮子里边吧。

晶莹的樱桃

用工具划出樱桃叶脉的时候注意用力的大小。不要用力过度以免划破叶子。

准备工具

材料：

难易度： ★

所需颜色：

深绿色　棕色　红色

制作过程：

- 樱桃的制作
- 樱桃叶柄的制作
- 樱桃和柄的组合

★ 樱桃的制作

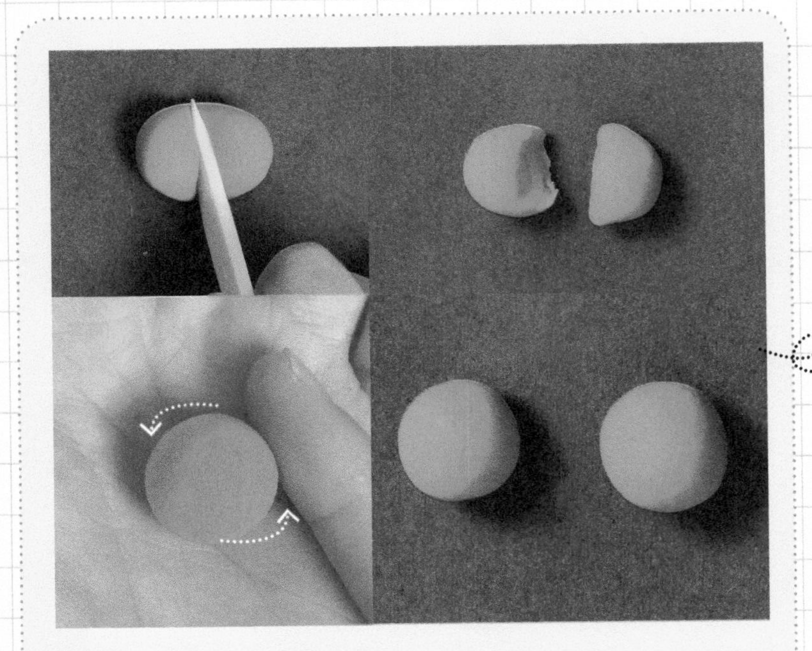

01 将红色的粘土分成两份，分别揉圆。

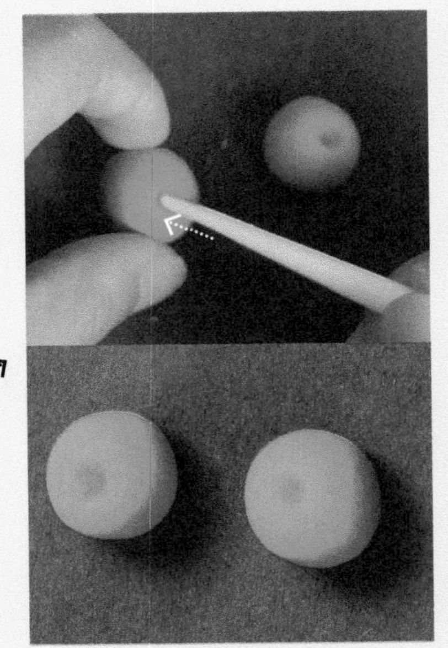

02 在两个小樱桃的顶端用工具刀扎出两个小点。

★ 樱桃叶柄的制作

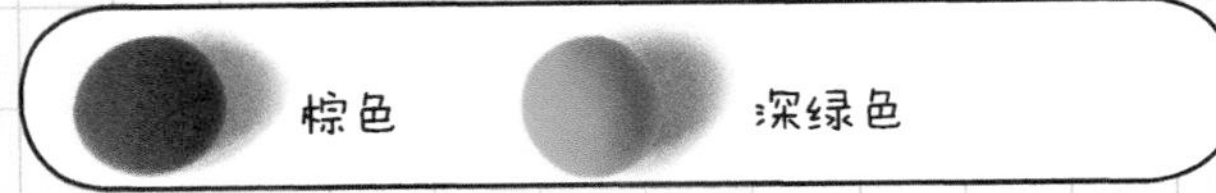

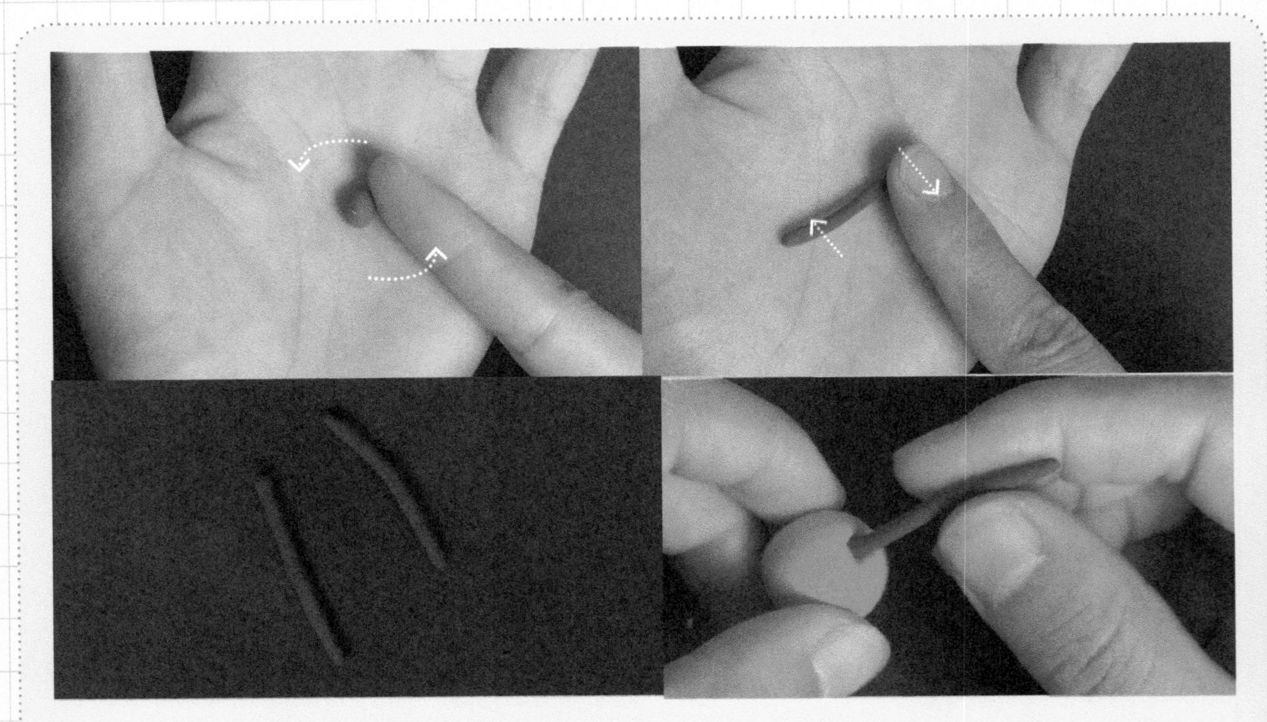

03 用棕色的粘土搓两个细细的柱形，放到小点上边。

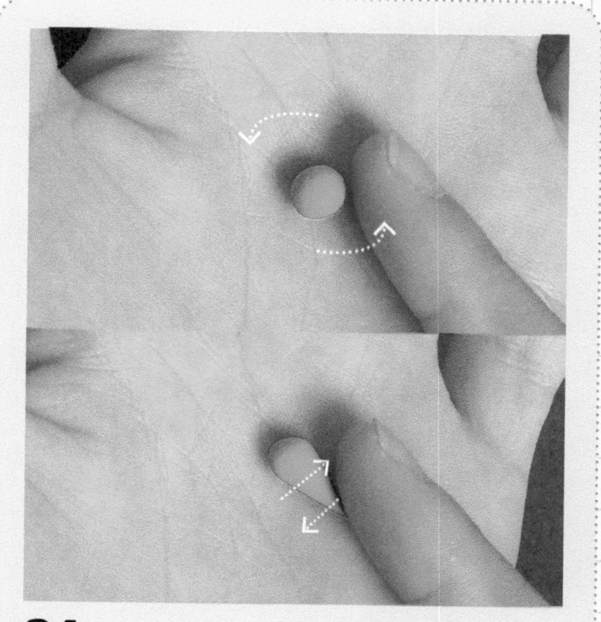

04 把深绿色的粘土揉圆做成水滴形。

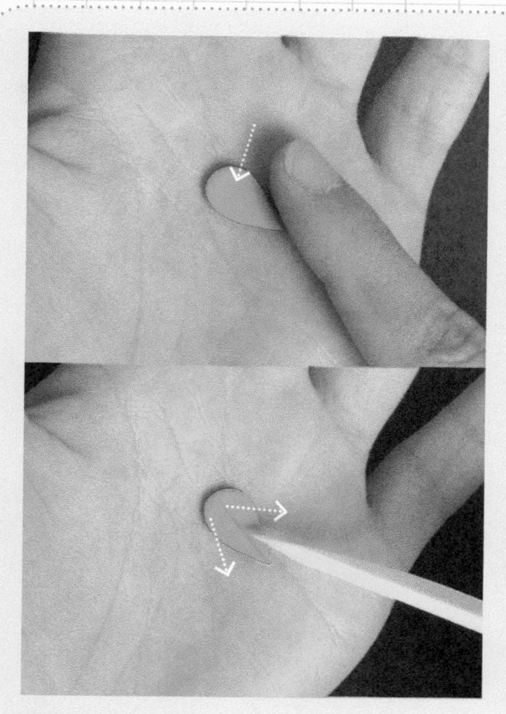

05 将小水滴压扁并用工具刀划出叶脉来。

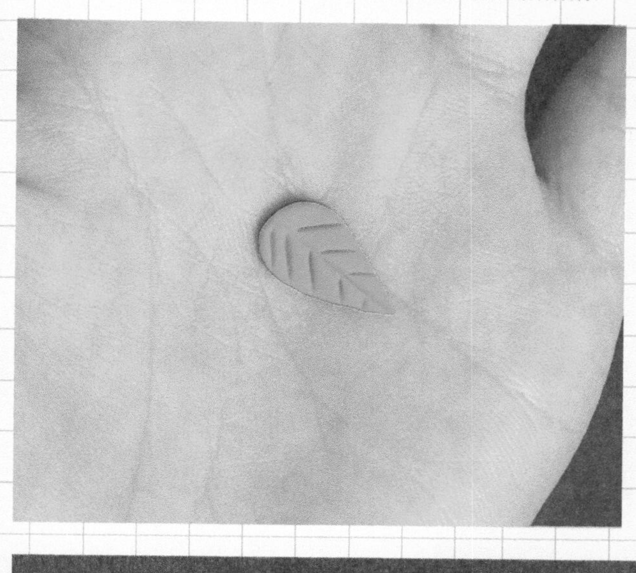

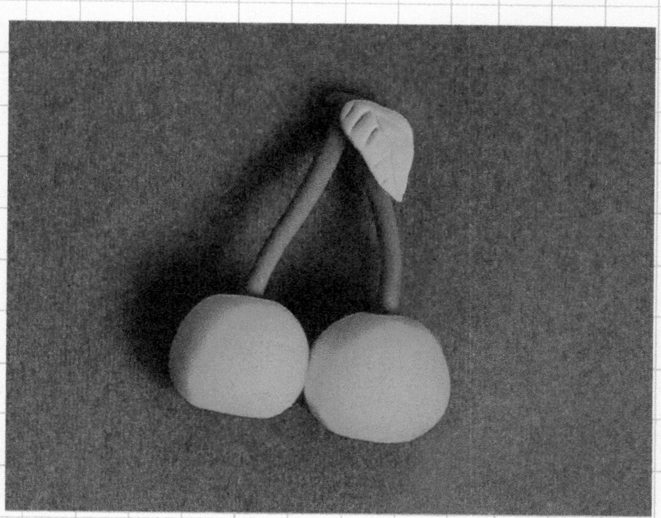

★ 樱桃和柄的组合

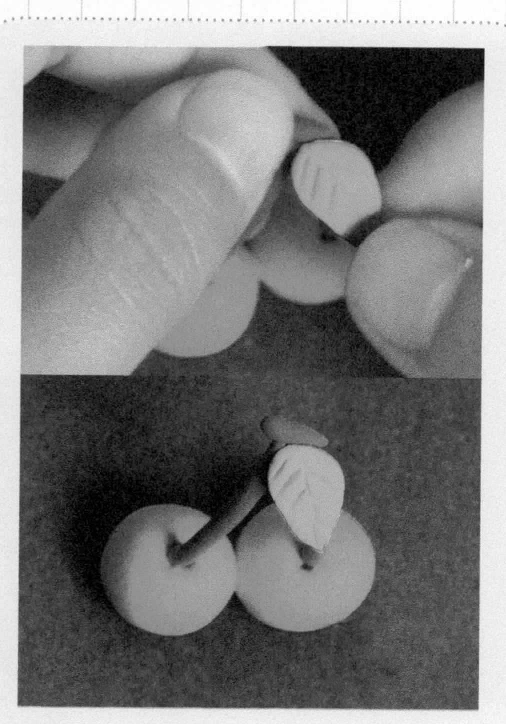

06 将小叶子放到上边，樱桃就做好了。

NO.2 爽口的西瓜

爽口的西瓜

注意西瓜皮浅绿色的调配比例和西瓜籽的大小。

准备工具

材料：

难易度： 

所需颜色：

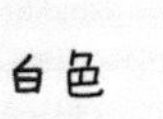 白色　　深绿色　　 绿色

 红色　　 黑色

需调配颜色： 浅绿色

 白色＋绿色

制作过程：

- 西瓜瓤的制作
- 西瓜皮的制作
- 西瓜籽的制作
- 圆西瓜的制作

★ 西瓜瓤的制作

红色

黑色

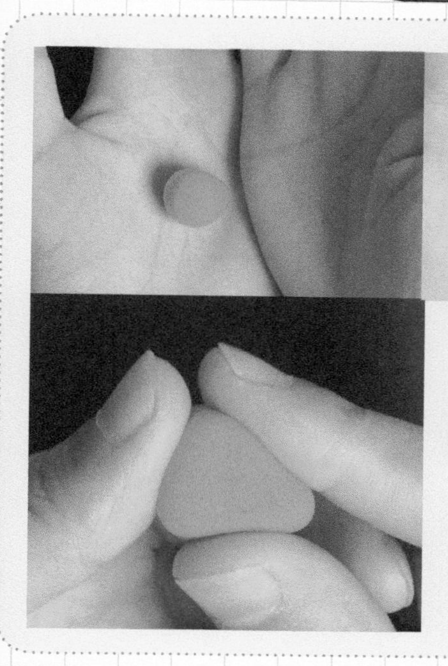

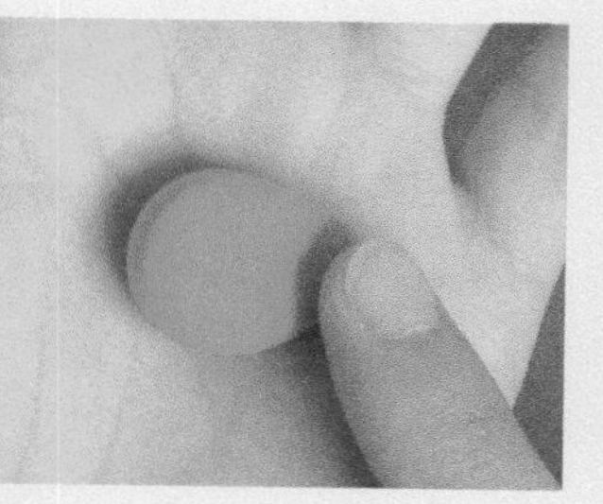

01 将红色的粘土揉圆，先做一个胖胖的水滴，然后调整一下形状做西瓜瓤。

★ 西瓜皮的制作

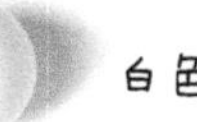
白色
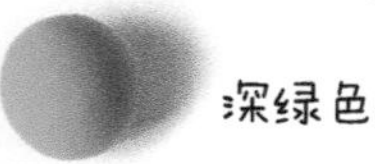
深绿色

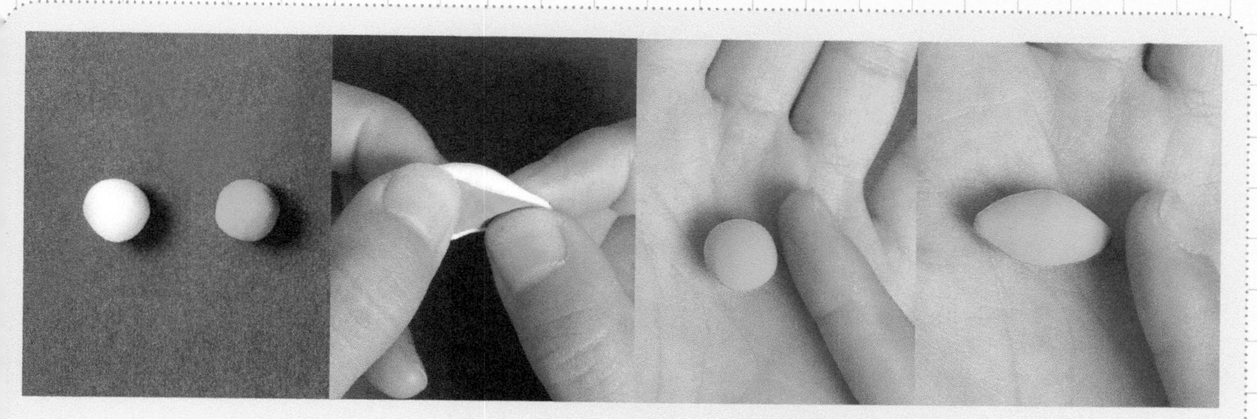

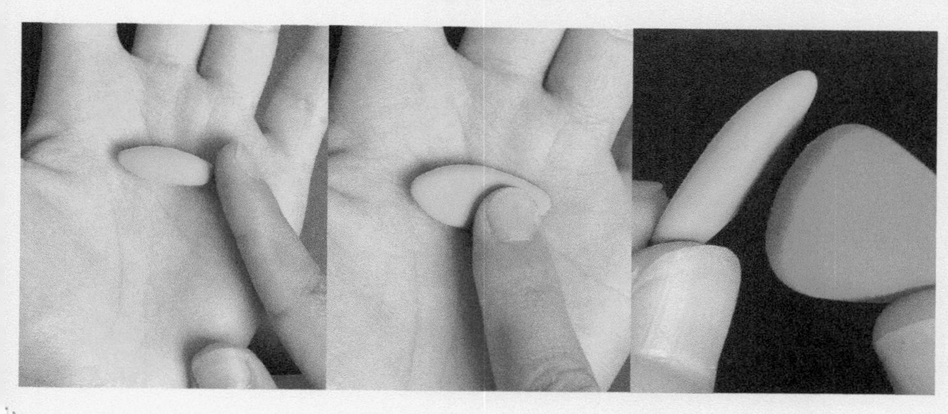

02 将深绿色和白色的粘土混合调匀，揉圆，做成两边尖尖的瓜皮，压扁放到西瓜瓤下边。

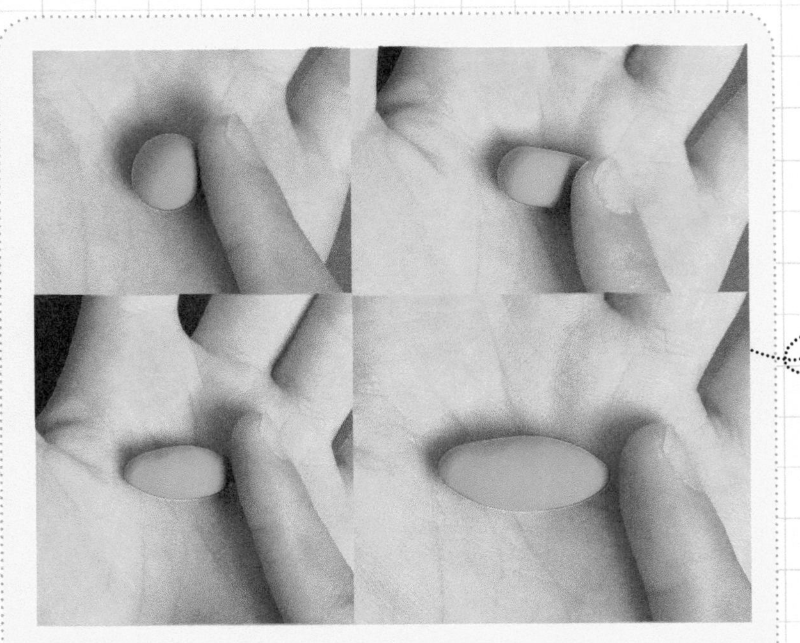

03 把深绿色的粘土同样也做成两边尖尖的西瓜皮。

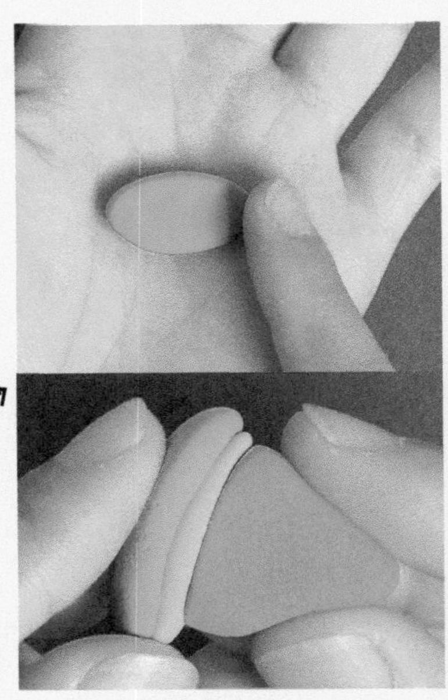

04 压扁放到底部

★ 西瓜籽的制作

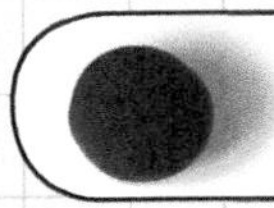

黑色

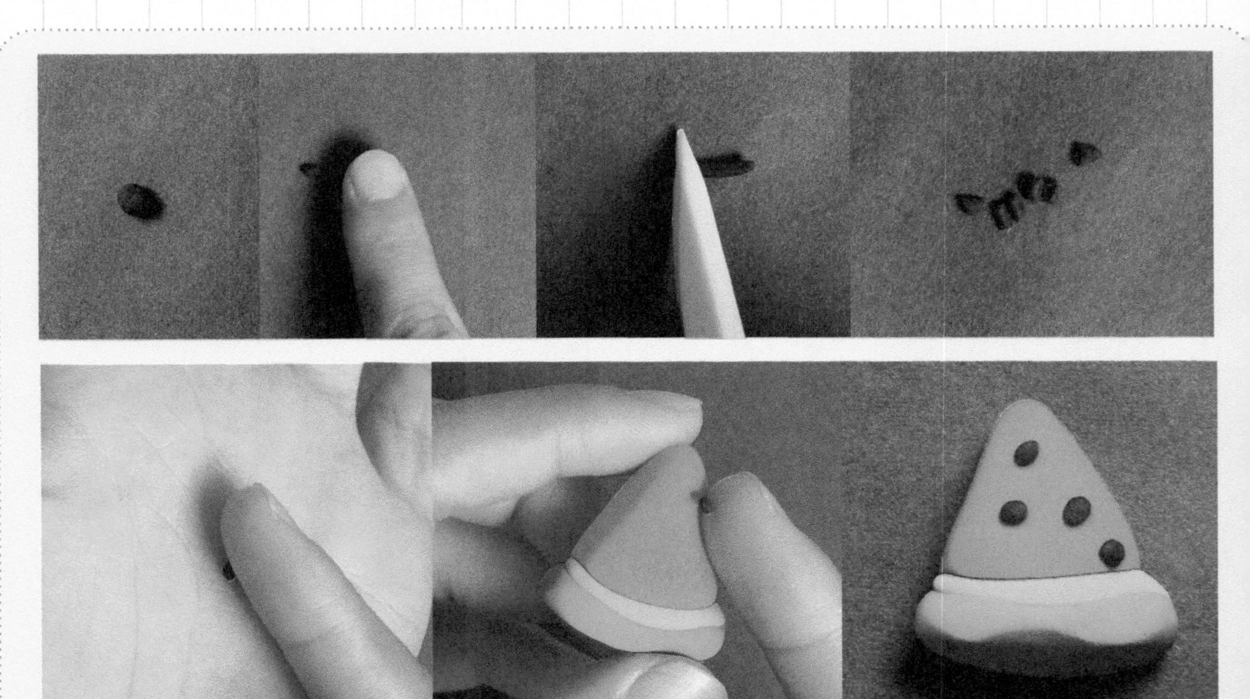

05 用黑色的粘土做几个小水滴状并压扁作为西瓜籽放到西瓜瓤上。

★ 圆西瓜的制作

深绿色

黑色

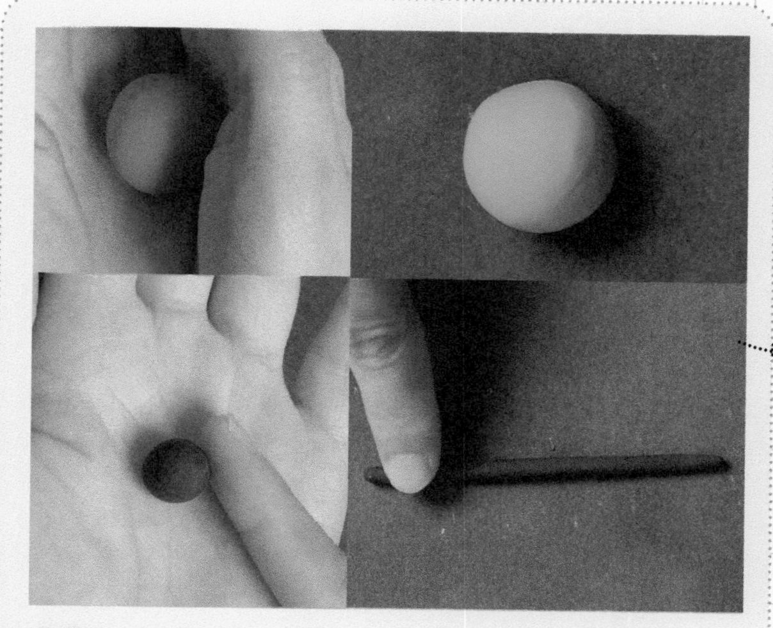

06 将深绿色的粘土揉圆，黑色的粘土搓长长的柱形。

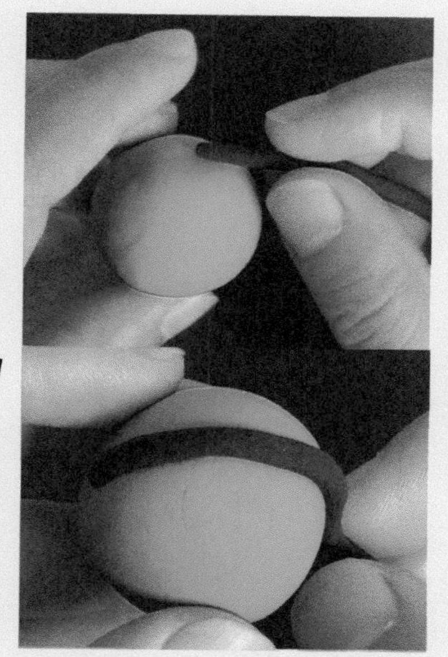

07 黑色的纹路连接西瓜两端。

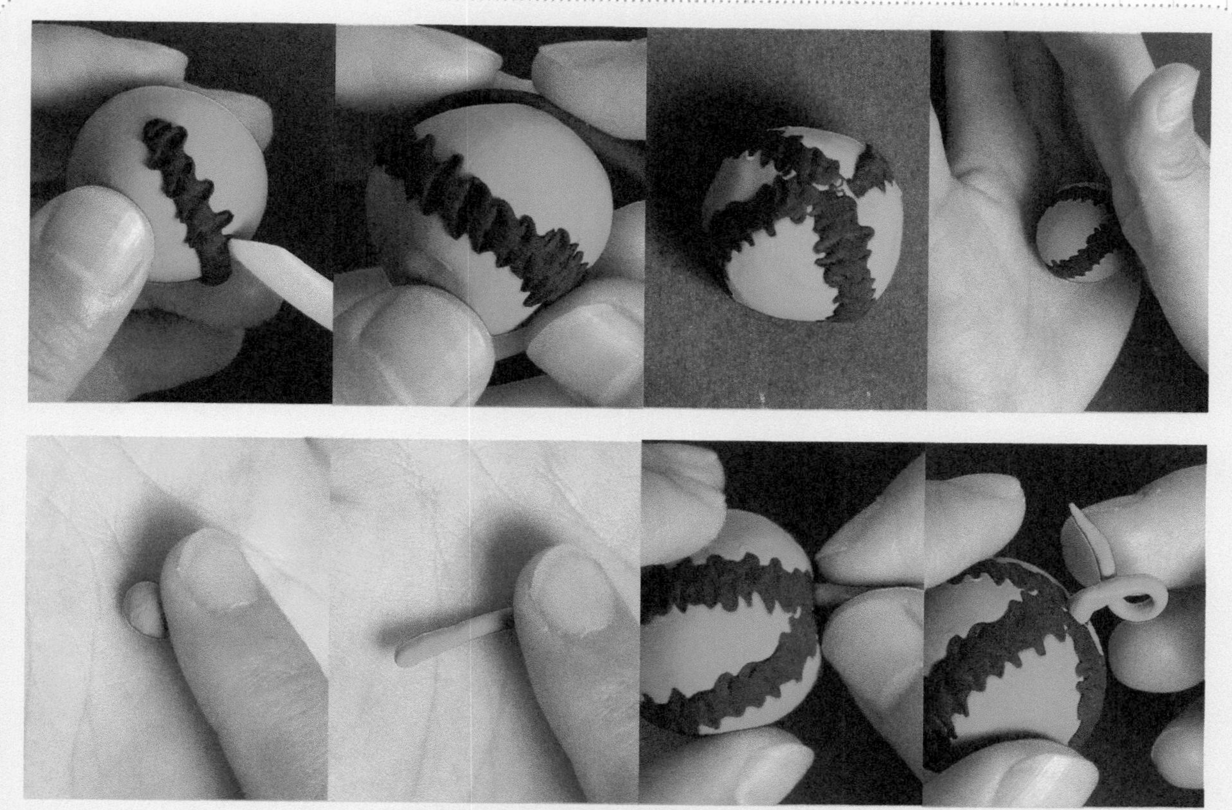

08 用工具刀左右划出西瓜曲折的纹路，纹路做好后再将西瓜揉圆，调整一下形状，取小块深绿色粘土做成西瓜的叶柄。

甜甜的香蕉

注意香蕉果肉颜色的调配比例和香蕉皮大小的揉捏

准备工具

材料：

所需颜色：

白色　　黄色

需调配颜色： 浅黄色

白色＋黄色

难易度： ★★

制作过程：

- 香蕉果肉的制作
- 香蕉皮的制作

★ 香蕉果肉的制作

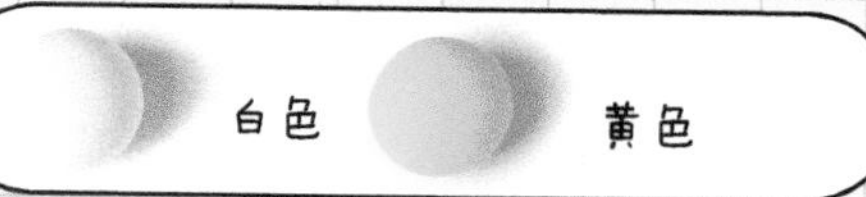

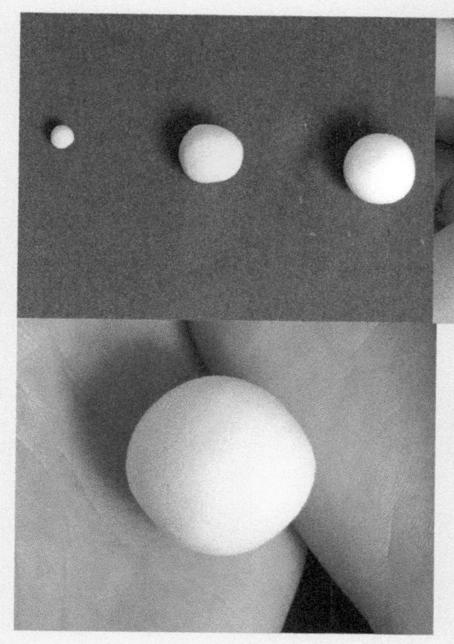

01 将白色和黄色粘土混合调匀。

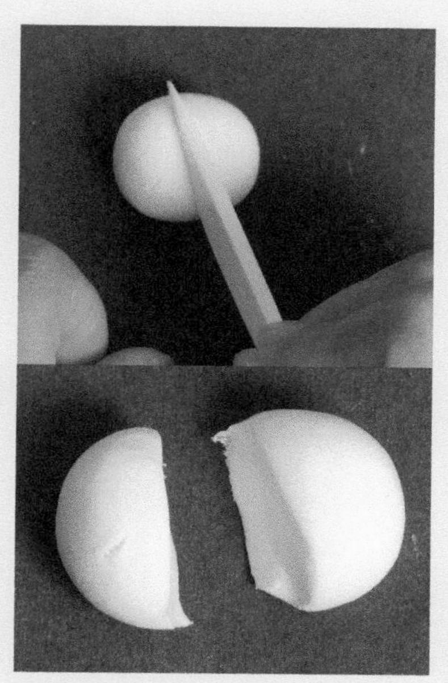

02 分两份。

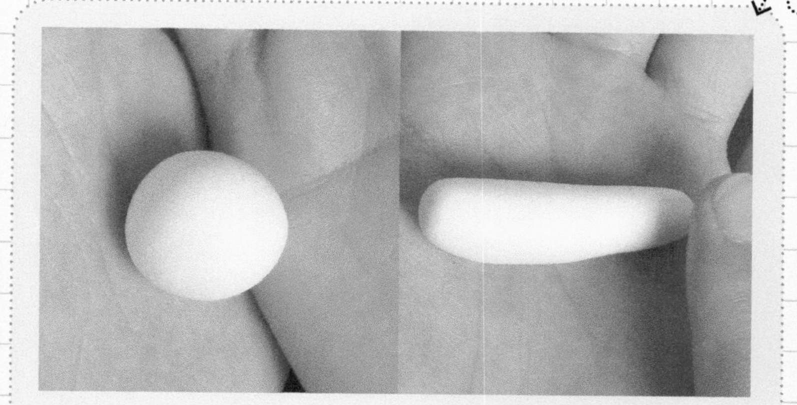

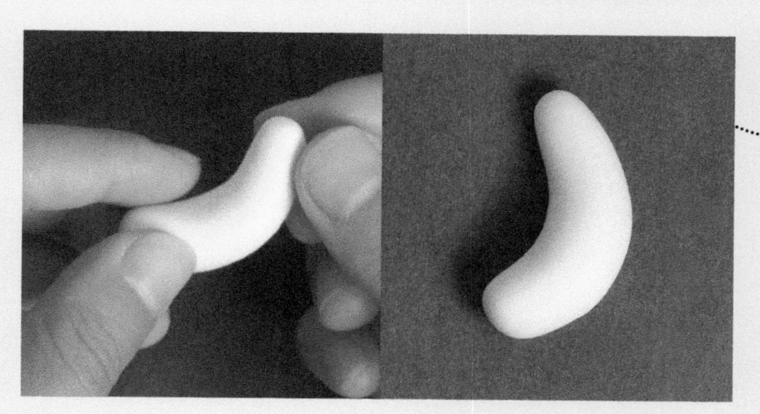

03 把其中一份揉圆搓成柱形，两端不一样粗细，略微弯一点。

★ 香蕉皮的制作

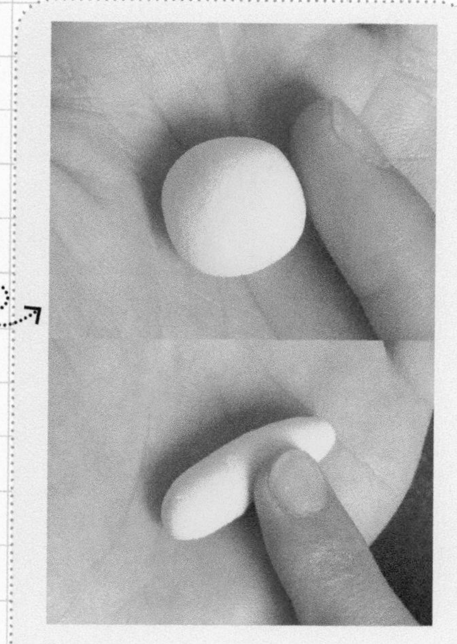

04 将黄色粘土揉圆并做成柱形。

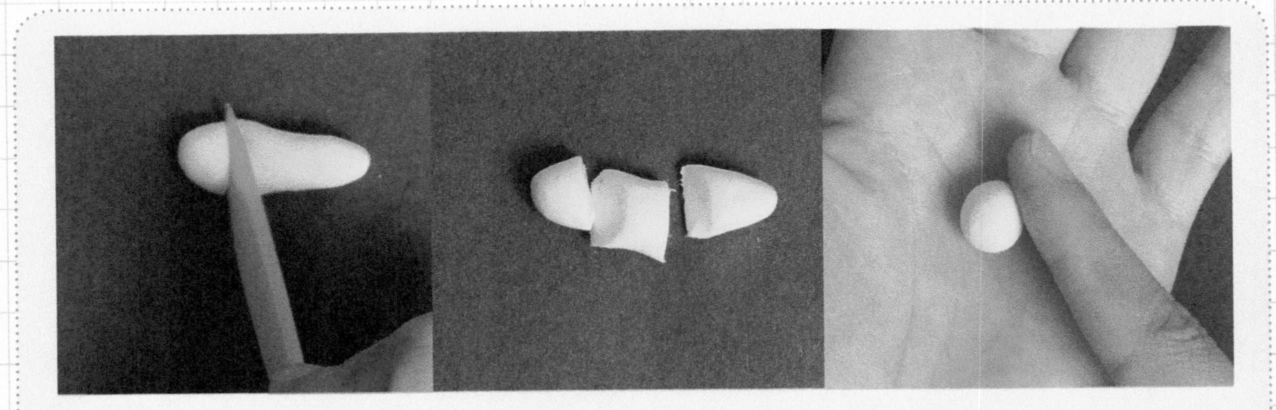

05 用工具刀分成三份。

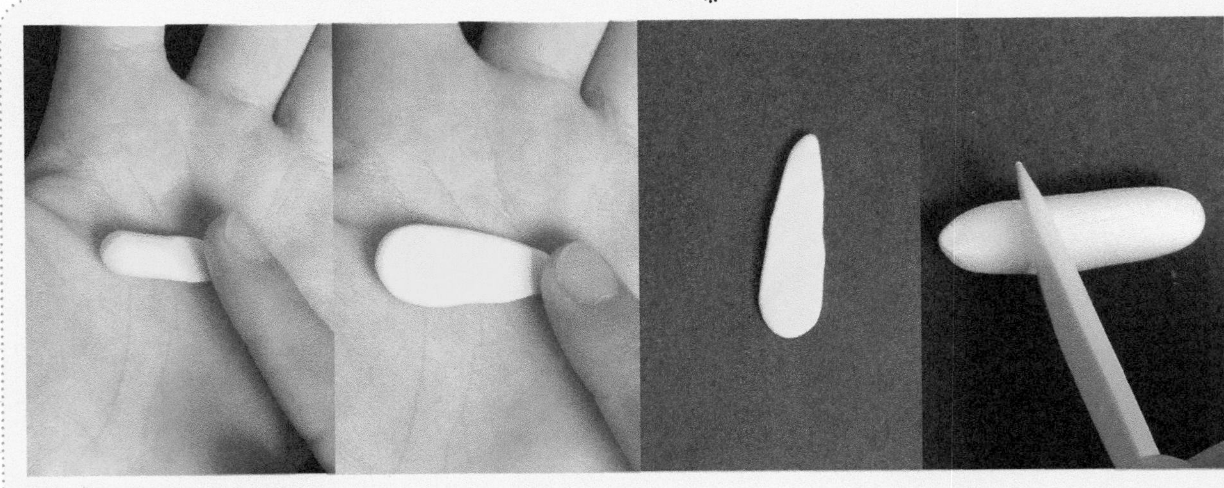

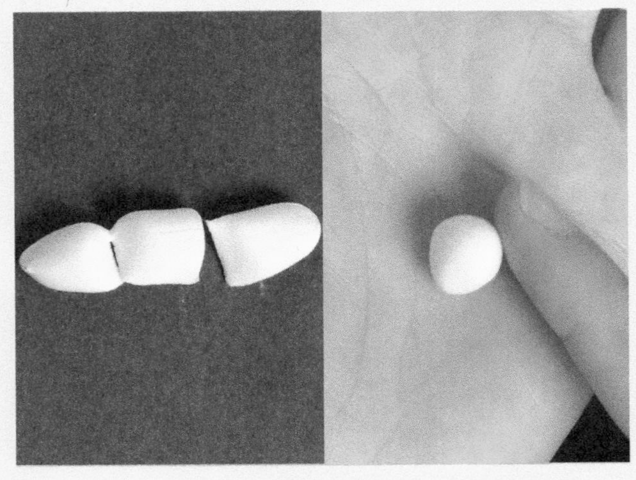

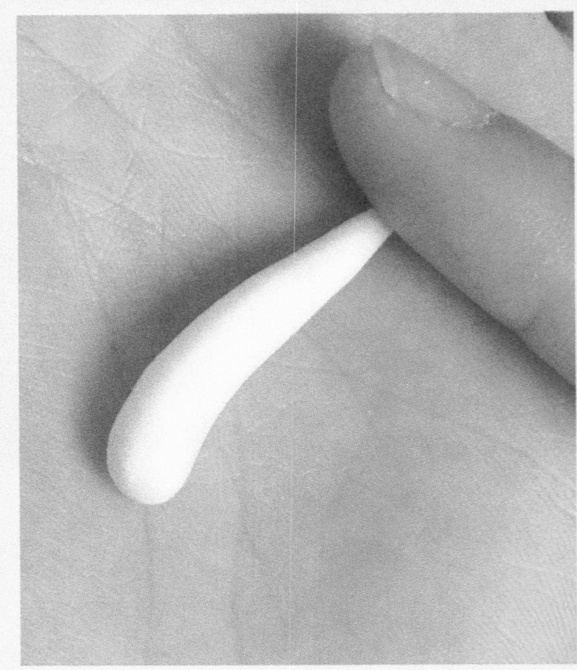

06 把每份揉圆，做成长水滴并压扁。将另一份调好的浅黄色粘土同样分成三份，揉圆，搓成长水滴的形状并压扁。

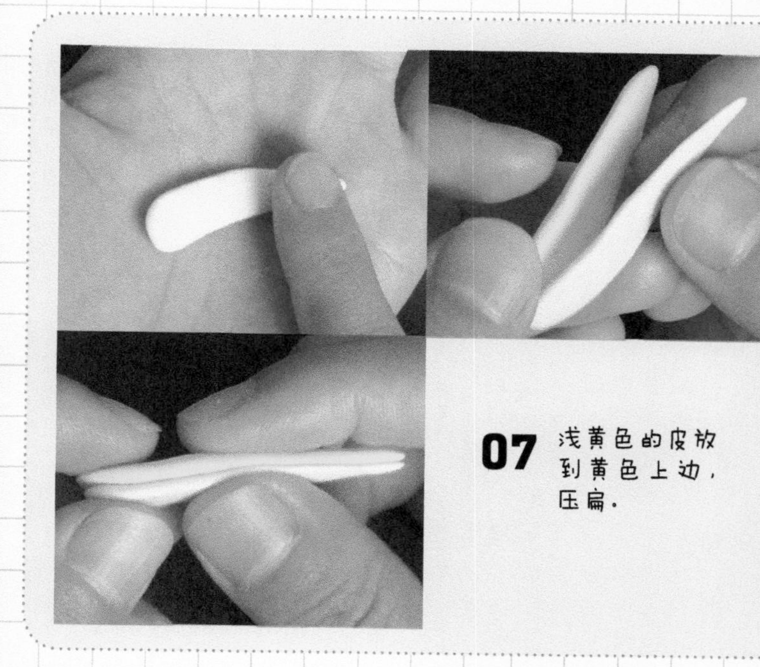

07 浅黄色的皮放到黄色上边，压扁。

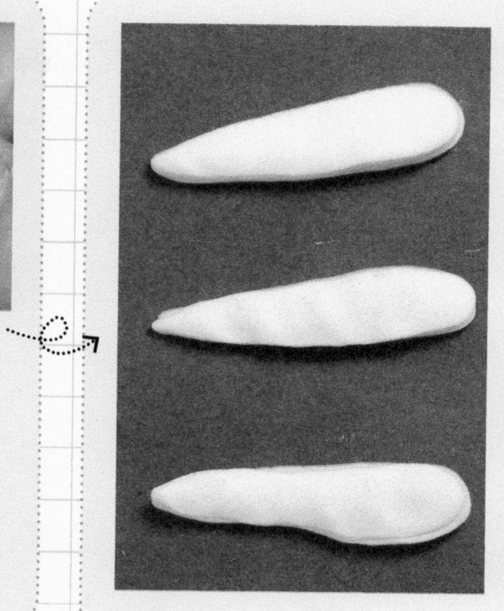

08 三个香蕉皮。

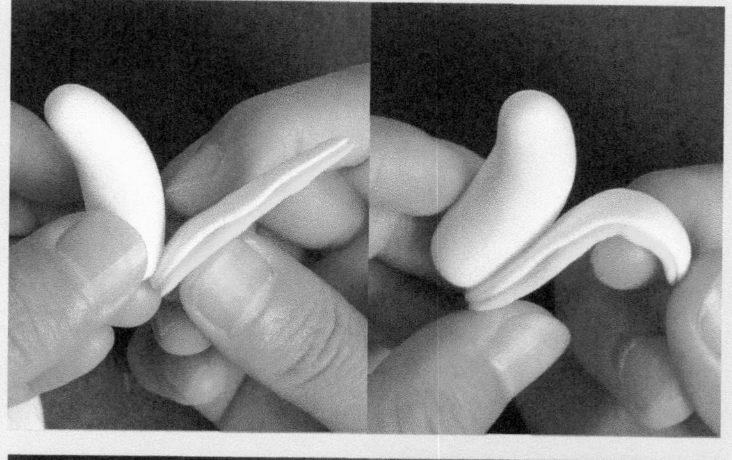

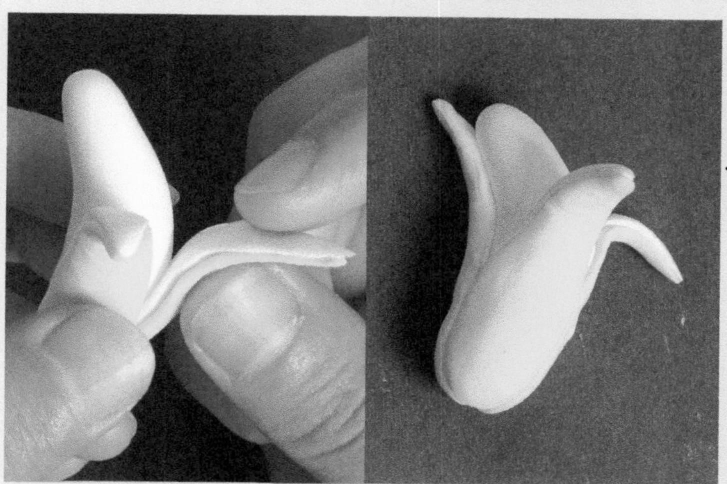

09 将香蕉皮包到香蕉果肉上边，露出上边的香蕉果肉。

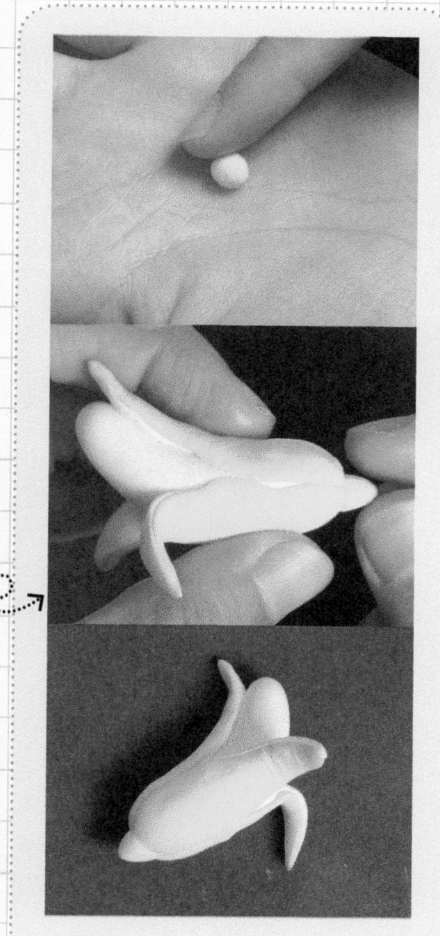

10 把小块黄色粘土揉圆做香蕉蒂。

香脆的苹果

制作苹果时要注意工具的使用以及刻画叶脉时用力的大小。

准备工具

材料：

所需颜色：

红色　深绿色

难易度： ★

制作过程：

- 苹果和叶子的制作

★ 苹果和叶子的制作

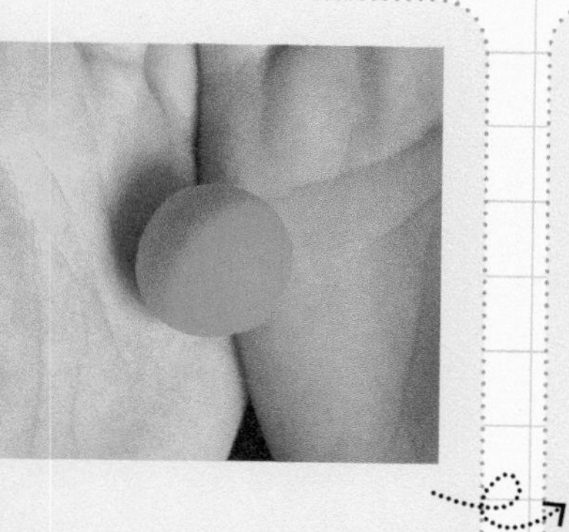

01 把红色的粘土揉圆。

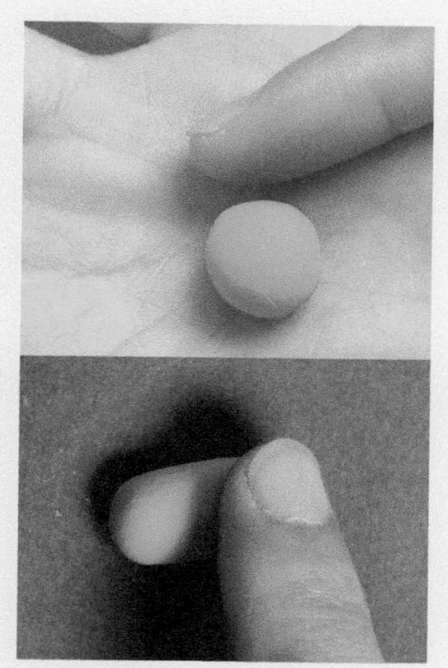

02 把深绿色粘土揉圆并做成柱形。

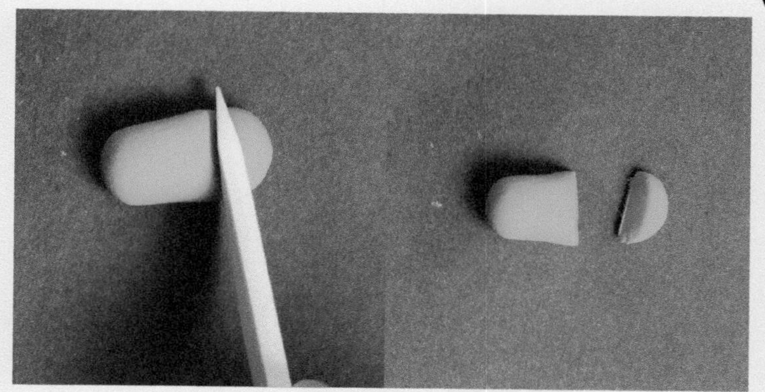

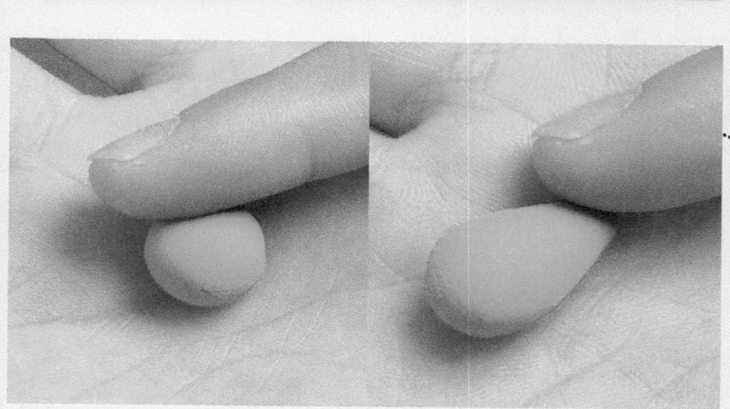

03 把绿色柱形分成不等的两份，取大份，揉圆做成水滴状。

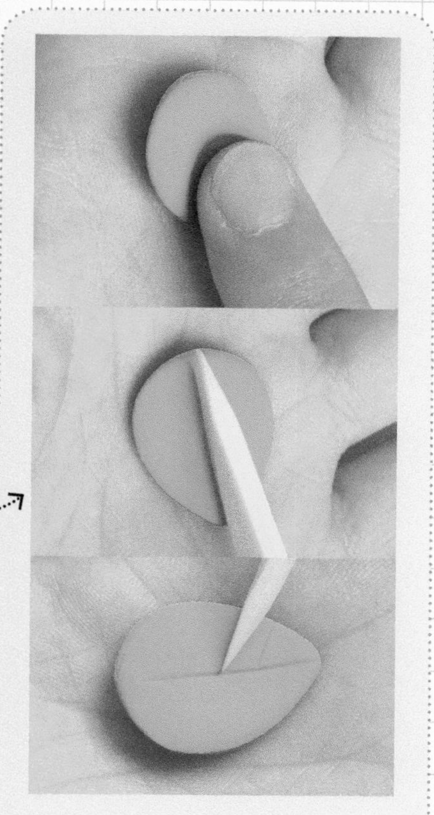

04 压扁水滴，并用工具刀刻出叶脉。

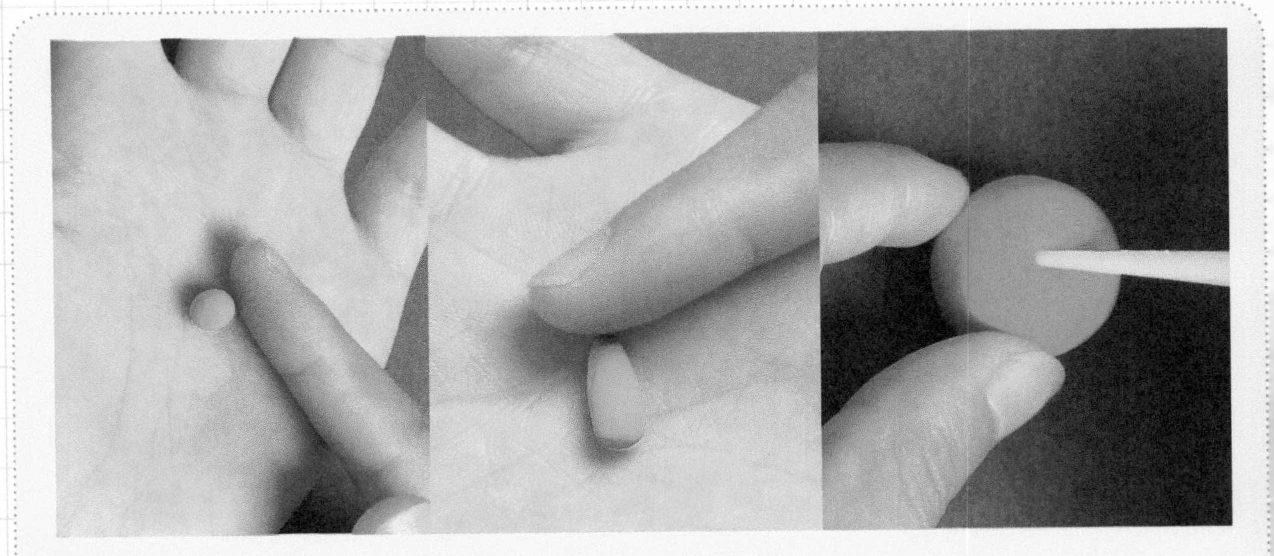

05 将小份的绿色粘土揉圆做成柱形。

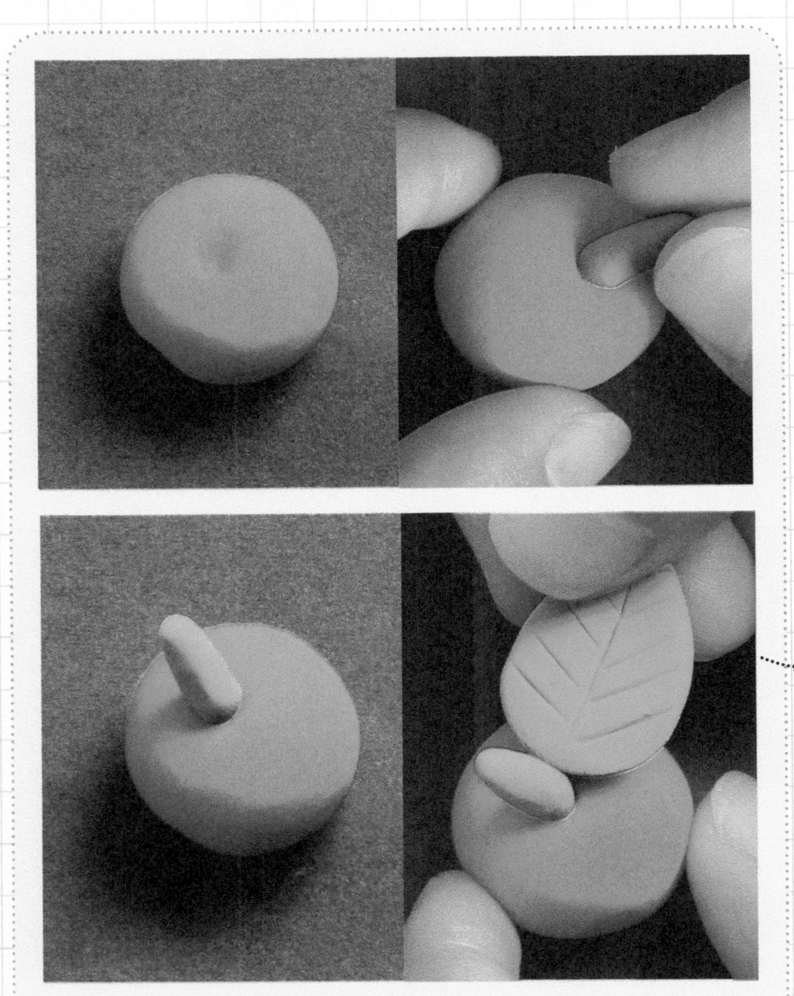

06 用工具刀在红苹果上面扎一个小洞，将绿色柱形放到小洞上边。

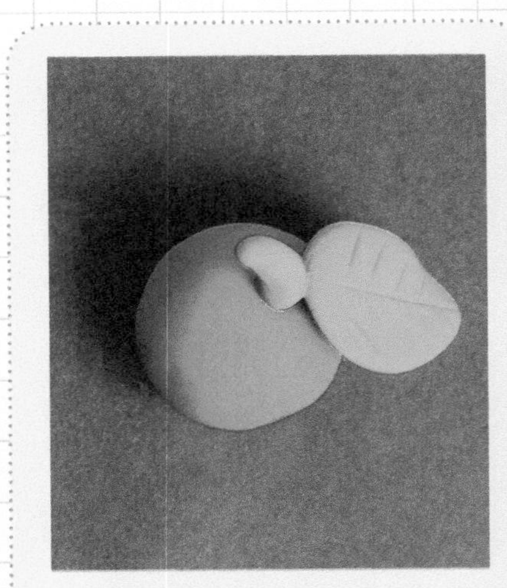

07 再将叶子放到边上。

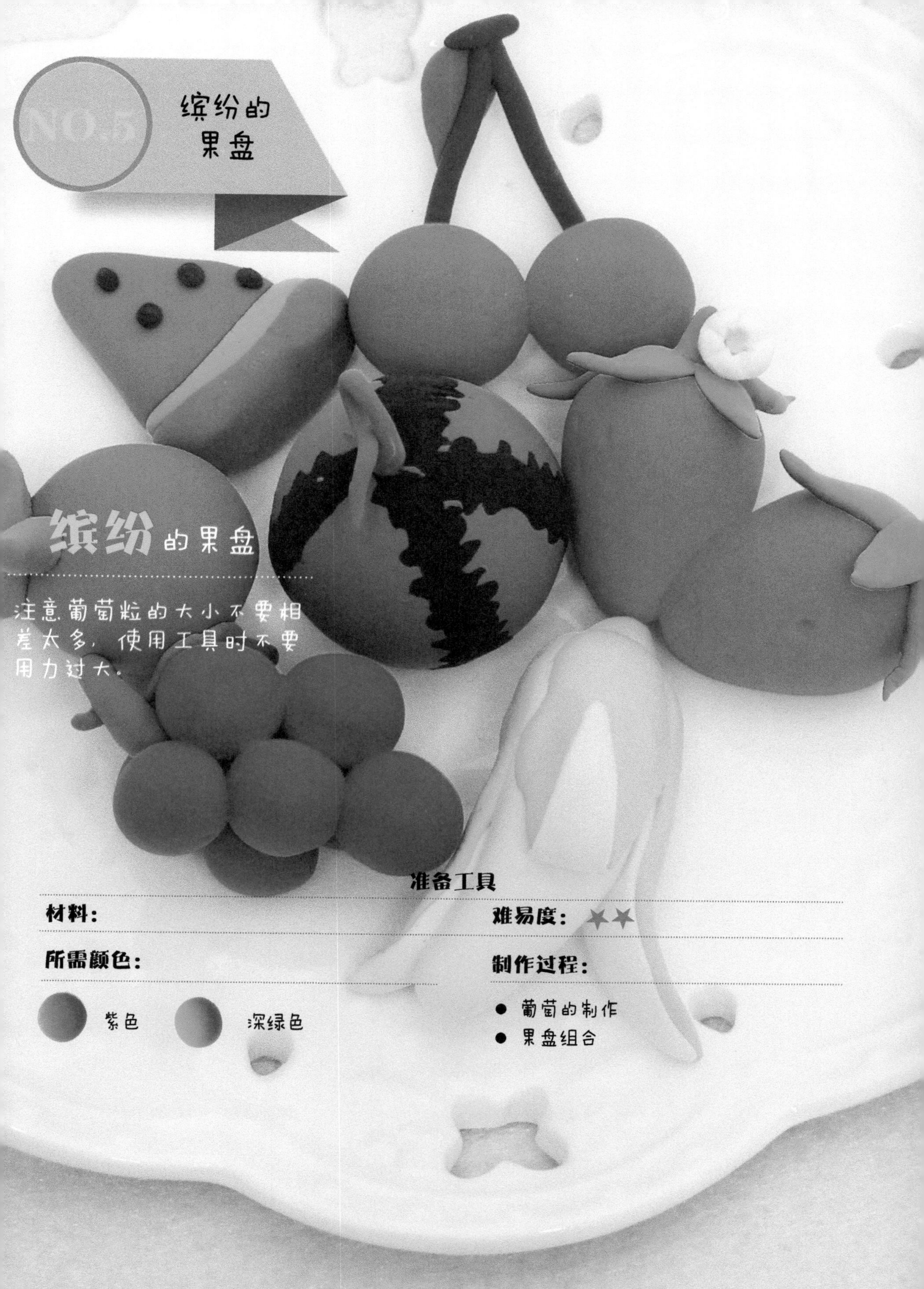

NO.5 缤纷的果盘

缤纷的果盘

注意葡萄粒的大小不要相差太多，使用工具时不要用力过大。

准备工具

材料：

难易度：★★

所需颜色：

紫色　深绿色

制作过程：

- 葡萄的制作
- 果盘组合

★ 葡萄的制作

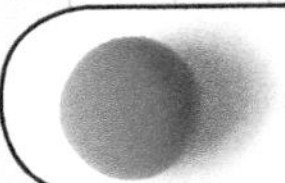

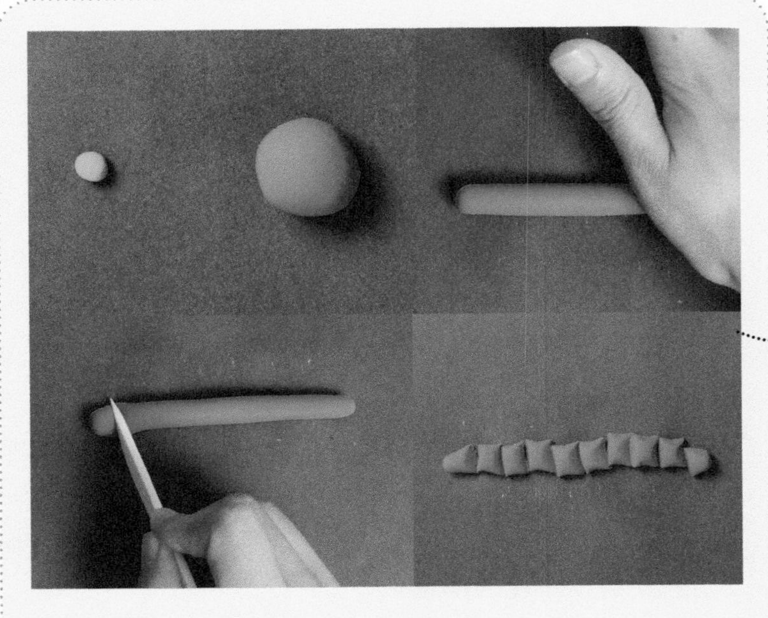

01 把紫色的粘土做成柱形并分成几份。

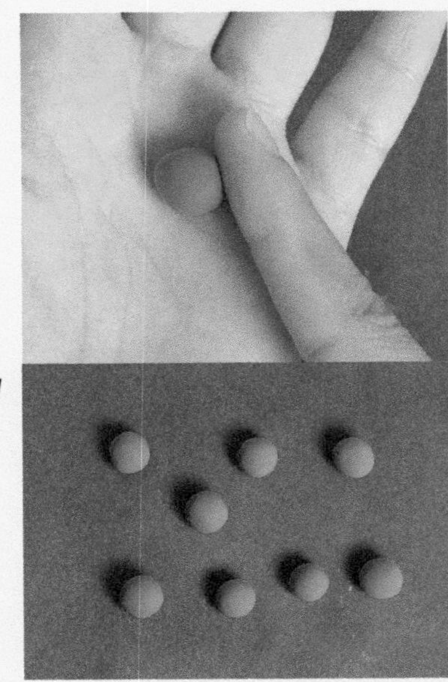

02 分别把几份揉圆。

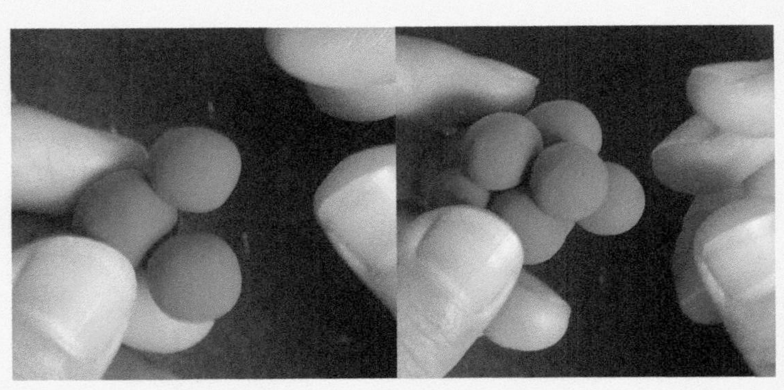

03 把小圆摆成葡萄的样子。

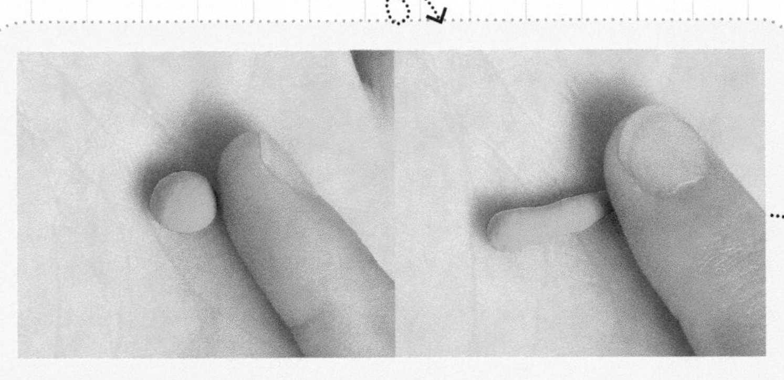

04 把绿色粘土揉圆并做成水滴。

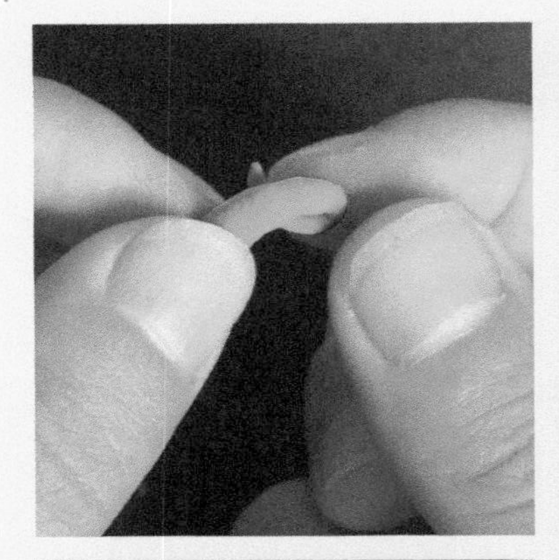

05 将水滴弯一个小卷放到葡萄上边。

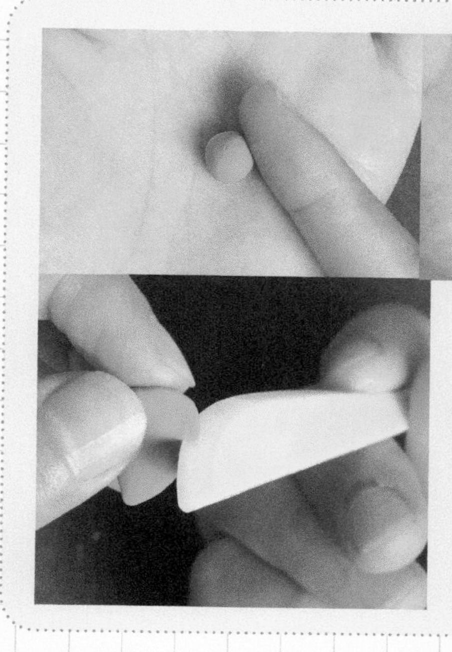

06 取绿色粘土揉圆并做成水滴。

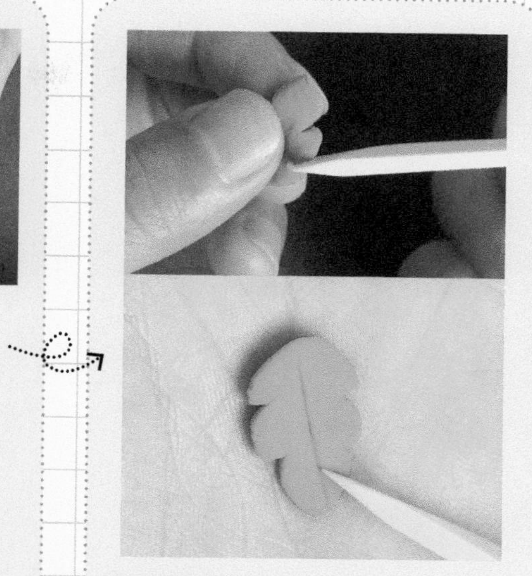

07 用倾斜的工具刀由上往下斜切做成叶子的形状。

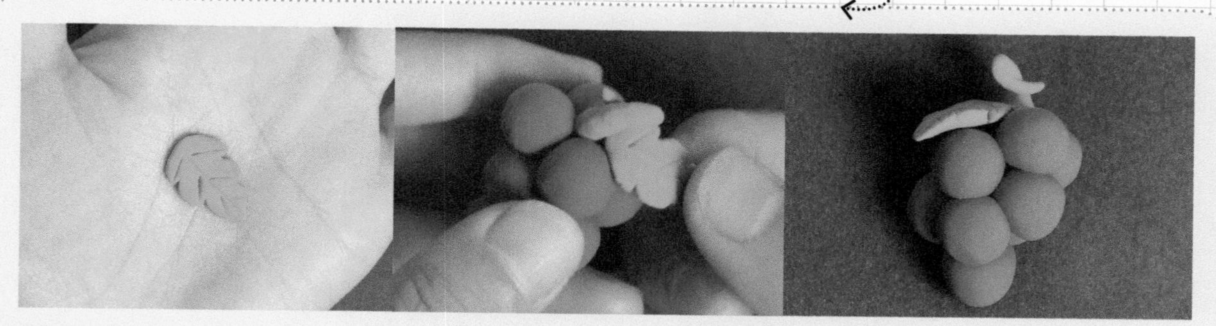

08 用工具刀做出叶脉，把叶子放上去。

★ 果盘组合

09 把做好的水果摆放到果盘上。

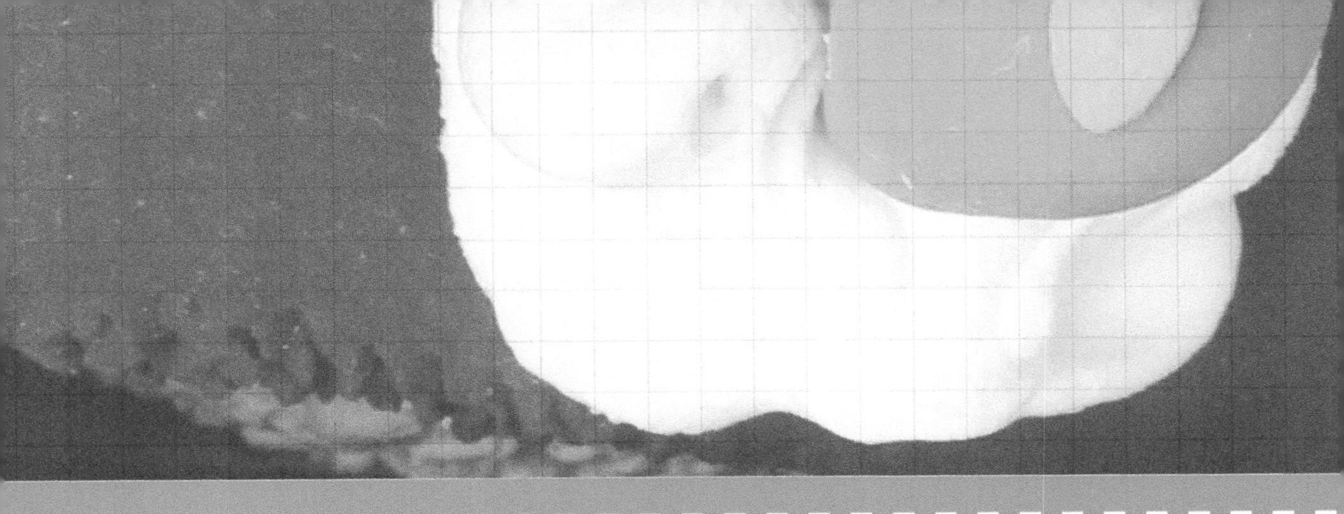

PART.03

技术篇

熟练掌握一些基础手法后，加入一些细节，大家一起来试试看，制作一些美味的食物和漂亮的花朵吧！

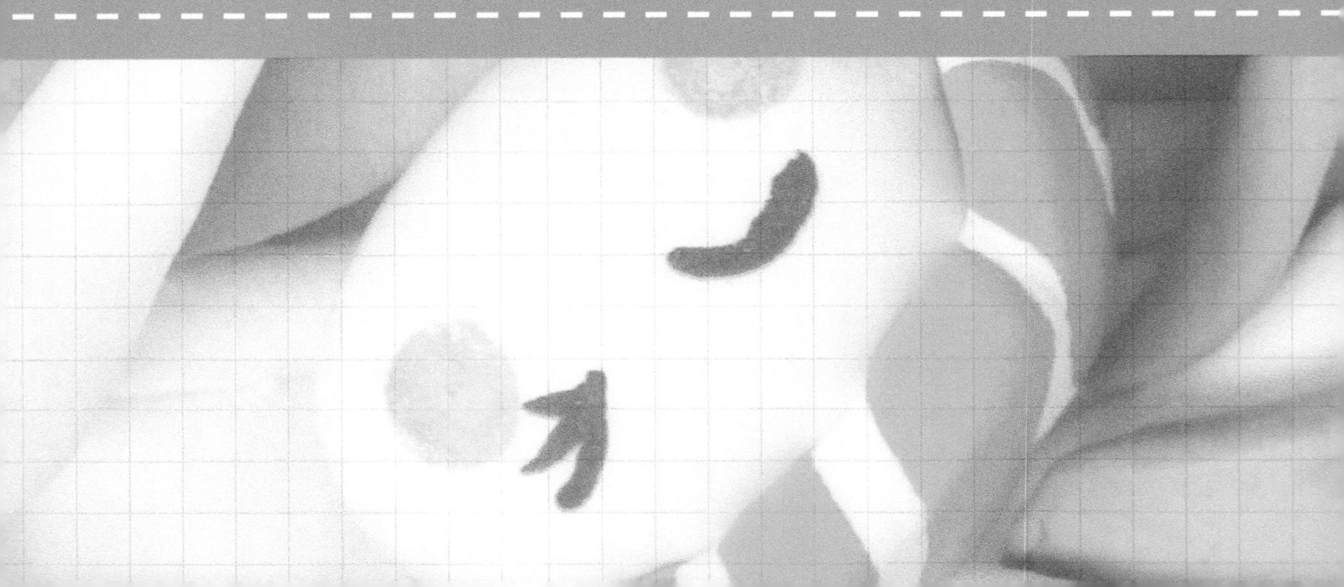

NO.1 曲奇饼干

曲奇饼干

注意颜色的调配比例。

准备工具

材料：

难易度： ★★

所需颜色：

白色 肉色 黄色

红色 黑色

需调配颜色： 棕红色 姜黄色

红色＋黑色　红色＋黑色＋肉色＋白色

制作过程：

- 格子曲奇的制作
- 圆形曲奇的制作
- 趣多多的制作

★ 格子曲奇的制作

白色 肉色  红色  黑色

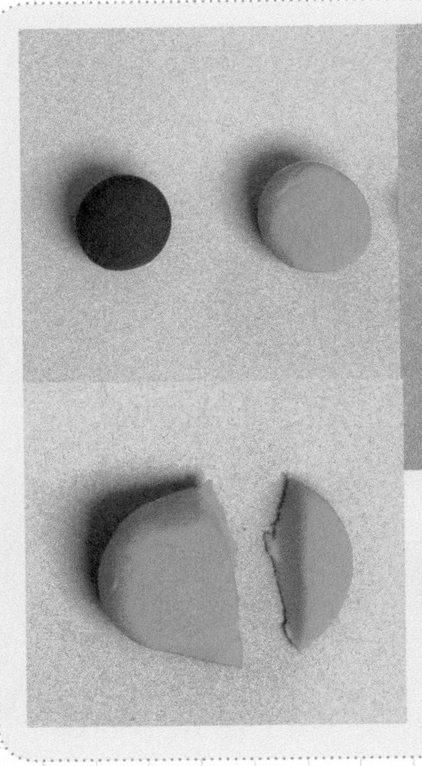

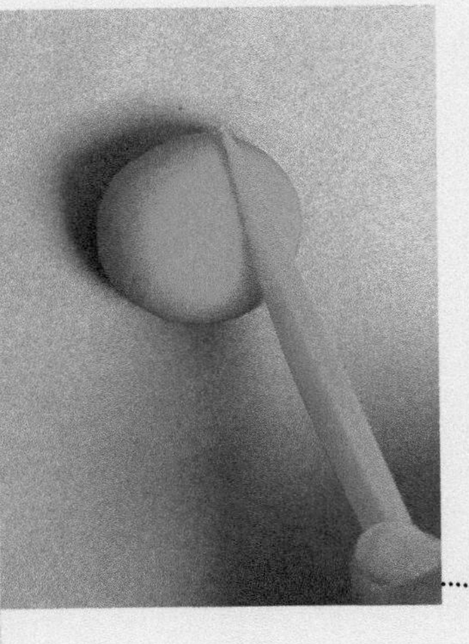

01 取适量红色和黑色粘土。

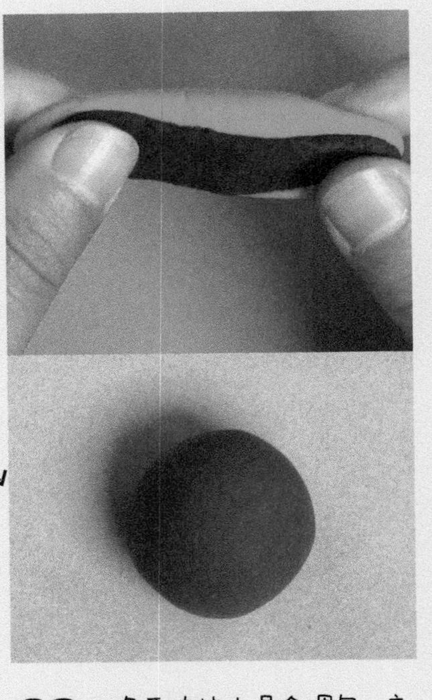

02 将两块粘土混合调匀，变成棕色。

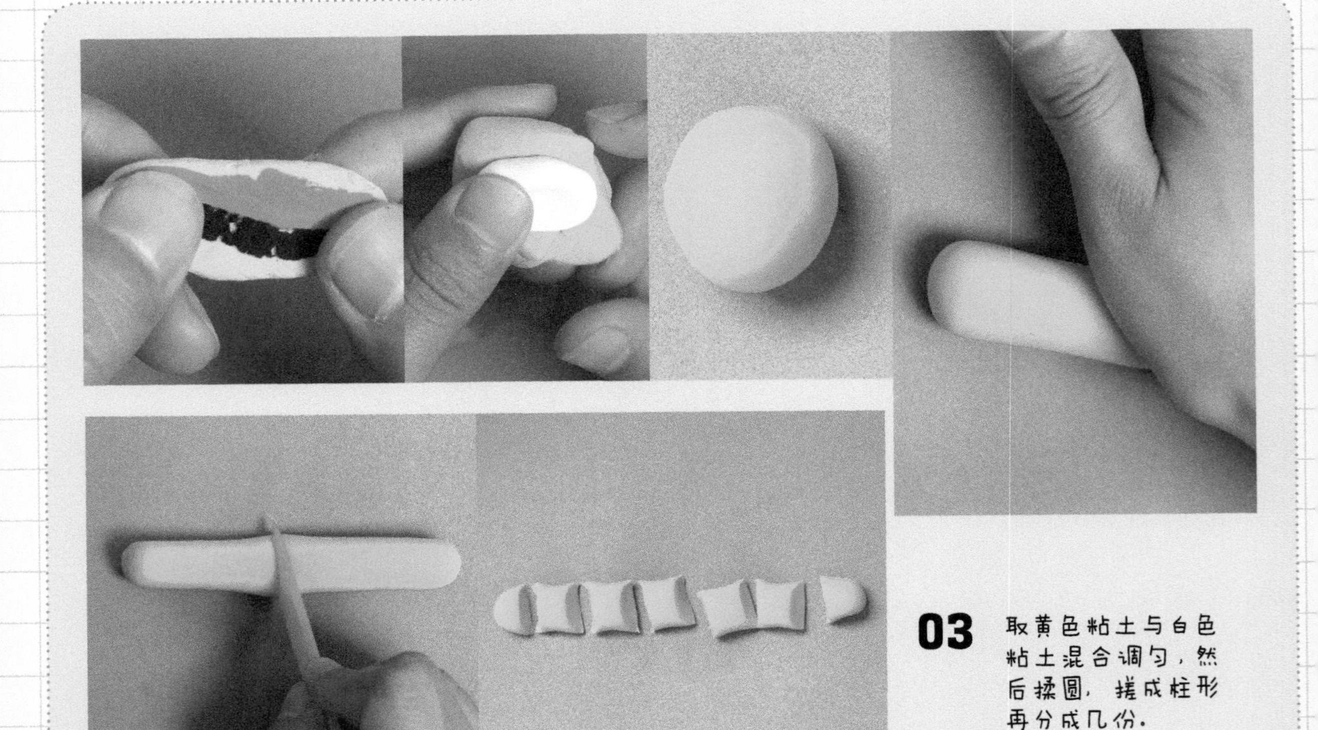

03 取黄色粘土与白色粘土混合调匀，然后揉圆，搓成柱形再分成几份。

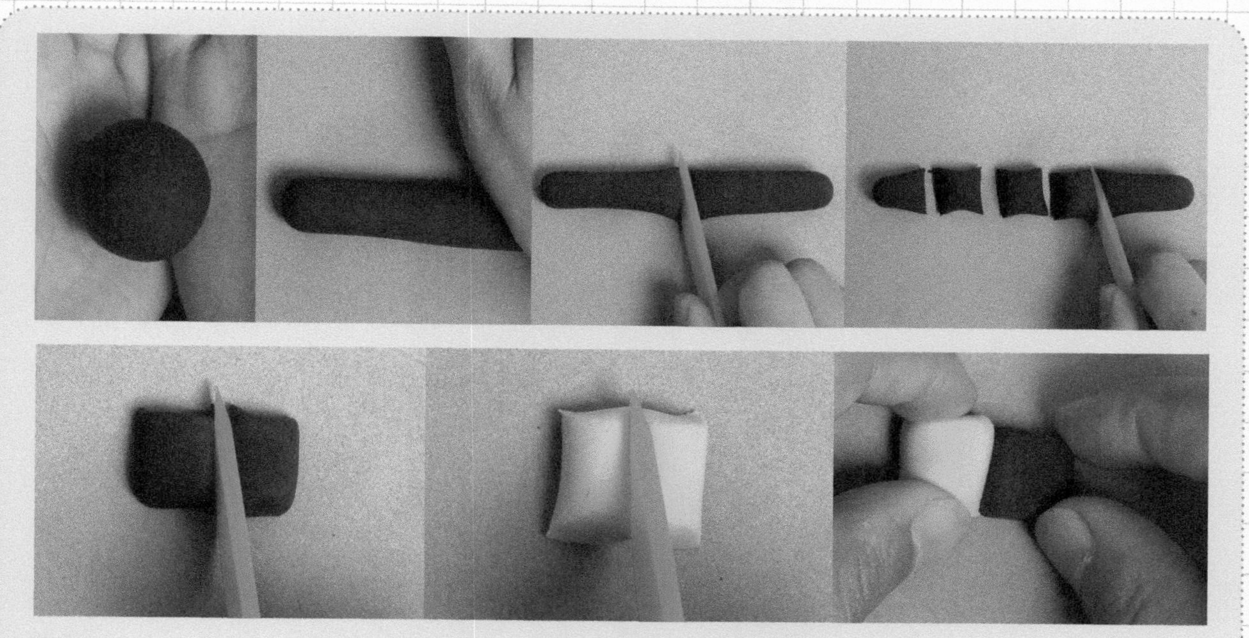

04 同样把棕色粘土揉圆并搓成柱形，分成与黄色同等的份数。

05 如图所示，把姜黄色和棕色的粘土拼合并调整形状，好吃的饼干就做好了。

★ 圆形曲奇的制作

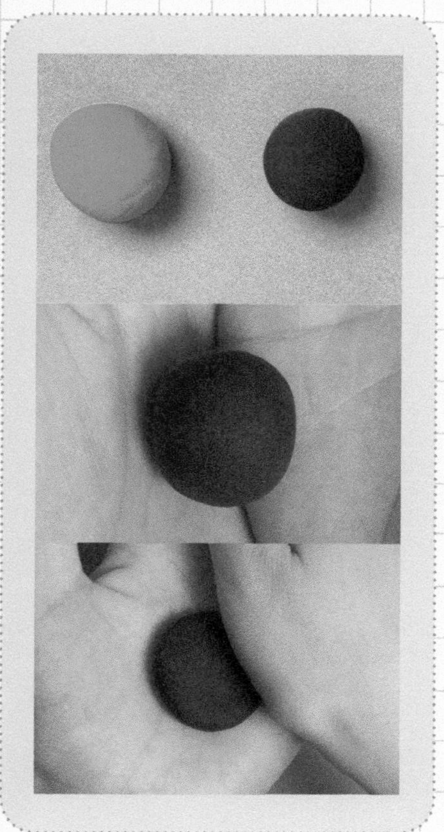

06 将红色与黑色的粘土混合调匀，则变成棕色。

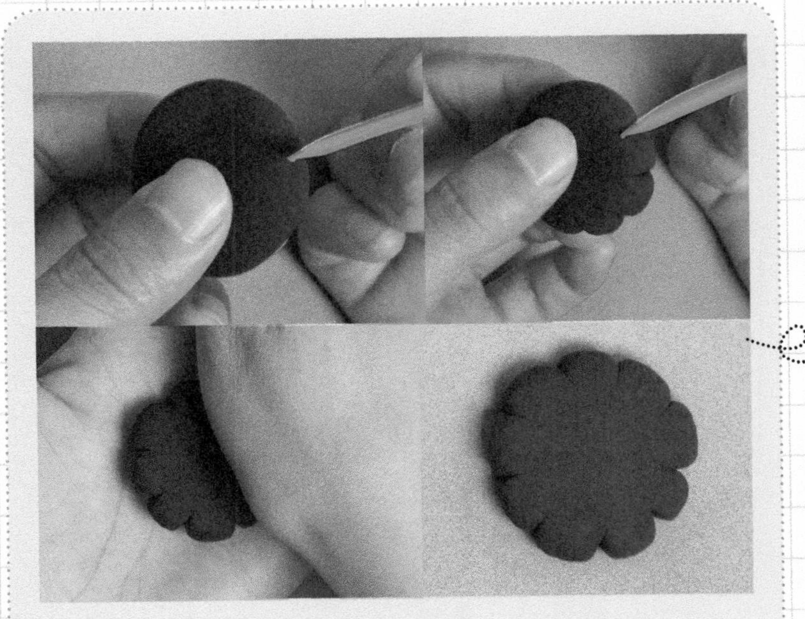

07 调匀后揉圆并在手心压扁，再用工具刀在其侧面浅浅地切出花瓣的样子。

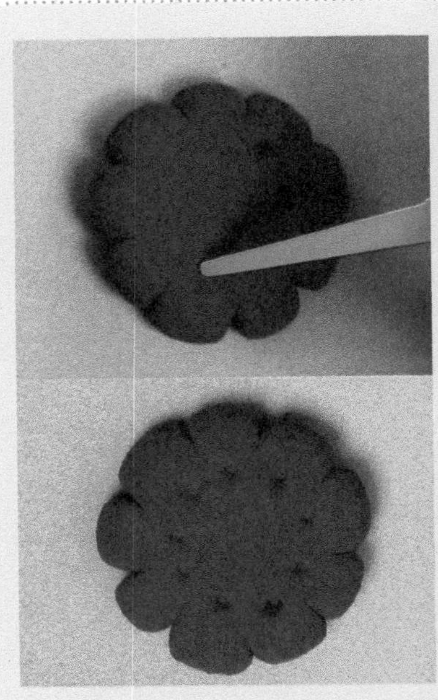

08 切完之后在饼干上边轻轻地扎一圈小点。

★ 趣多多的制作

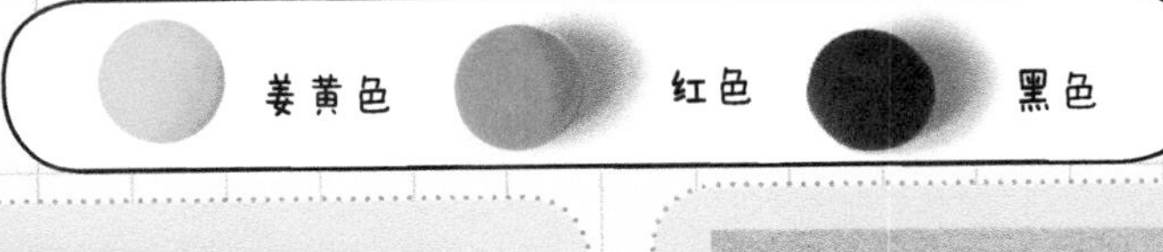

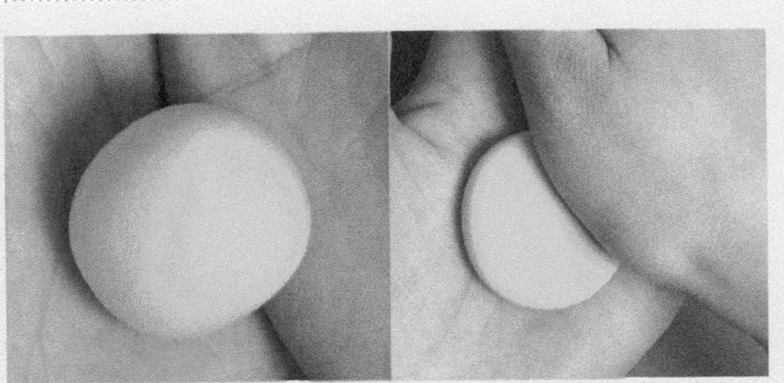

09 将黄色粘土揉圆并在手心压扁。

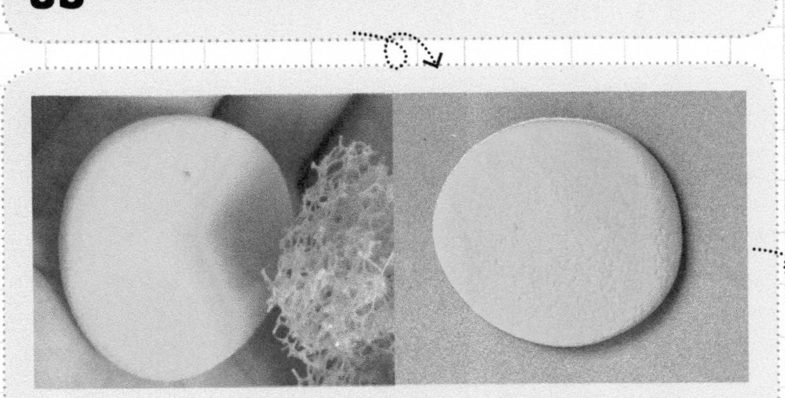

10 用牙刷或其他有纹理的工具在其表面轻轻压出一些纹。

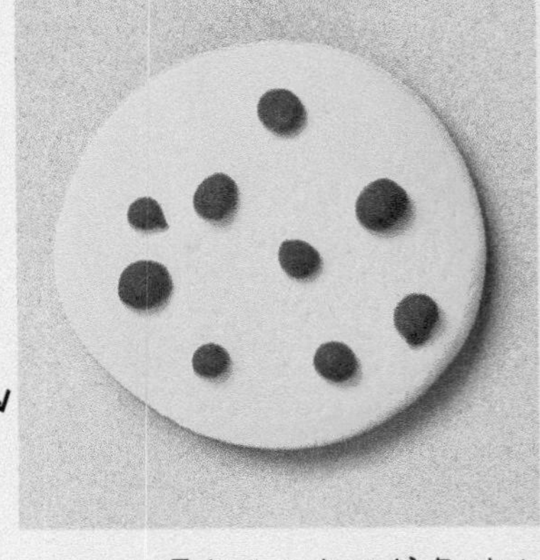

11 再加上小粒的棕色粘土做成巧克力放到上边。

巧克力蛋糕

用牙签处理蛋糕的边缘时，注意不要用力过度，避免一大块粘土被挑起来，同时要掌握好密度。

准备工具

材料：

难易度： ★★★

所需颜色：

白色  肉色  黄色

红色 绿色 黑色

需调配颜色： 棕红色 浅黄色

红色＋黑色 白色＋黄色

制作过程：

- 巧克力蛋糕的制作
- 蛋糕的制作
- 奶油的制作
- 蛋糕的组合
- 白奶油和水果的制作

★巧克力蛋糕的制作

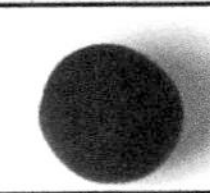

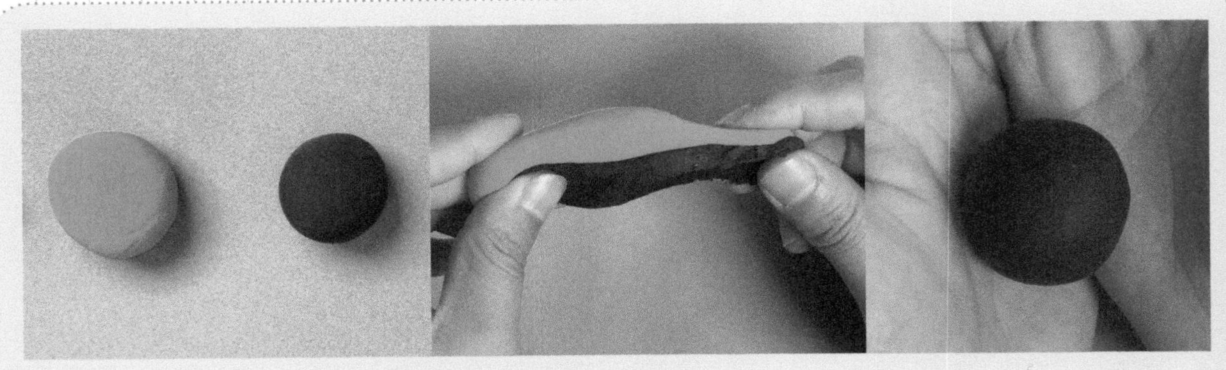

01 、把大块红色和大块黑色粘土混合、调匀、揉圆。

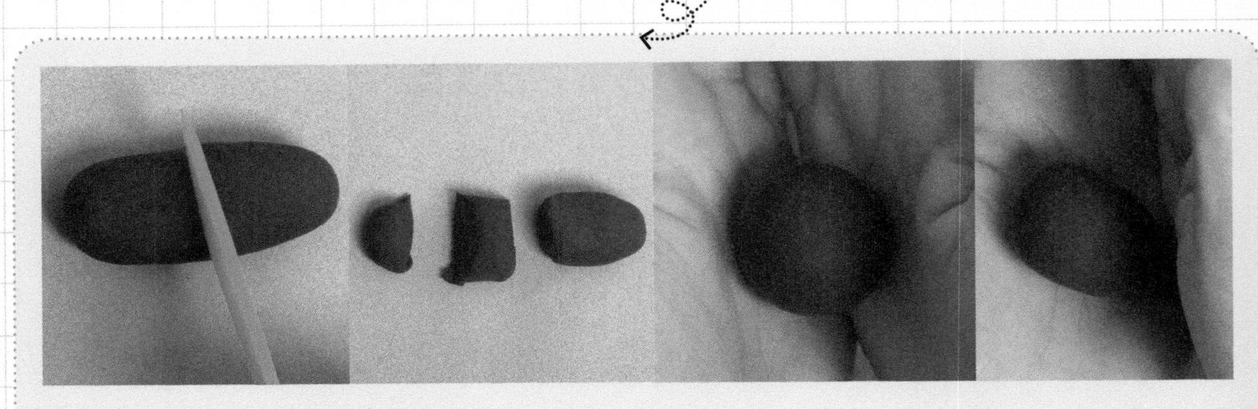

02 将棕色的粘土分成不等的三份。

03 取大块的粘土揉圆并做成水滴形，将水滴形的棕色粘土压扁并调整形状，再在侧面用牙签挑出一些纹理。

★ 蛋糕的制作

黄色　白色

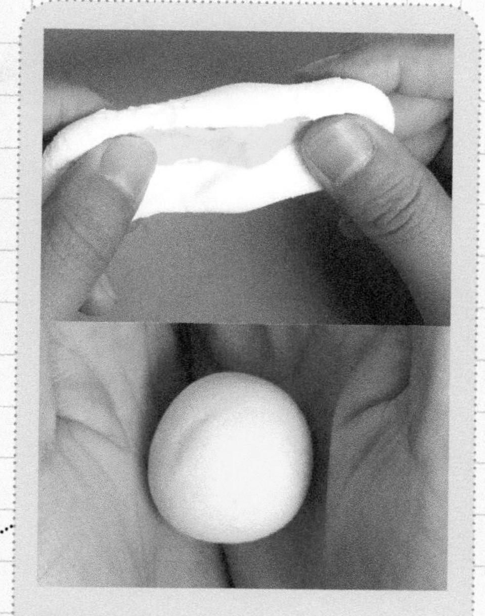

04 把黄色和白色粘土混合调匀，揉圆并分成两份。

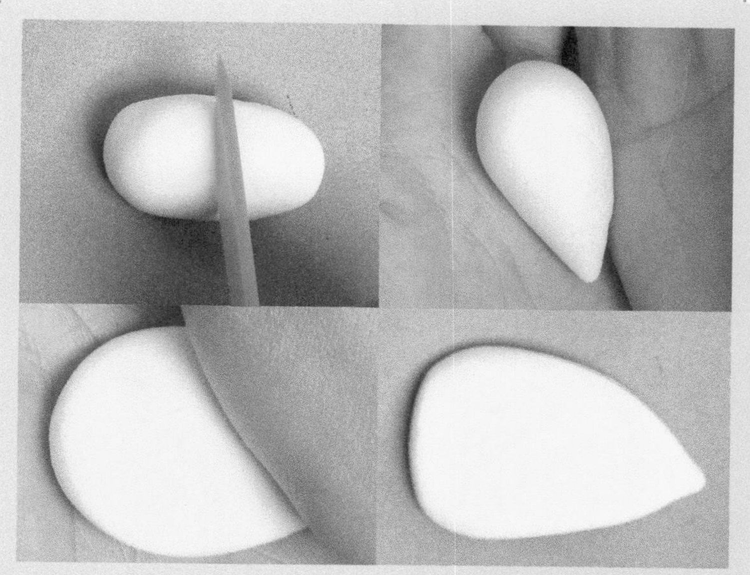

05 两份混合后的黄色粘土分别做成比棕色水滴略短的水滴形，并压扁。

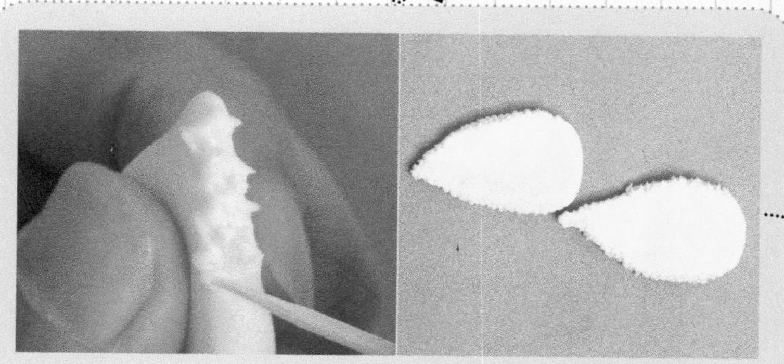

06 用牙签在其侧面挑出纹理来。

★ 奶油的制作

肉色

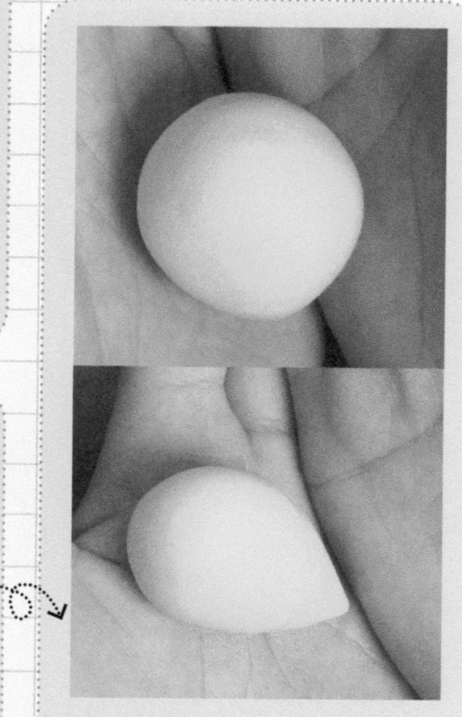

07 把肉色的粘土揉圆压扁，做成与黄色粘土一样大小的水滴形。

★ 蛋糕的组合

08 将肉色水滴压扁，用牙签在侧面挑出一些纹理。

09 取来三块压扁后的水滴，棕色在下，其次是黄色，肉色。

10 把剩下的黄色放到最上边。

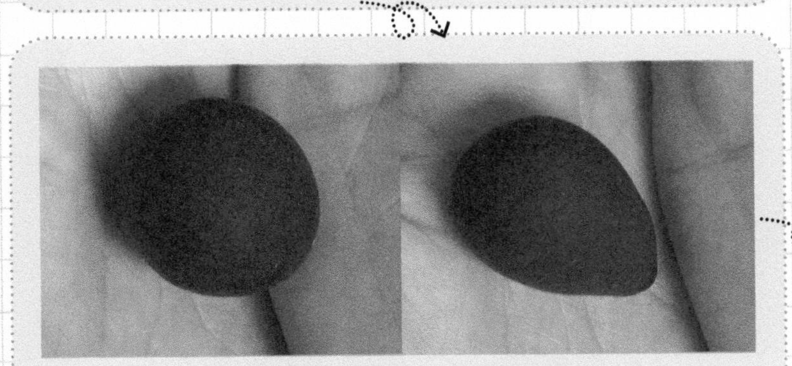

11 再做一个棕色的与黄色和肉色一样大小的水滴。

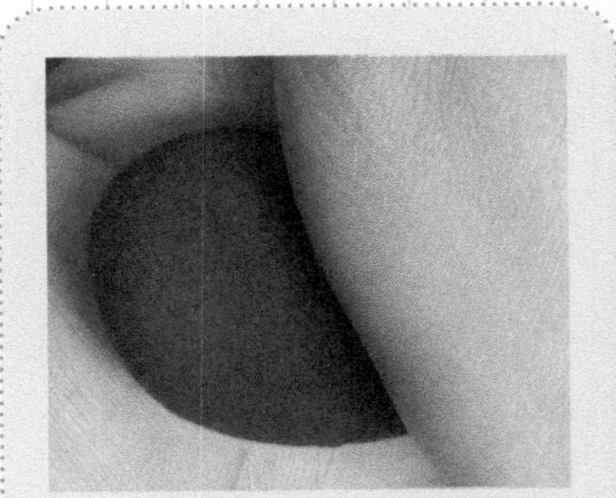

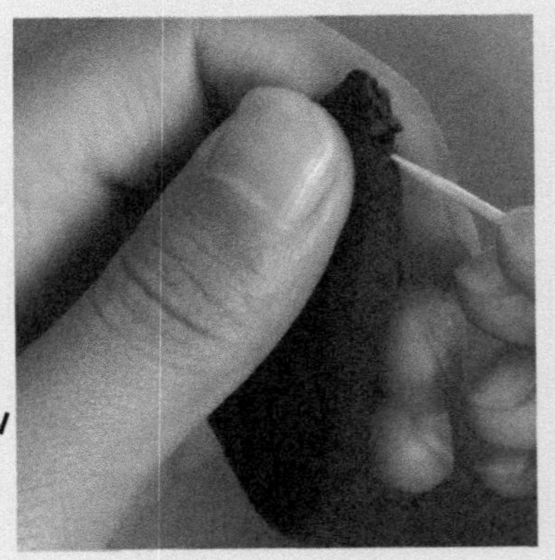

12 压扁水滴并用牙签挑出纹理。

13 放到黄色上边.

★白奶油和水果的制作

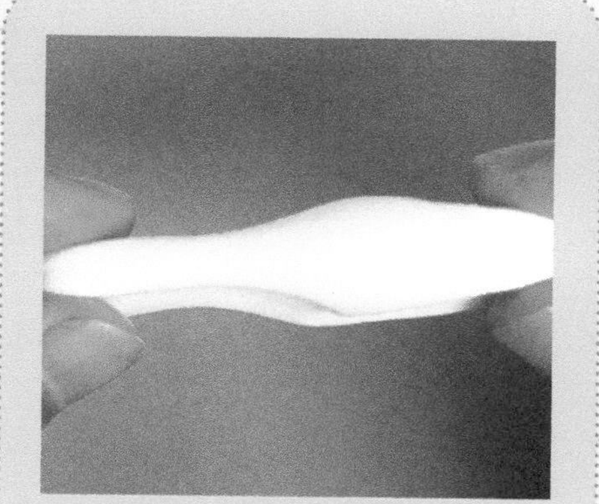

14 白色的奶油，用白色的粘土轻轻拉伸、合上并重复几次.

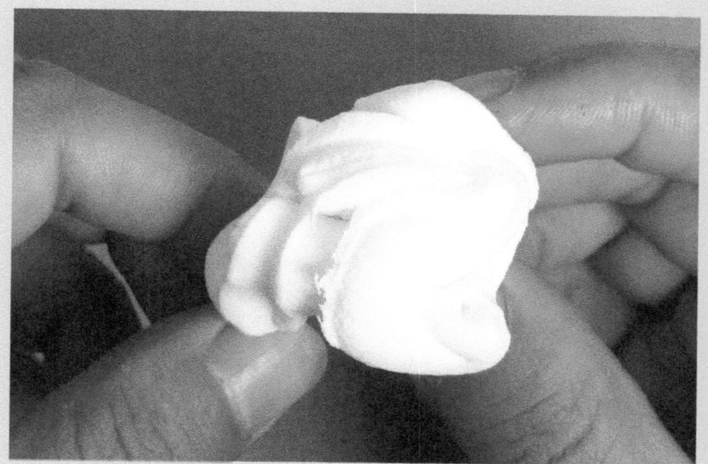

15 做出奶油的感觉.

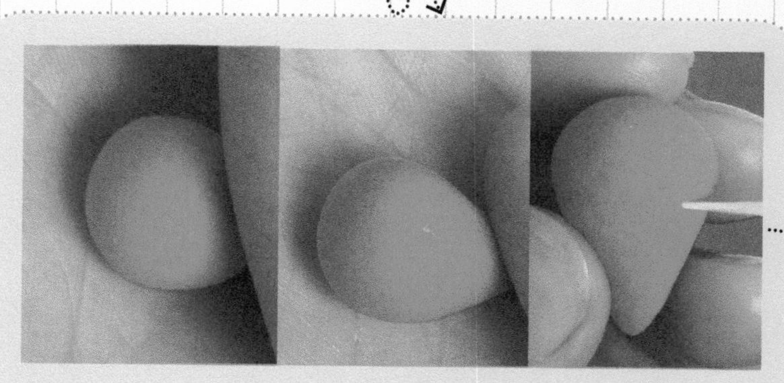

16 把红色的粘土揉圆并做成水滴状，然后用牙签在其表面扎小点点，

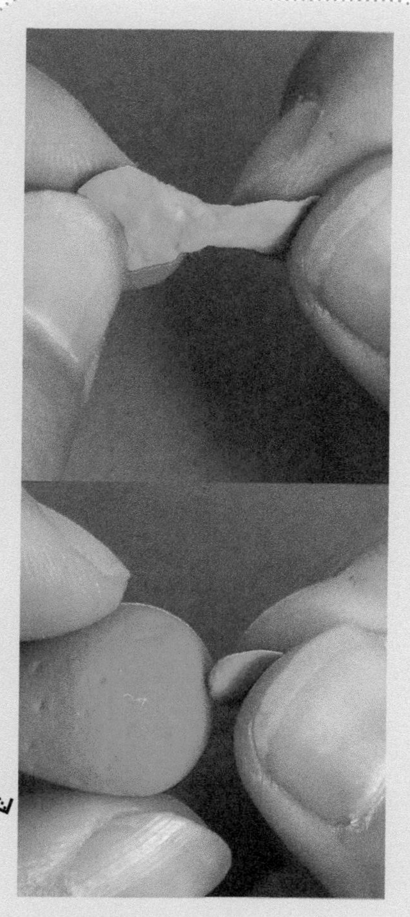

17 用绿色的粘土做小萼片.

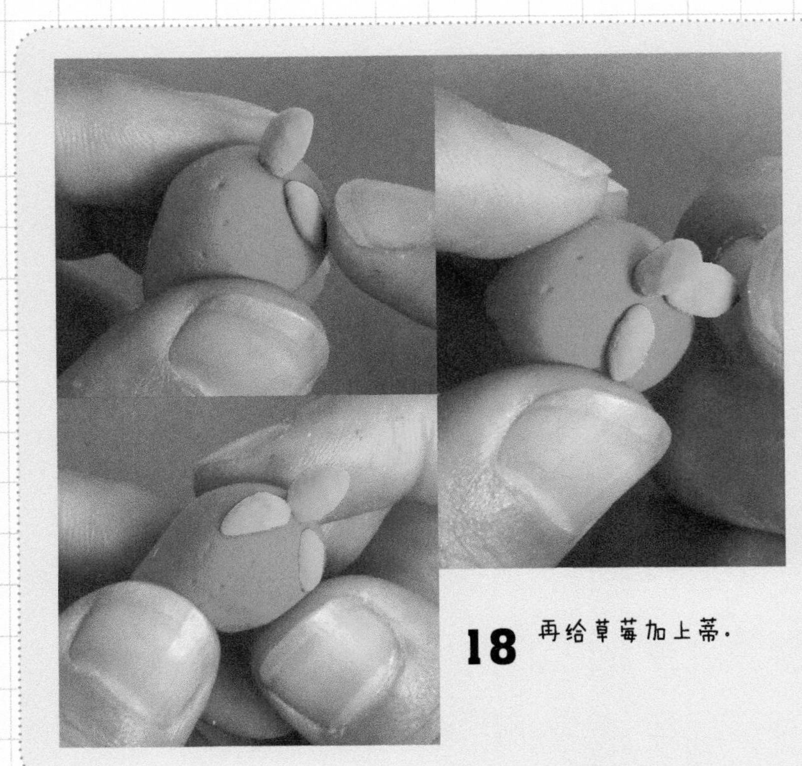

18 再给草莓加上蒂。

19 在白色的奶油上边用牙签拨出一个小洞，放得下草莓的底部即可。

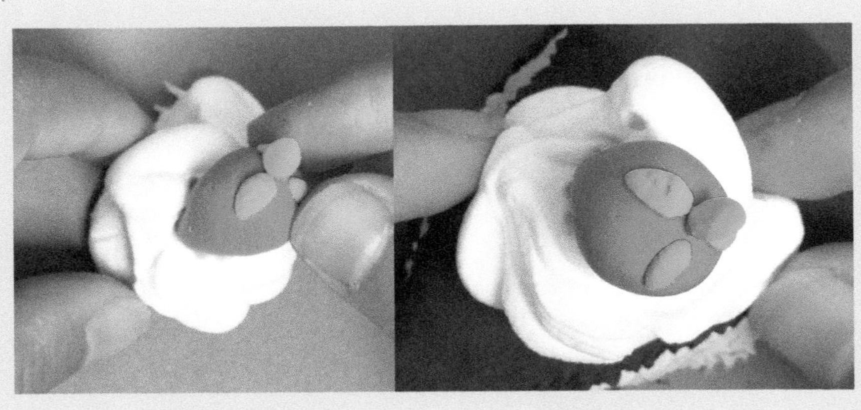

20 将草莓放到奶油上边。

饱满的寿司

制作三文鱼的时候，注意白色粘土的大小。搓动时注意观察颜色的间距。

准备工具

材料：

难易度： ★★

所需颜色：

白色　红色

制作过程：

- 饭团的制作
- 三文鱼的制作
- 三文鱼和饭团的组合
- 表情的制作

★ 饭团的制作

白色

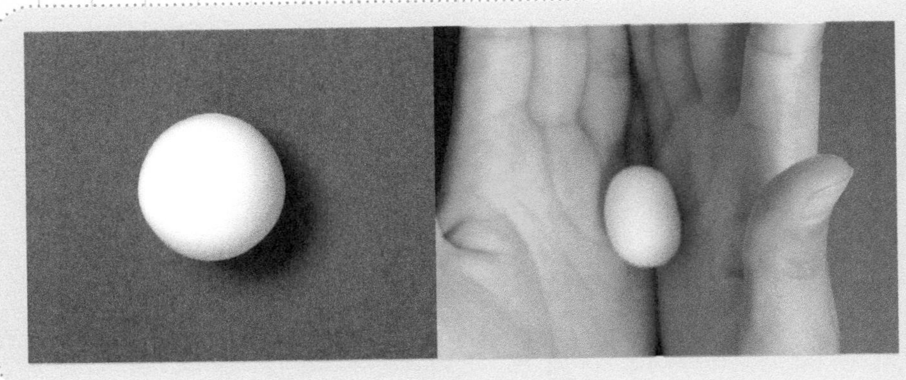

01 将白色粘土搓成椭圆形。

★ 三文鱼的制作

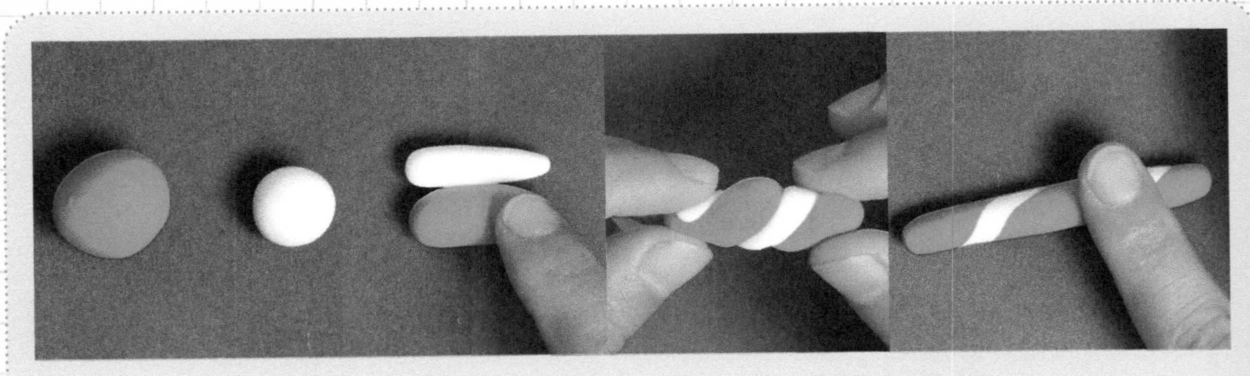

02 把少量红色和白色粘土搓成柱形并像拧麻花一样拧一拧，然后调整一下形状。

03 压扁并调整红色和白色之间的距离，挤压一下就好了。

★ 三文鱼和饭团的组合

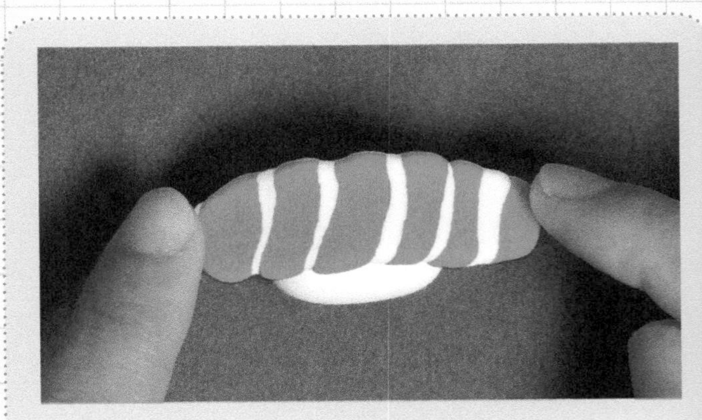

04 把调整好的鱼片放到白色饭团上边。

★表情的制作

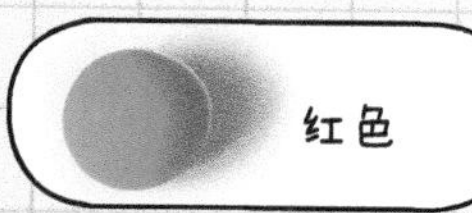

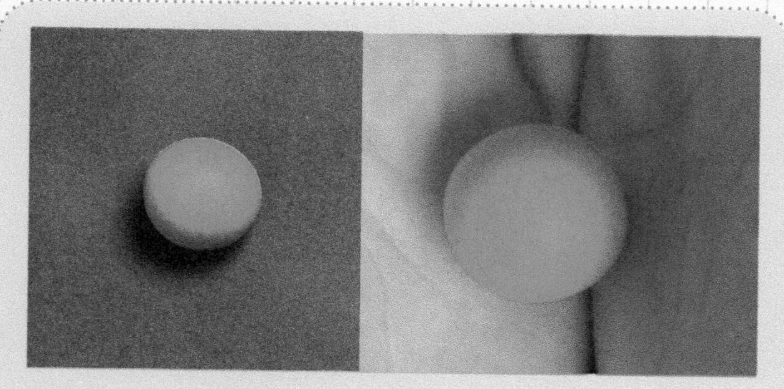

05 取少量红色粘土做成柱形。

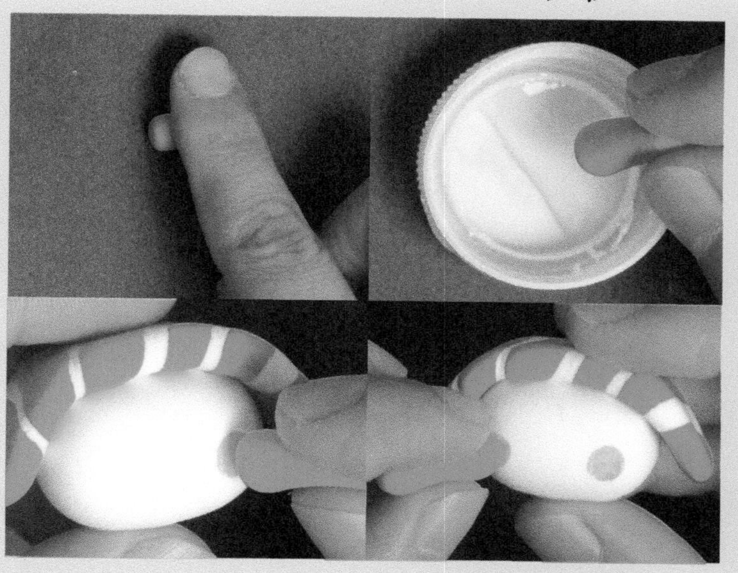

06 蘸一点水在饭团上轻轻点一下，可爱的腮红就出来了。

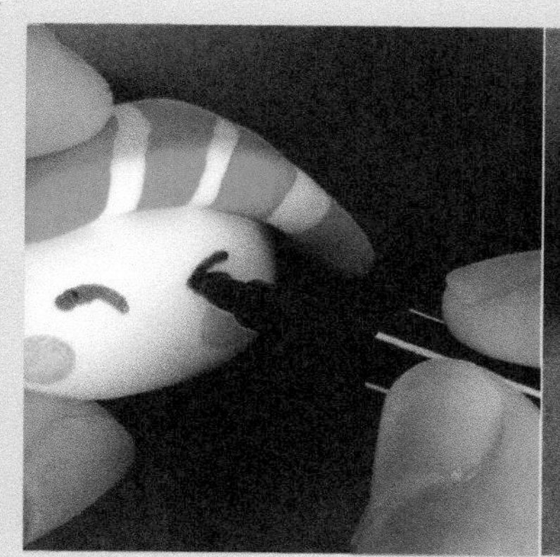

07 用笔画出想要的表情就好了。

清凉的冰激凌

清凉的冰激凌

调配纹理颜色的时候小心不要造成一大块都是一种颜色，要错落有致。

准备工具

材料：

难易度： ★★★

所需颜色：

白色  肉色 深绿色

 深粉色  黑色

需调配颜色： 粉色纹理 薄荷绿

白色＋深粉色 白色＋深绿色

制作过程：

- 脆筒的制作
- 草莓冰激凌的制作
- 薄荷冰激凌的制作
- 树莓的制作

★ 脆筒的制作

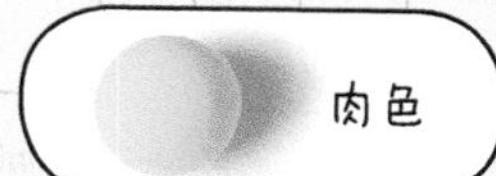

01 把肉色的粘土做成水滴形。

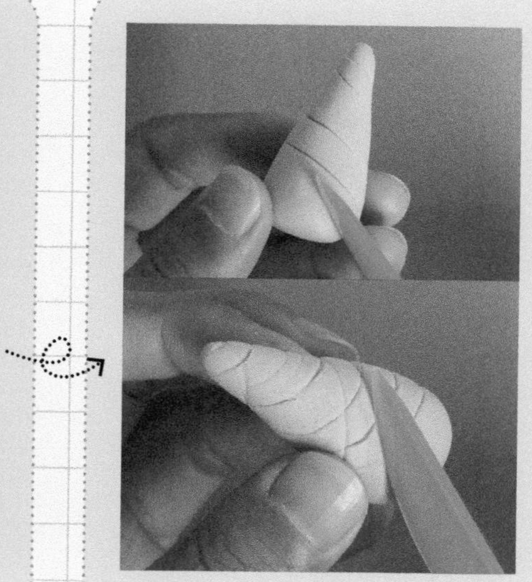

02 用工具刀在其表面刻出蛋卷的纹。

03 调整形状。

★ 草莓冰激凌的制作

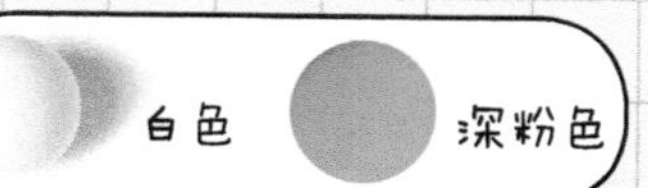

04 将白色和深粉色的粘土混合，但是不要调匀。

05 揉圆，放到桌子上用工具在其底部拨出一些纹来。

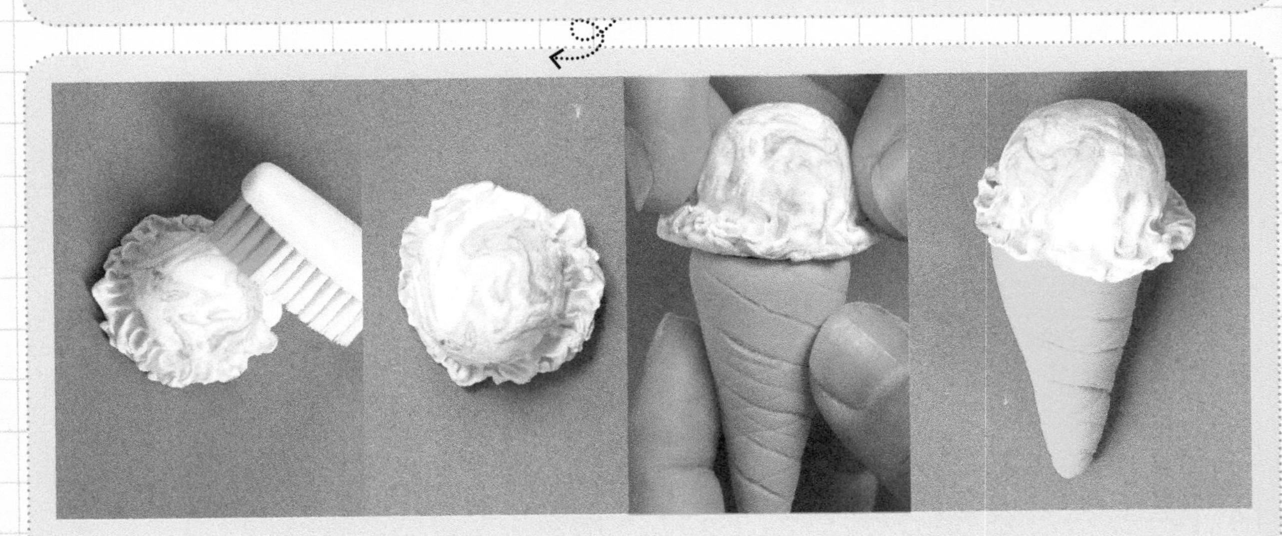

06 再用牙刷在顶部轻轻按压出纹理来，第一个球就做好了，将球放到蛋卷上。

★ 薄荷冰激凌的制作

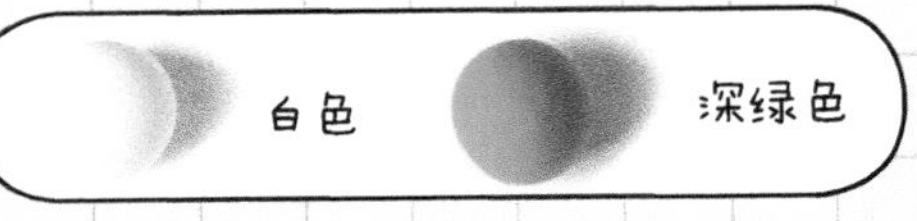

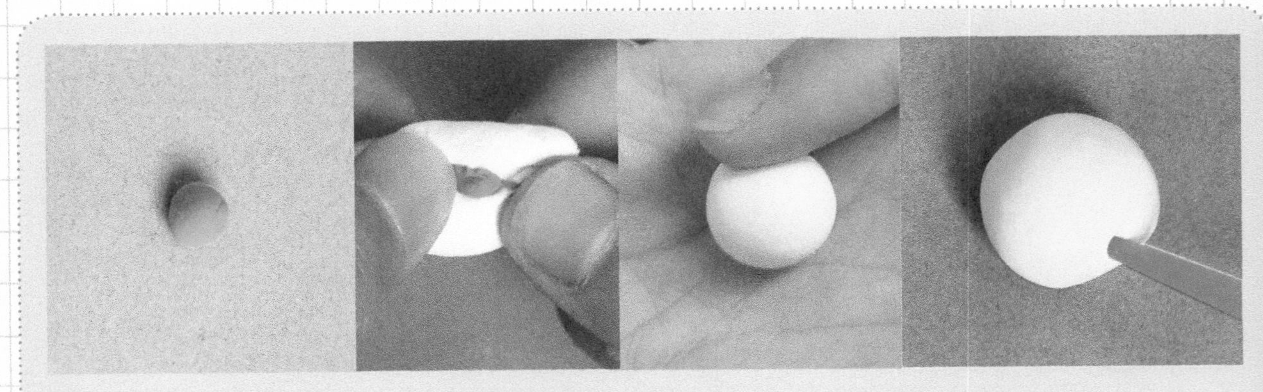

07 将白色和深绿色的粘土混合调出薄荷绿色，揉圆并用工具在其底部拨出一些纹来。

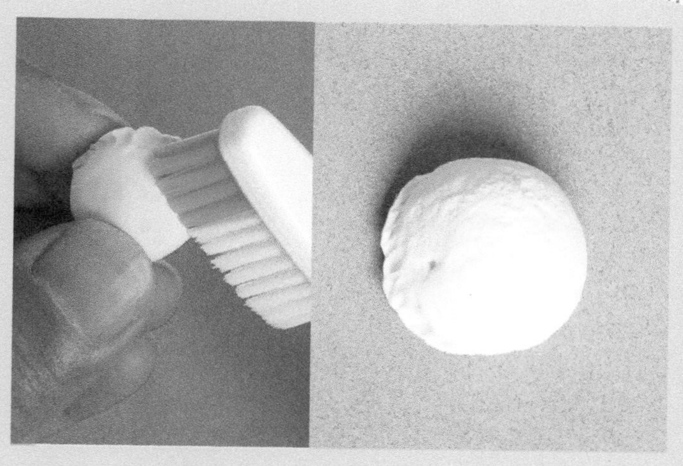

08 用工具在其底部划出纹来，并用牙刷按压出纹理来。

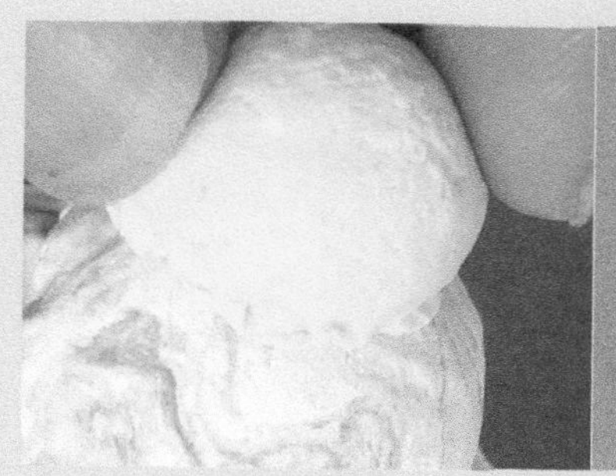

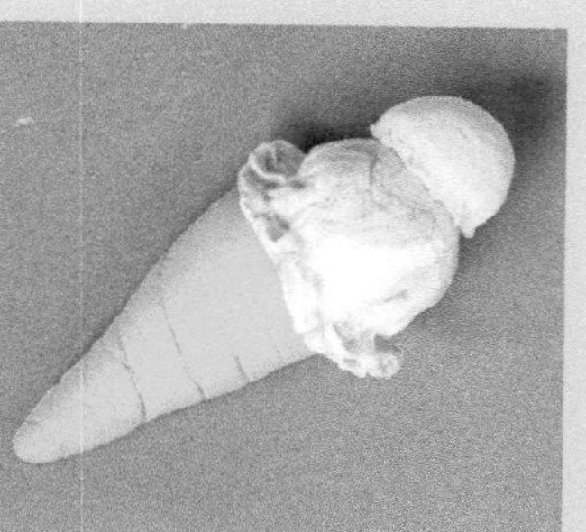

09 将薄荷味道的球放到第二层。

★ 树莓的制作

深粉色

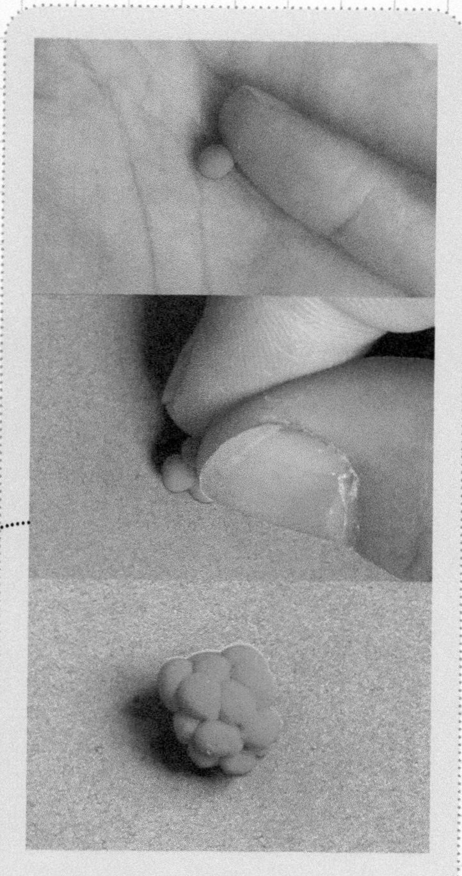

10 把深粉色的粘土分成N份，揉圆并拼合。

11 把做好的树莓放到冰激凌上吧。

NO.1 温馨的多肉植物

的多肉植物

多肉颜色的调配要注意比例，可一次次少量添加。

准备工具

材料：

难易度： ★★★

所需颜色：

白色

黄色

深绿色

蓝色

棕红色

需调配颜色： 草绿色　湖蓝色

黄色 + 深绿色

白色 + 蓝色

制作过程：

- 茶杯花盆的制作
- 泥土的制作
- 多肉的制作

注意：多肉植物叶片的颜色深浅不一，可用蓝色或者白色调节绿色的深浅。

★ 茶杯花盆的制作

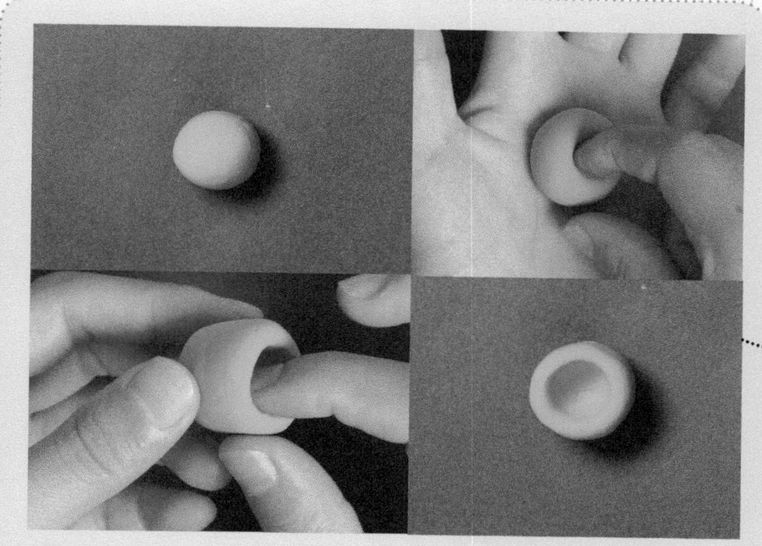

01 取蓝色和白色粘土混合揉圆，在圆的中间用食指压出一个洞，然后调整茶杯的形状。

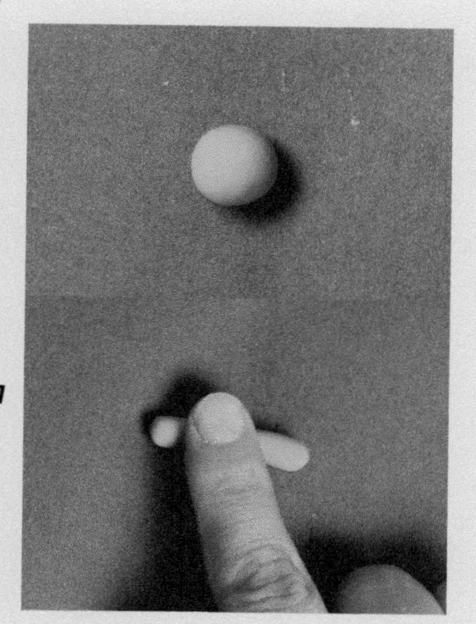

02 将小块湖蓝色粘土揉圆并做成柱形。

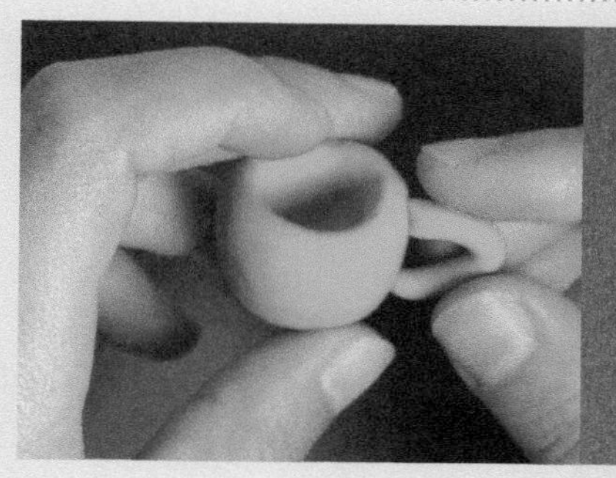

03 将柱形做茶杯的柄。

★ 泥土的制作

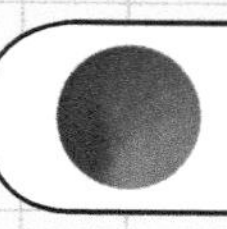

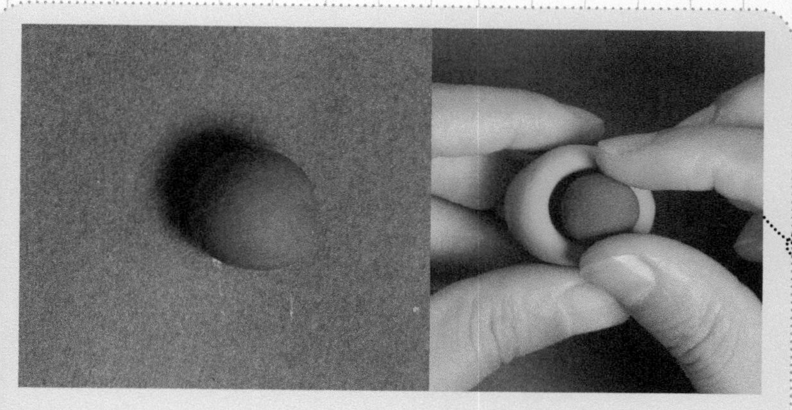

04 将棕色粘土揉圆放到茶杯里做泥土。

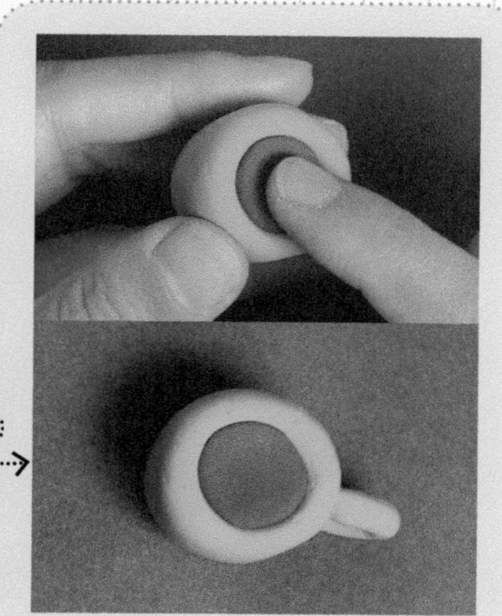

05 调整泥土和茶杯的形状。

★ 多肉的制作

 白色  黄色  草绿色 蓝色

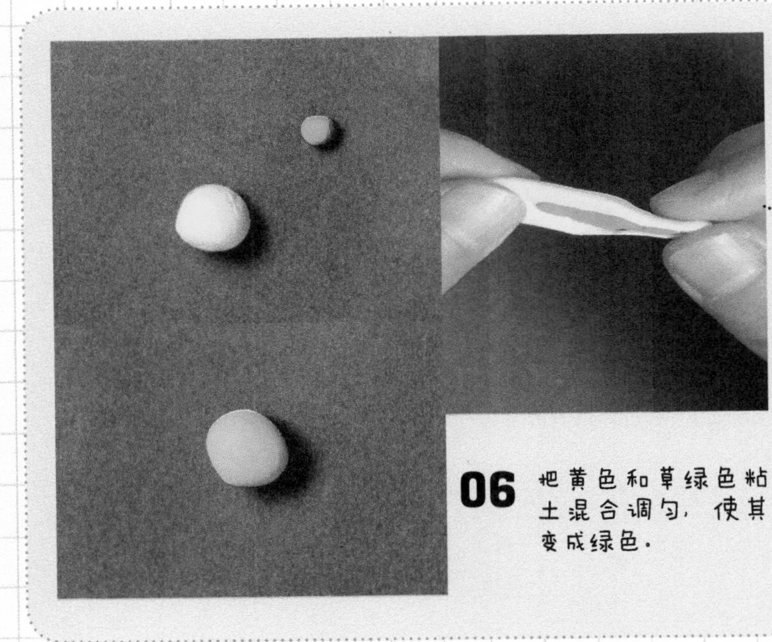

06 把黄色和草绿色粘土混合调匀，使其变成绿色。

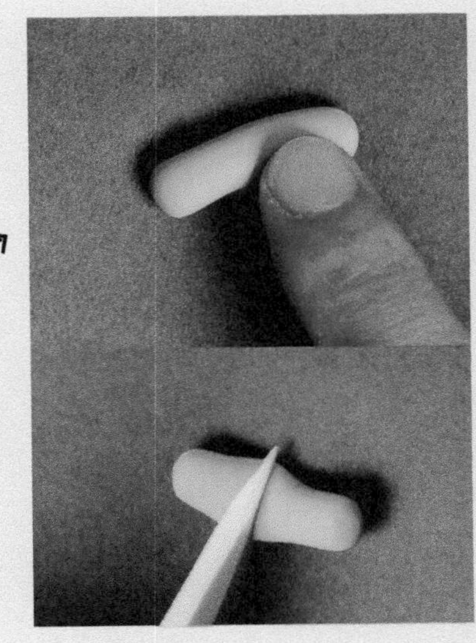

07 把绿色的粘土分成两份。

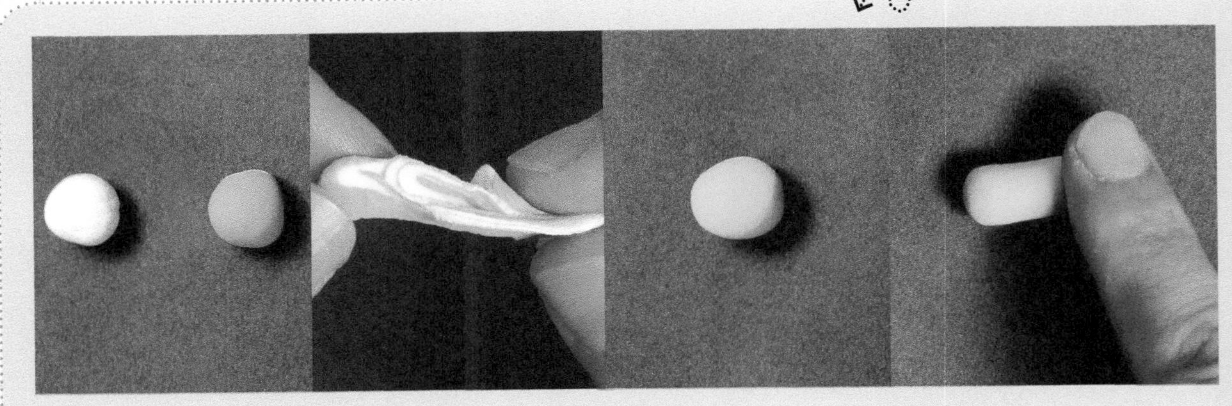

08 再将白色与草绿色粘土混合调匀，调匀后分成两份。

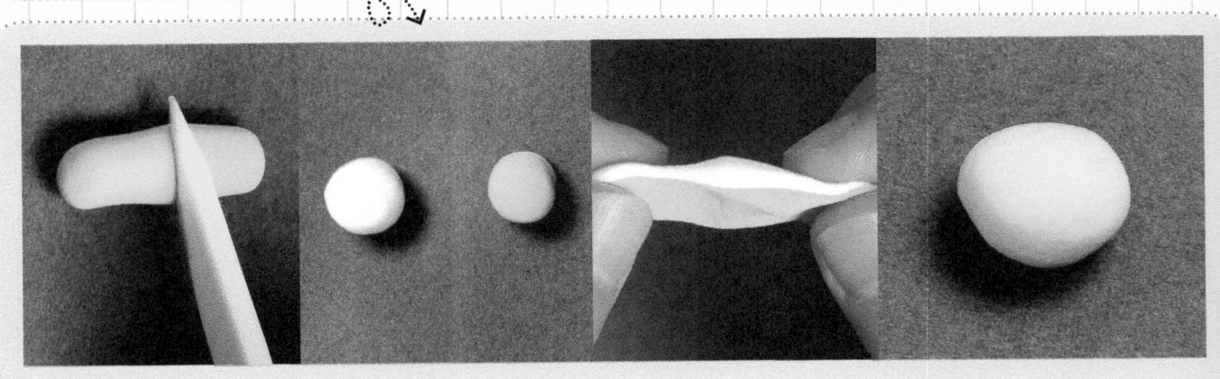

09 再取白色粘土与其调匀。

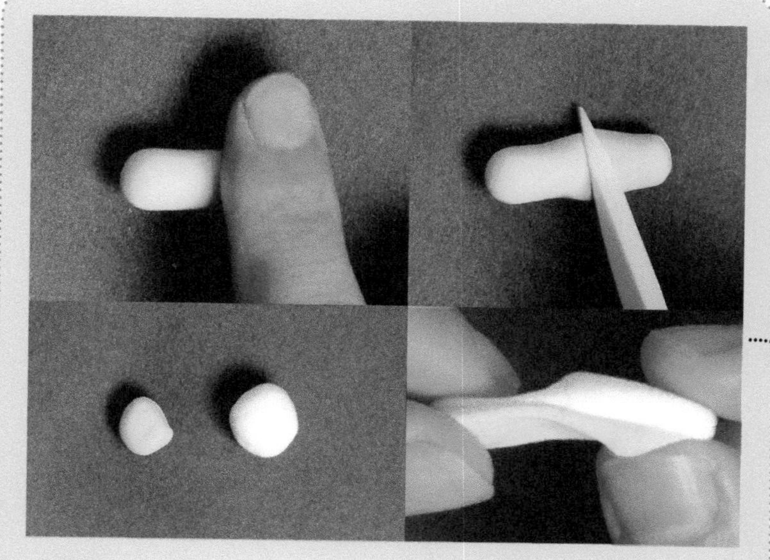

10 重复一次.

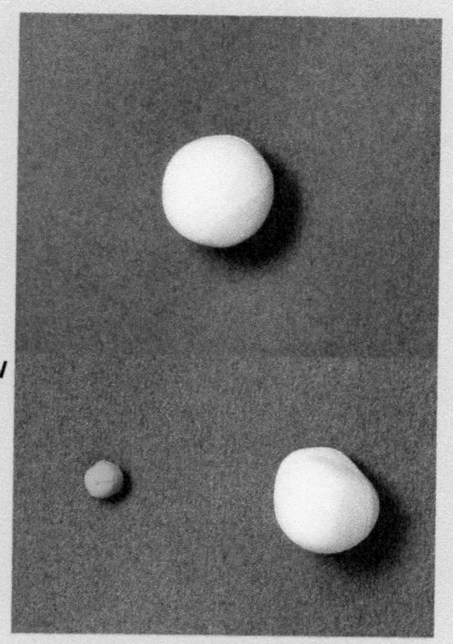

11 取适量蓝色粘土.

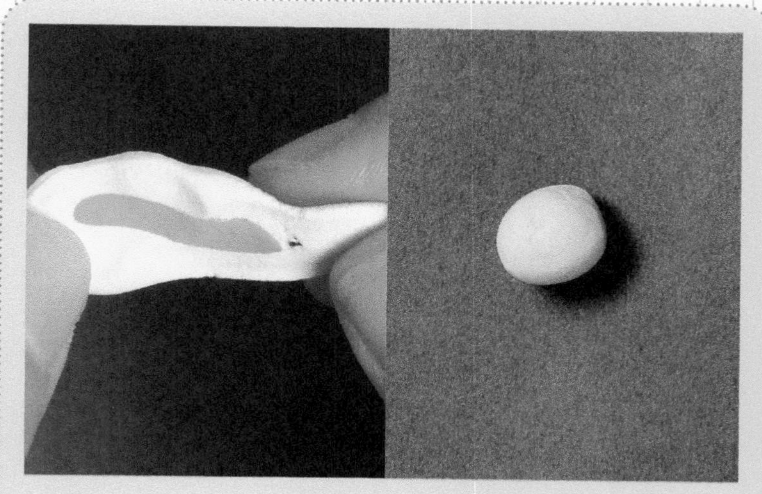

12 与最后调的浅绿色粘土混合调匀.

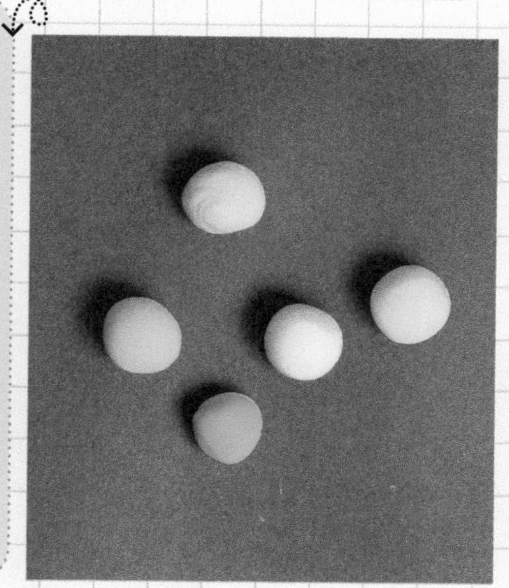

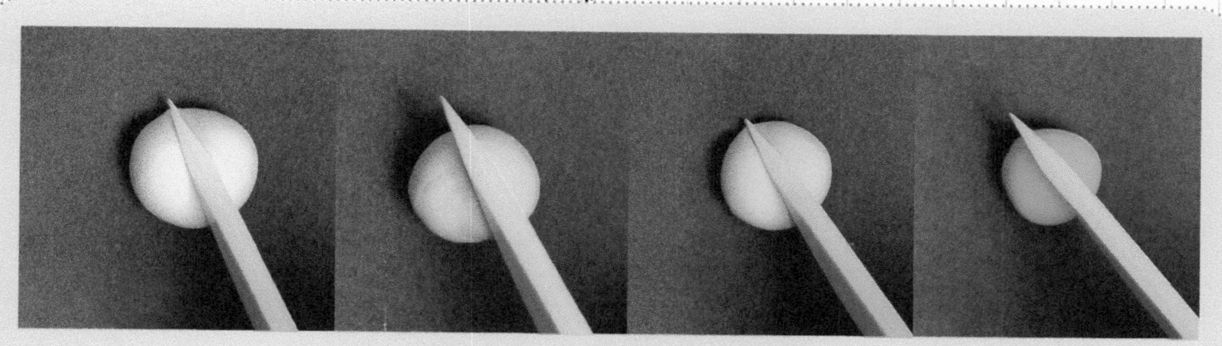

13 调均后的几种颜色分别用工具刀分成最少两份.

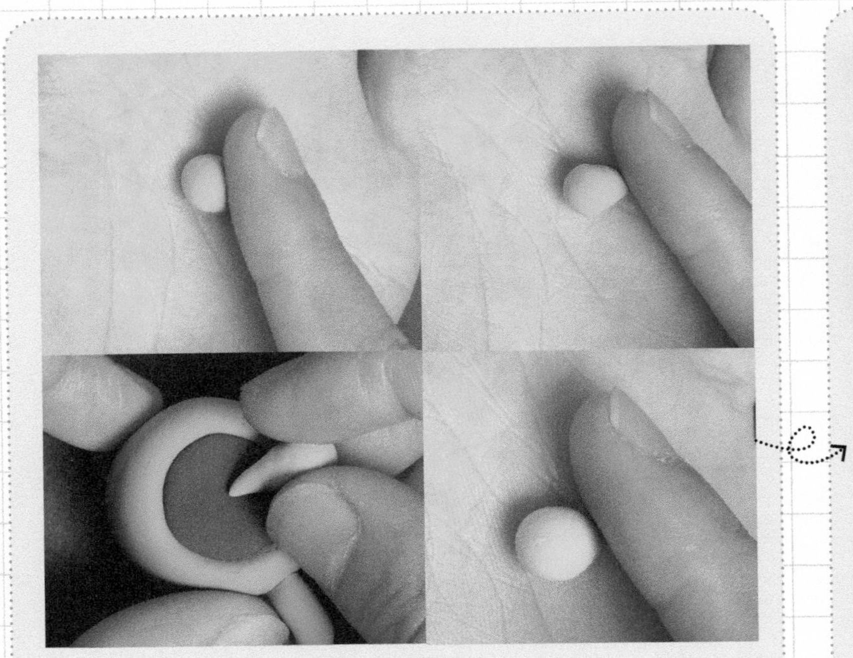

14 把分好的粘土揉圆并做成水滴。

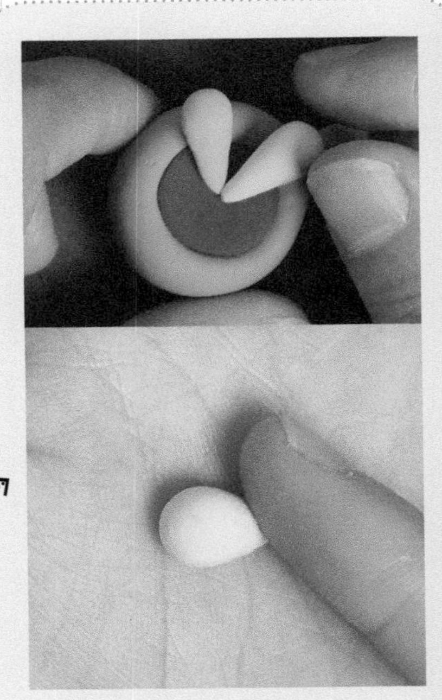

15 小水滴尖尖的地方放到泥土中间。

16 摆放时最上边的叶子略小一点。

17 依次将不同颜色的小水滴摆放到一起，如上图所示。

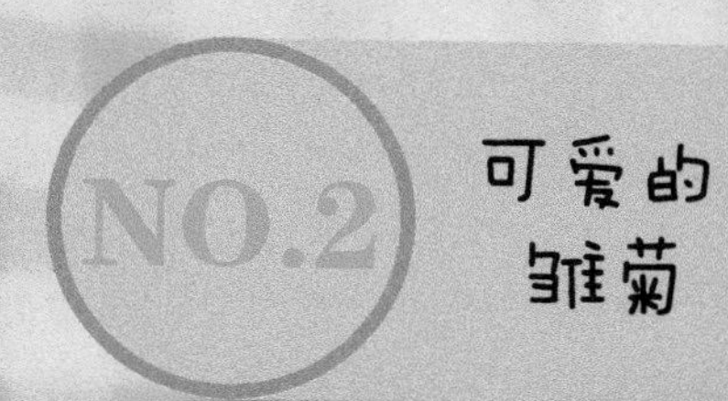

可爱的雏菊

制作雏菊的花蕊和花瓣时，注意使用工具的力度。

准备工具

材料：

所需颜色：

白色　黄色　粉色

深绿色　红色　黑色

需调配颜色：棕红色

红色＋黑色

难易度： ★★

制作过程：

- 花盆的制作
- 泥土的制作
- 雏菊的制作
- 花和茎的组合
- 叶子的制作

★花盆的制作

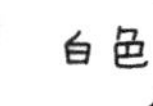

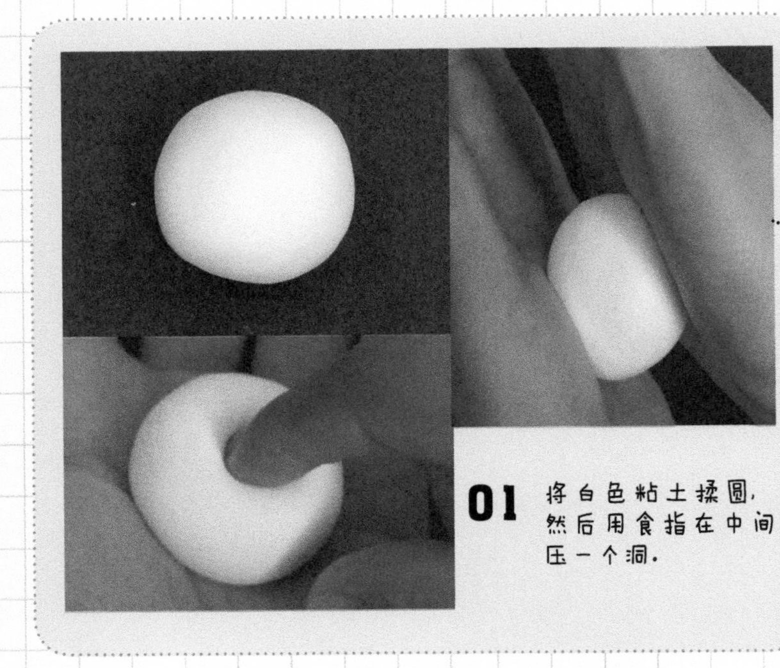

01 将白色粘土揉圆，然后用食指在中间压一个洞。

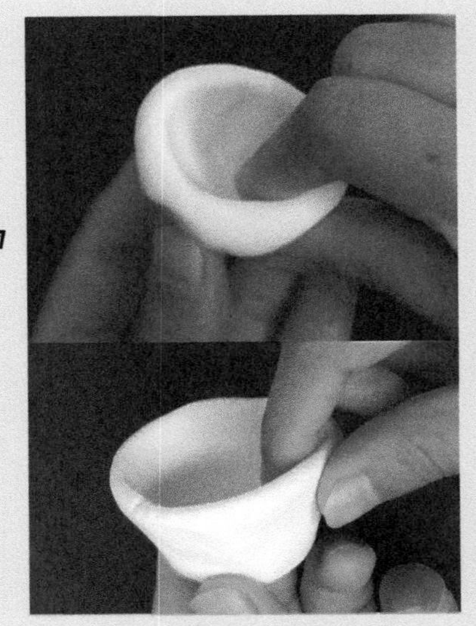

02 拇指和食指合作，调整出花盆的形状。

★泥土的制作

红色　黑色

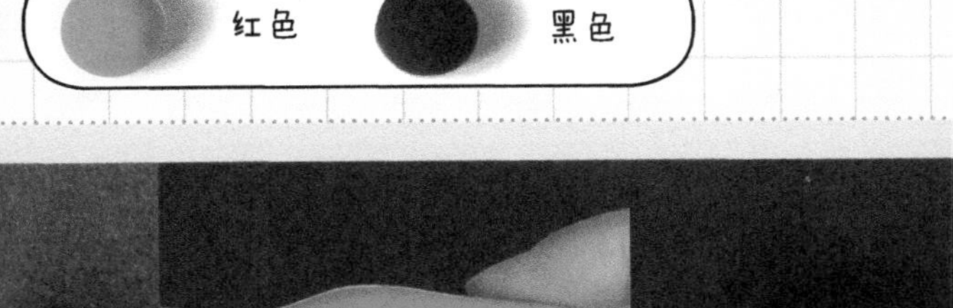

03 将黑色粘土与红色粘土混合调匀搓成圆球。

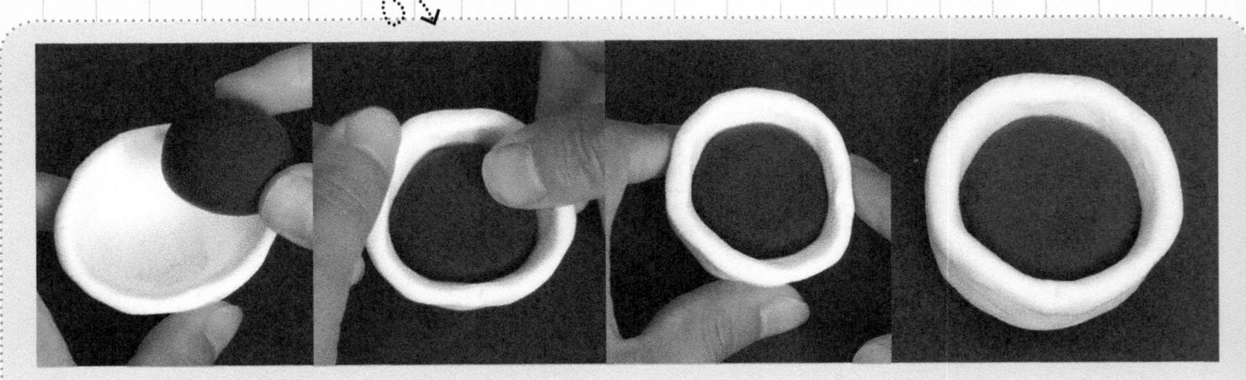

04 将泥土放到花盆中，不要太满。

★雏菊的制作

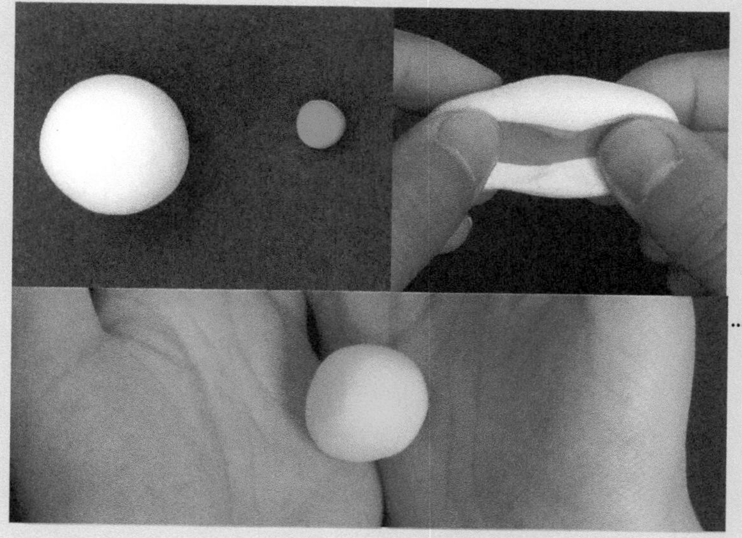

05 将白色和红色粘土混合，调成粉红色。

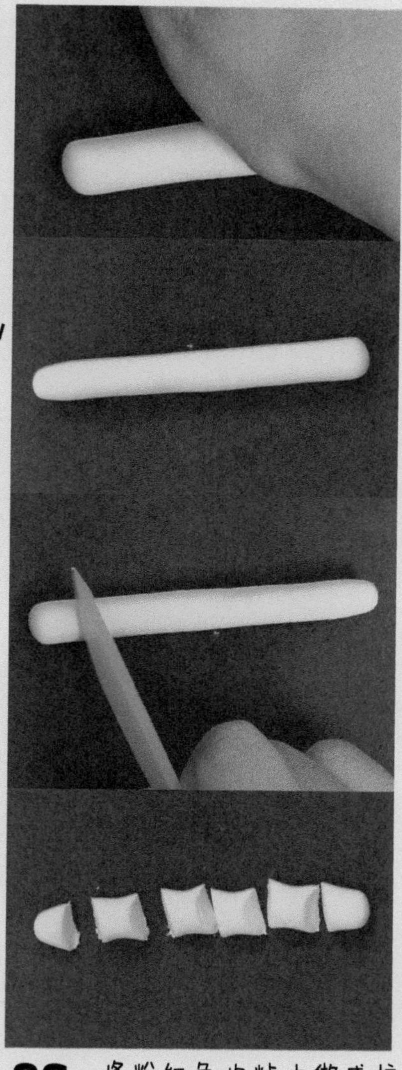

06 将粉红色的粘土做成柱形，用工具刀将其分成六等份。

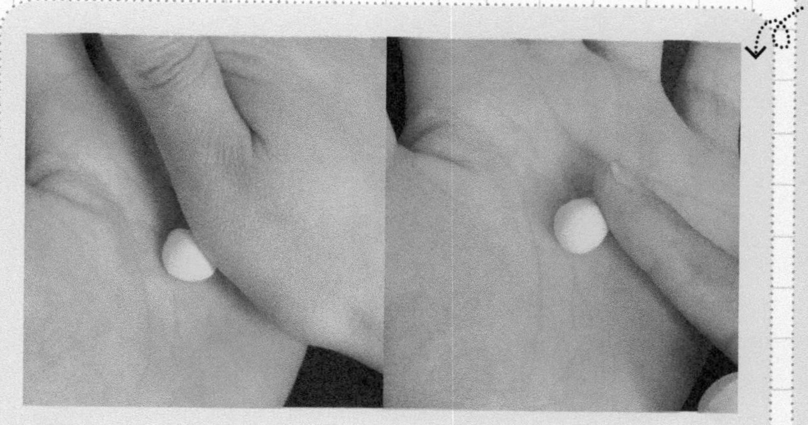

07 将粘土搓成圆球状。

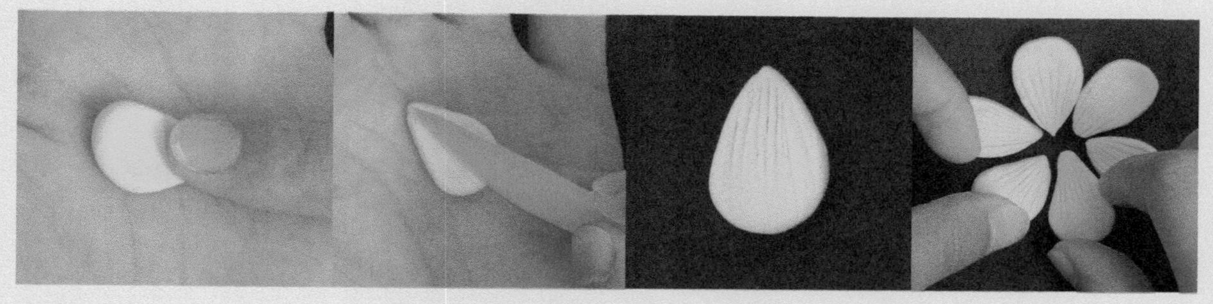

08 压扁水滴状粘土，用工具刀在上面划出纹理。

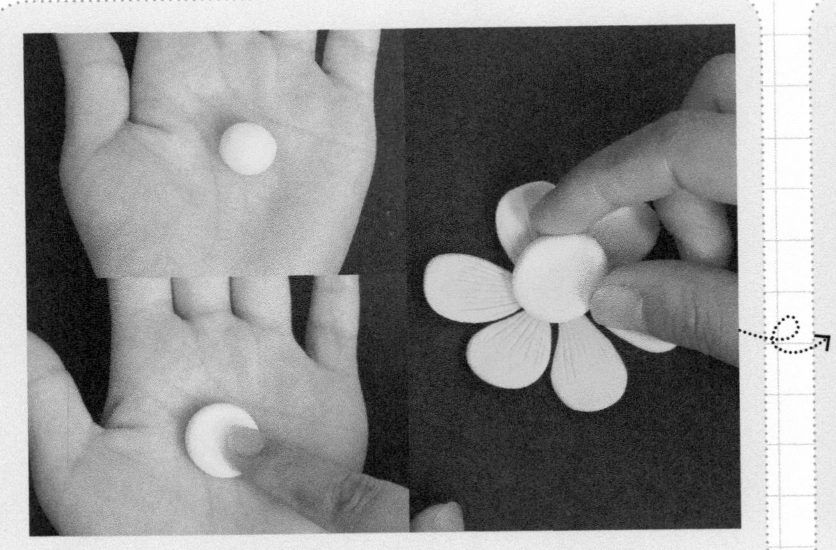

09 将六个花瓣摆放好，取黄色的粘土，将其揉圆后轻轻压一压，然后放到花瓣中间。

10 用牙签挑出花蕊的感觉。

★ 花和茎的组合

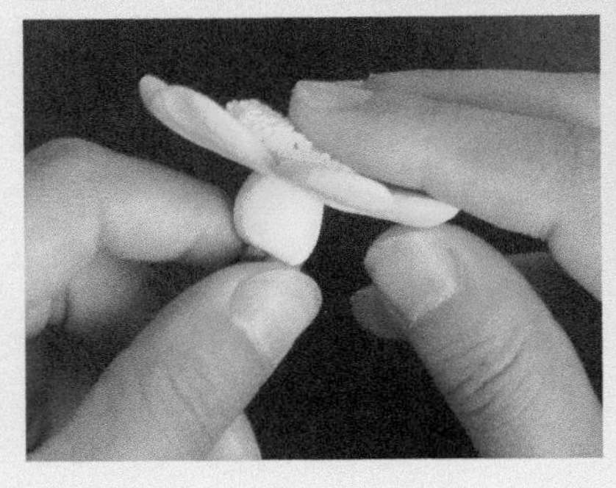

11 把绿色的花茎状插到泥土里。为了更牢固一点，取黄色的粘土揉圆做成水滴，插到花茎上再把做好的花放到上边。

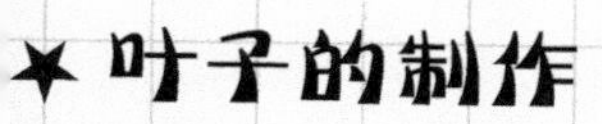

★叶子的制作

黄色

深绿色

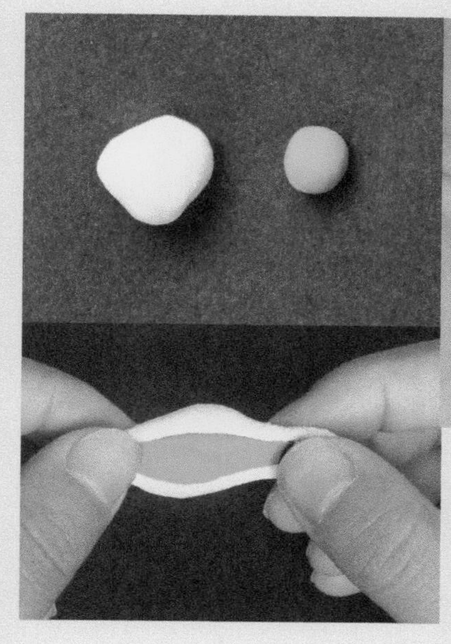

12 混合调匀黄色和绿色的粘土。

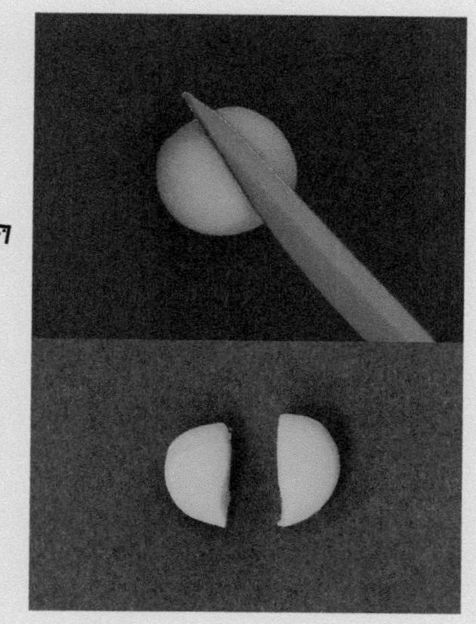

13 将调好的草绿色粘土揉圆分成两份。

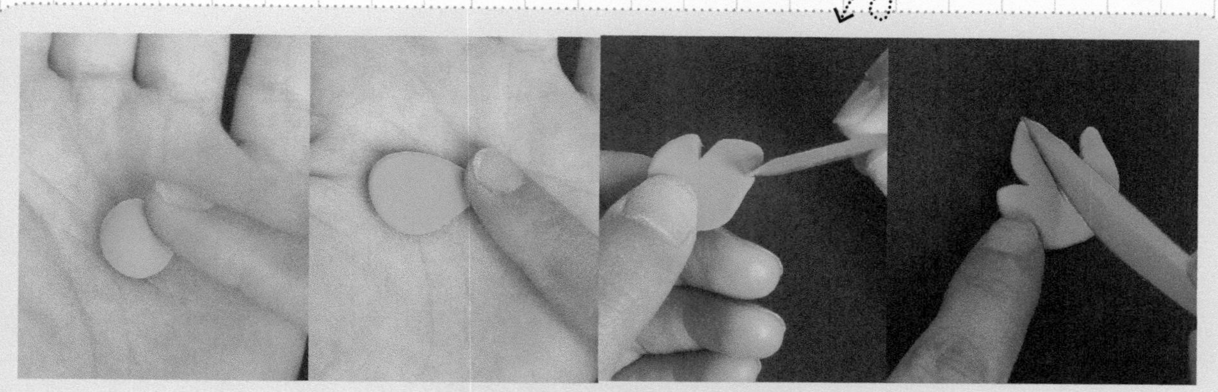

14 两份粘土分别做成水滴状，压扁后用刀斜切出叶子的形状。

15 用工具刀划出叶脉，最后将做好的叶子放到花茎上。

NO.3

芳香的马蹄莲

芳香的马蹄莲

花梗和花朵连接时，可以多用粘土固定或者用少量的胶水固定。

准备工具

材料：

难易度： ★★

所需颜色：

制作过程：

白色　黄色　深绿色

- 马蹄莲的制作
- 叶子的制作

★ 马蹄莲的制作

白色 黄色

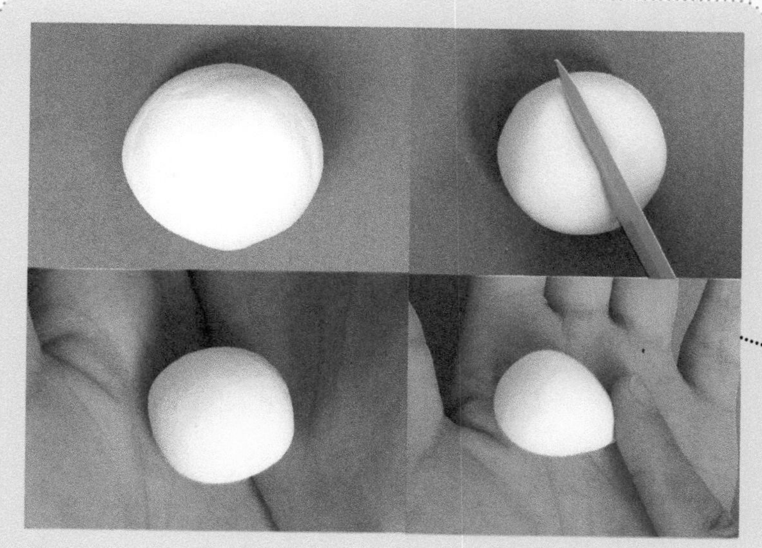

01 白色粘土揉圆后分成两份。

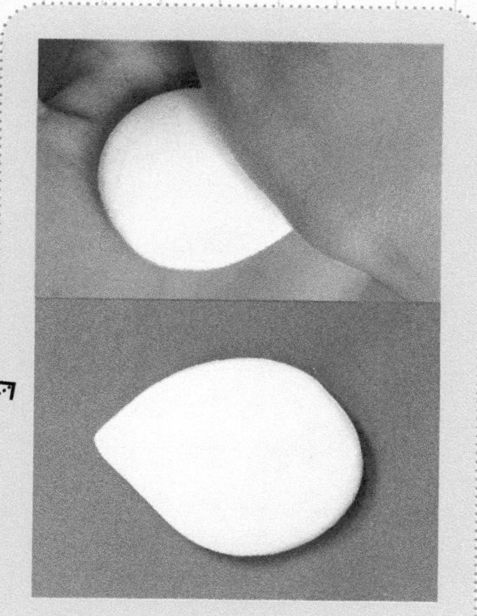

02 分别做成水滴状并压扁。

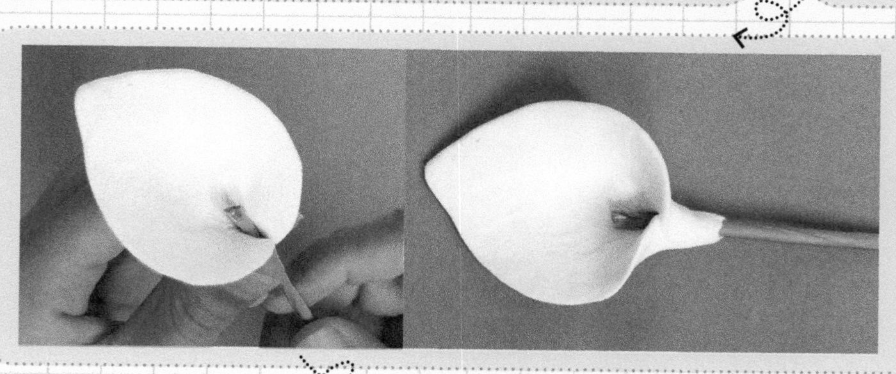

03 将做好的花瓣的一端包裹在花茎上。

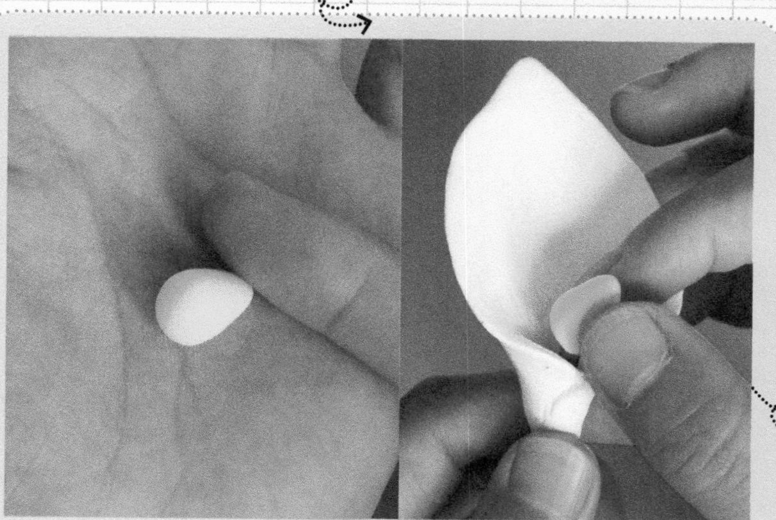

04 将黄色粘土揉圆做成水滴状，然后插到花蕊生长的位置。

★ 叶子的制作

深绿色

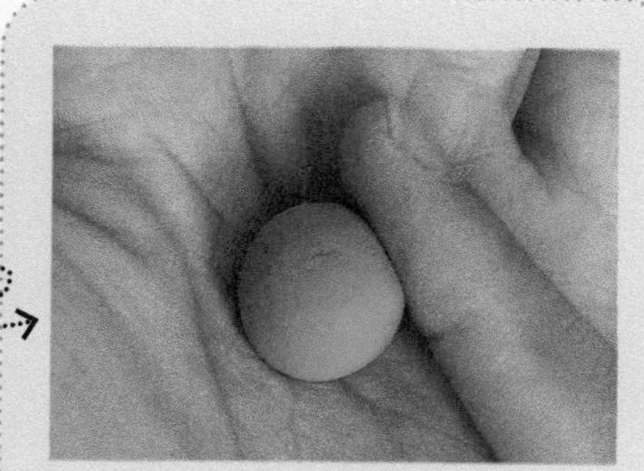

05 将深绿色粘土揉圆。

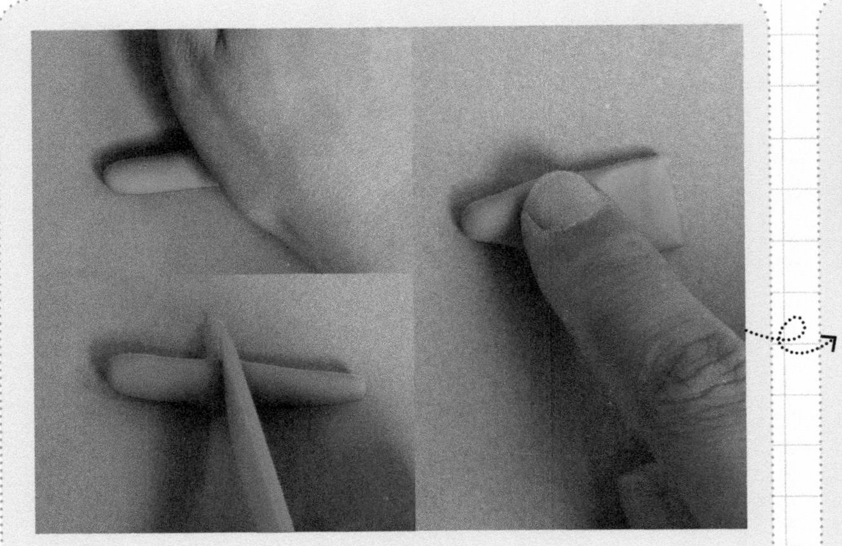

06 把深绿色粘土做成柱形并分成两份。

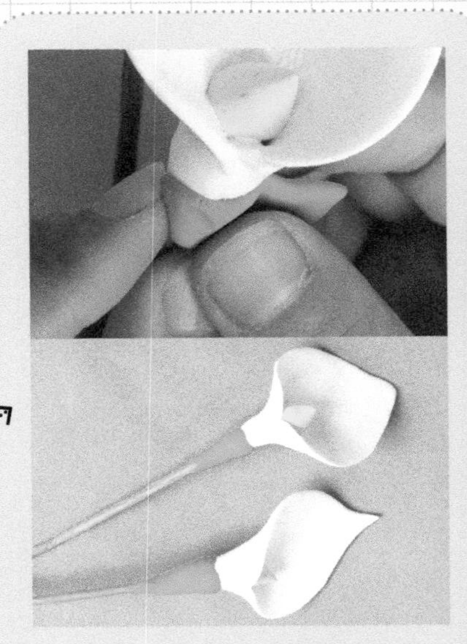

07 小份的包裹在花朵下边。

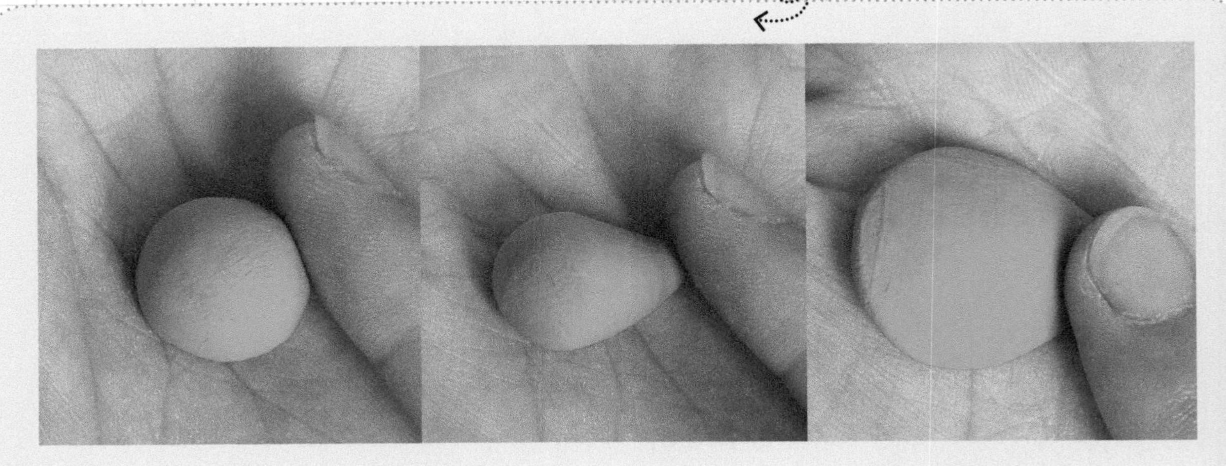

08 另一份揉圆做成水滴状并压扁。

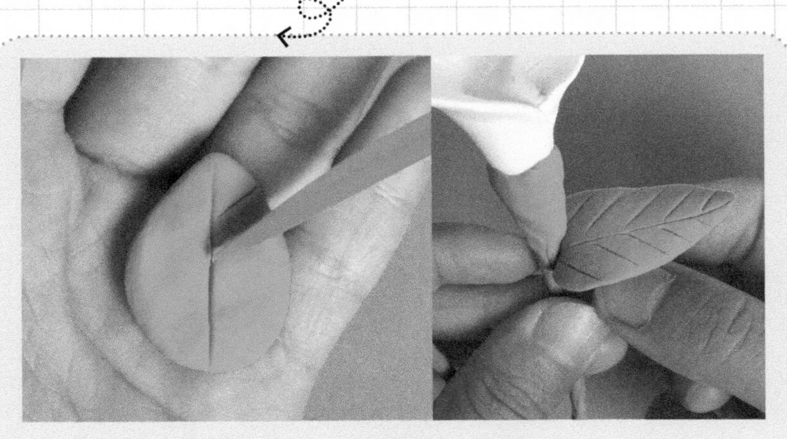

09 用工具刀划出叶脉，然后放到花茎上。

脱俗的
蓝玫瑰

脱俗的蓝玫瑰

捏塑花瓣边缘的时候要注意掌握力度，控制好薄厚，不要留下指痕。

准备工具

材料：

难易度： ★★★

所需颜色：

 蓝色  黄色 深绿色

制作过程：

- 花朵的制作
- 叶子的制作

需调配颜色： 绿色

 黄色 + 深绿色

★ 花朵的制作

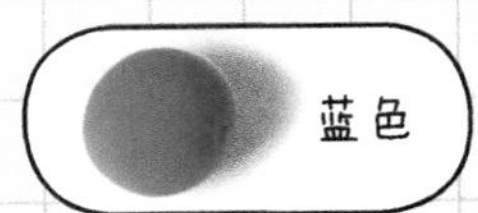

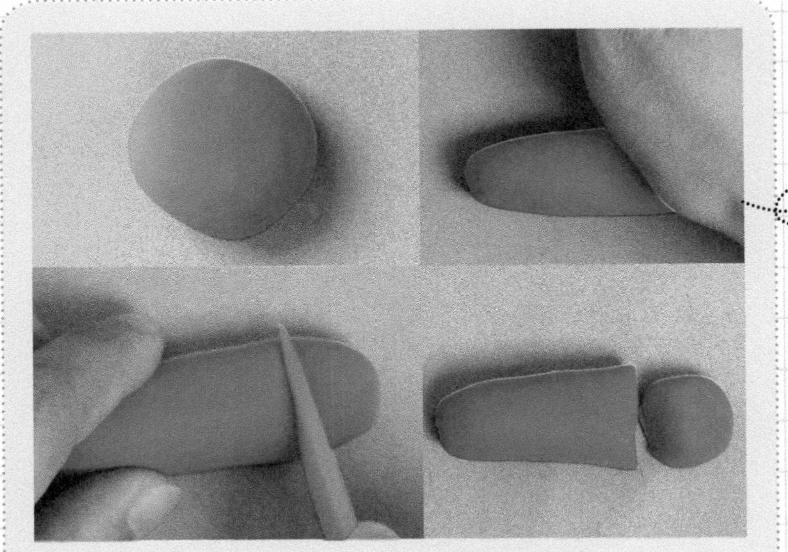

01 取适量蓝色粘土，先切出花蕊的部分。

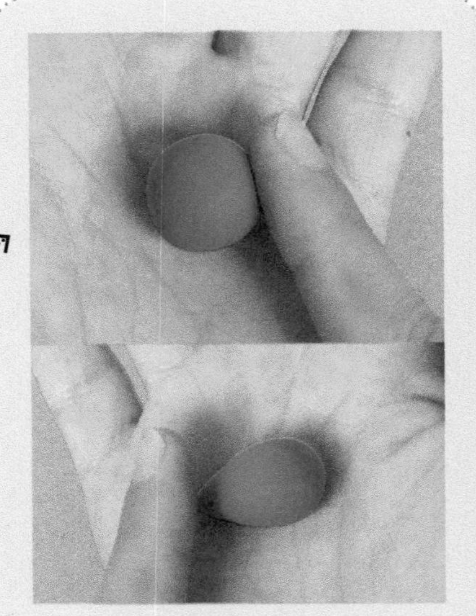

02 将其揉圆做水滴状。

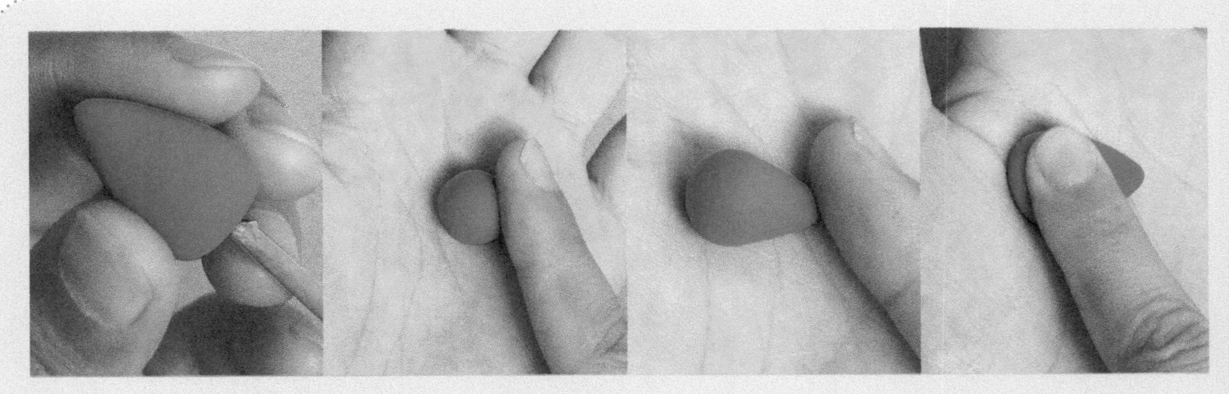

03 将做好的粘土插到花茎上。

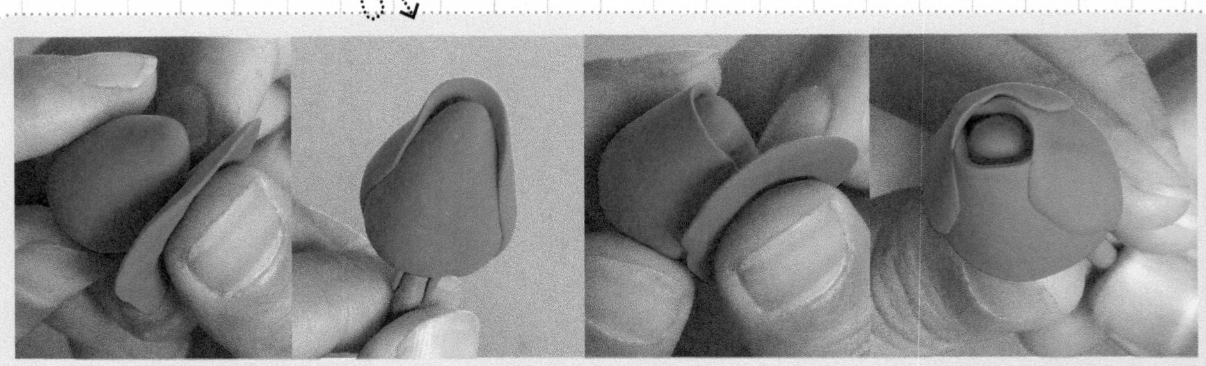

04 接下来做花瓣。取适量的蓝色粘土揉圆，做成水滴状后，压扁，并用食指和拇指将其压到很薄，包在花蕊上，每一层花瓣都是三个哦。

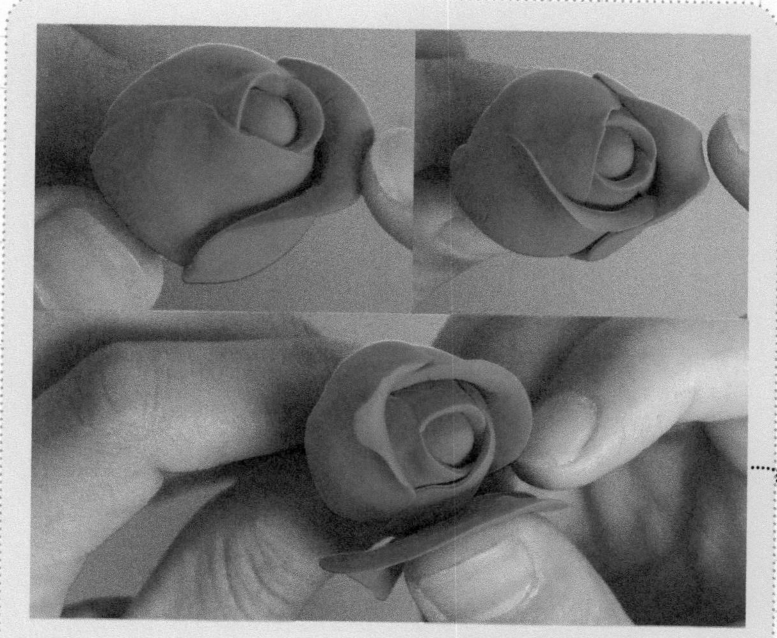

05 第二层同样包在上边，但是要用食指轻轻地向外拨一下。

07 贴上最后一层花瓣。花瓣边缘要留多一点，为下一步调整做准备。

06 第三层花瓣放好后要用食指和拇指轻轻地捏一下。

08 调整一下花瓣的形状。

★叶子的制作

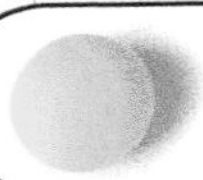

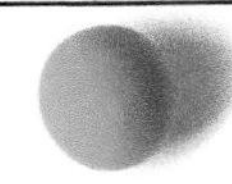

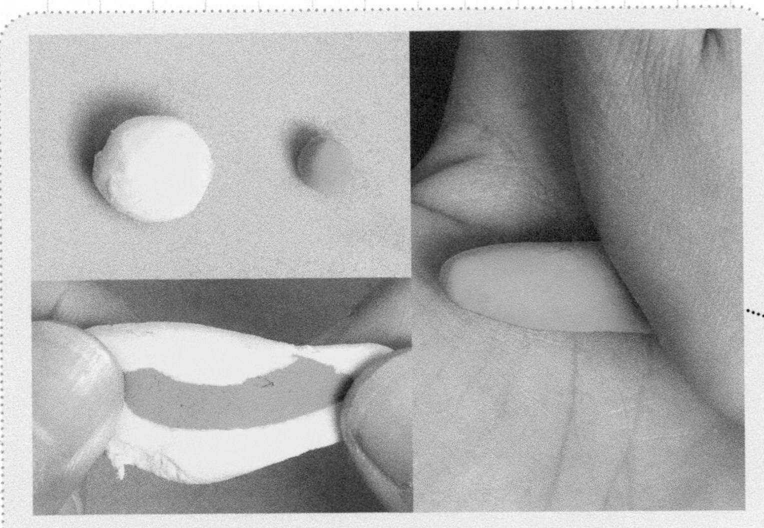

09 将黄色和深绿色的粘土混合调匀。

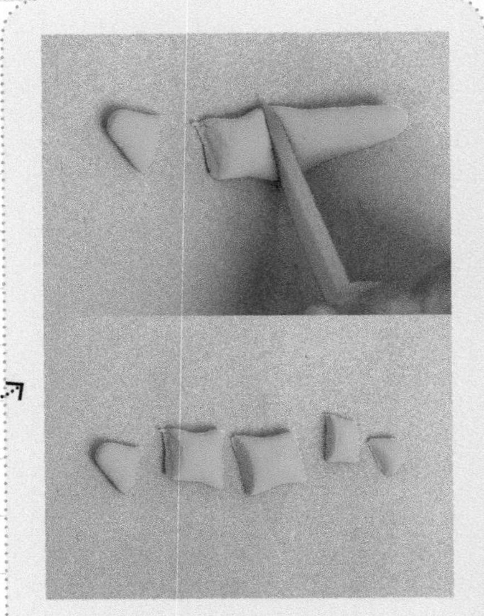

10 分成不等的几份。

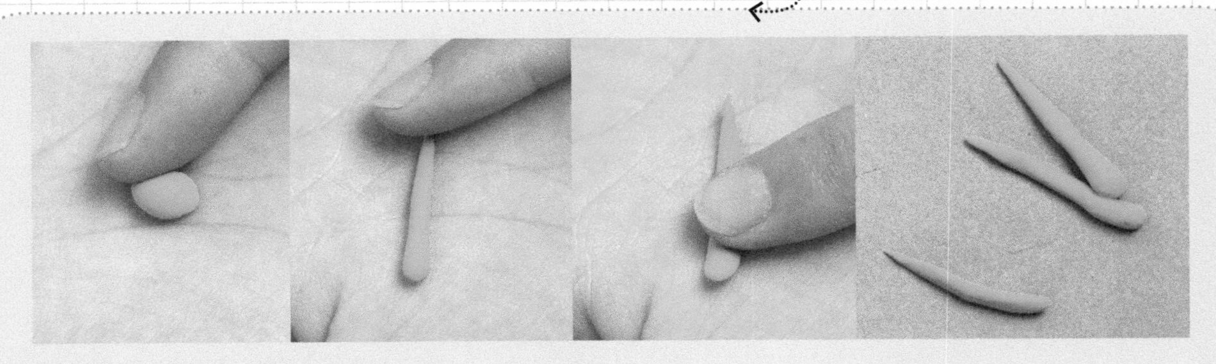

11 其中三份做成长长的水滴状。

12 将做好的长水滴状粘土放到花朵的下边。

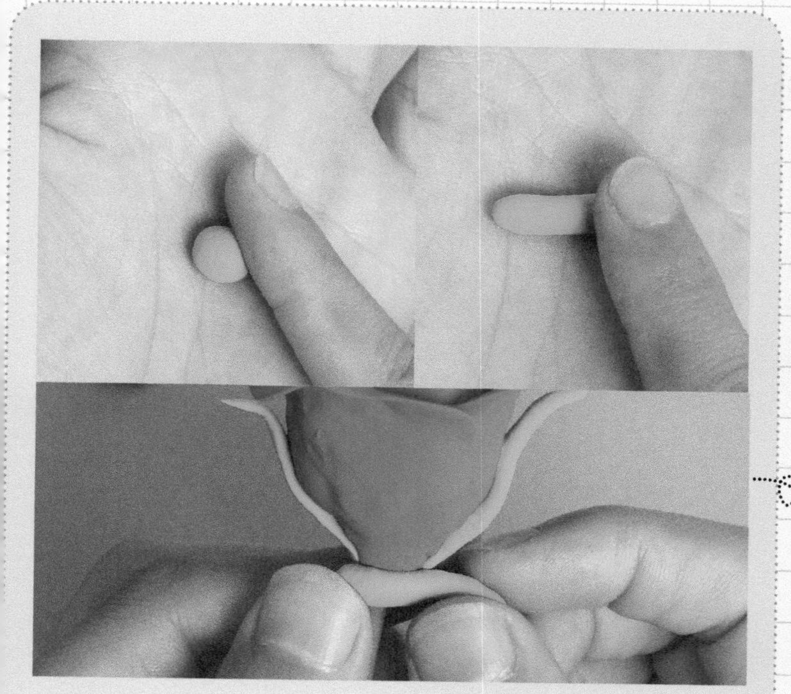

13 取小块绿色粘土将花的底部包裹一下.

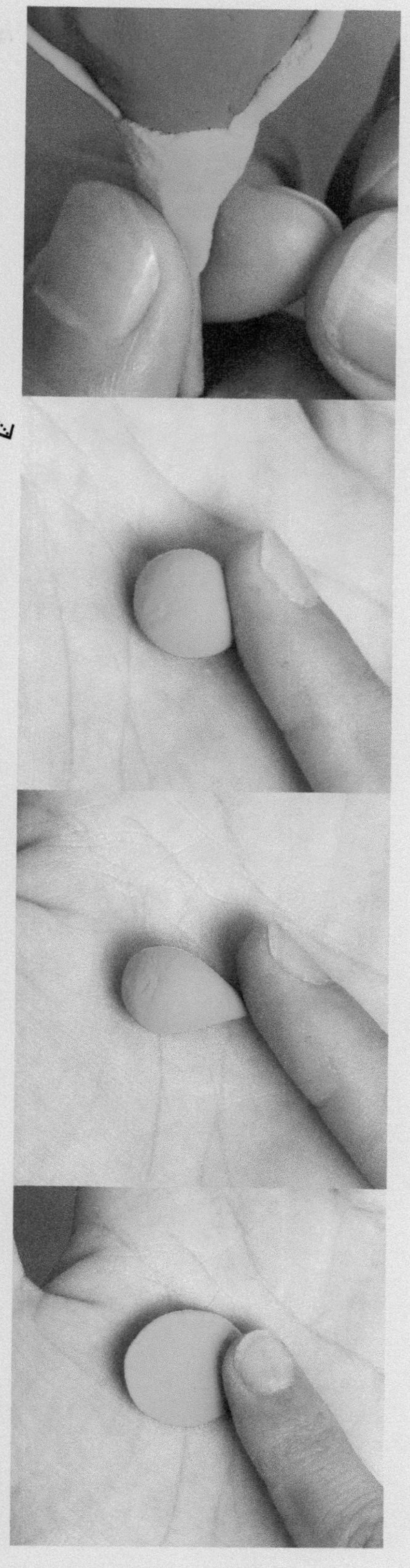

14 用剩下的绿色粘土做成水滴状，压扁.

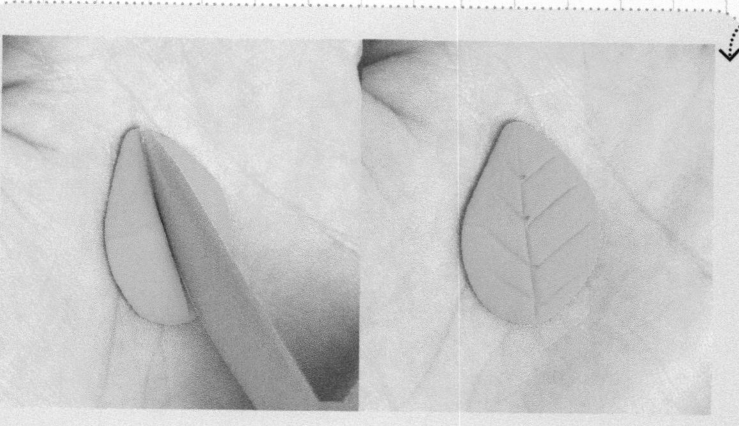

15 用工具刀划出叶脉.

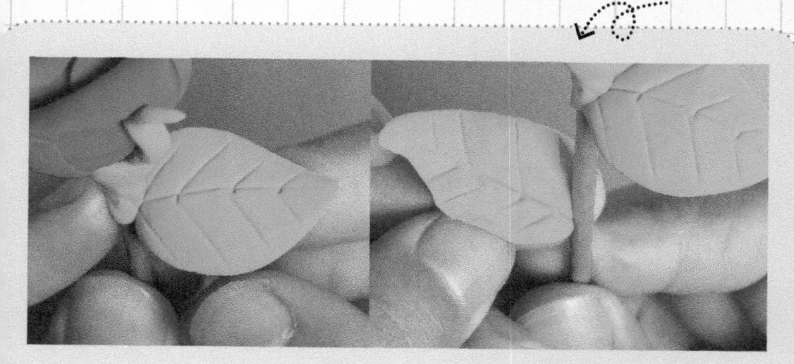

16 做好的叶子可以放到花茎上适当的地方.

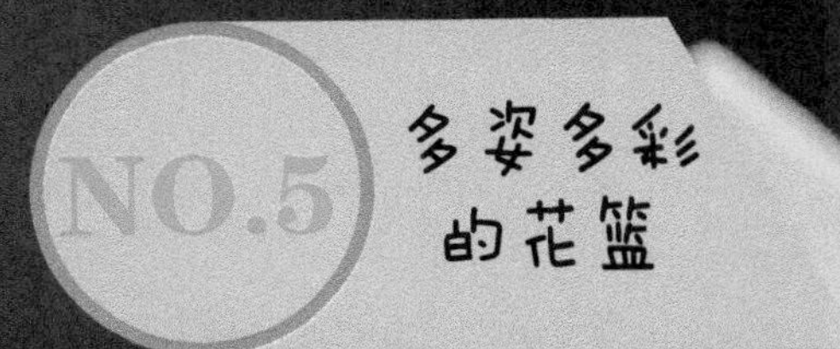

多姿多彩的花篮

制作康乃馨的花瓣时，用工具刀小心地刻画出花瓣的纹理，注意不要弄破粘土。混合浅紫色的粘土时要注意颜色比例。

准备工具

材料：

所需颜色：

白色　紫色　红色

黄色　深绿色

需调配颜色： 浅紫色

白色 + 紫色

难易度： ★★

制作过程：

- 康乃馨的制作
- 雏菊的制作
- 组合

★康乃馨的制作

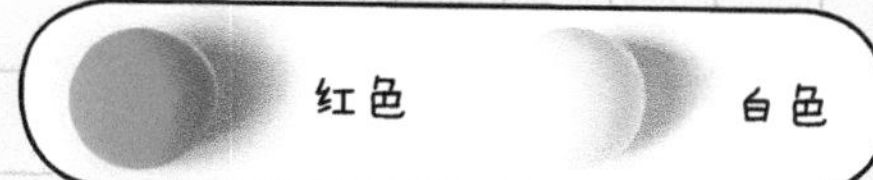

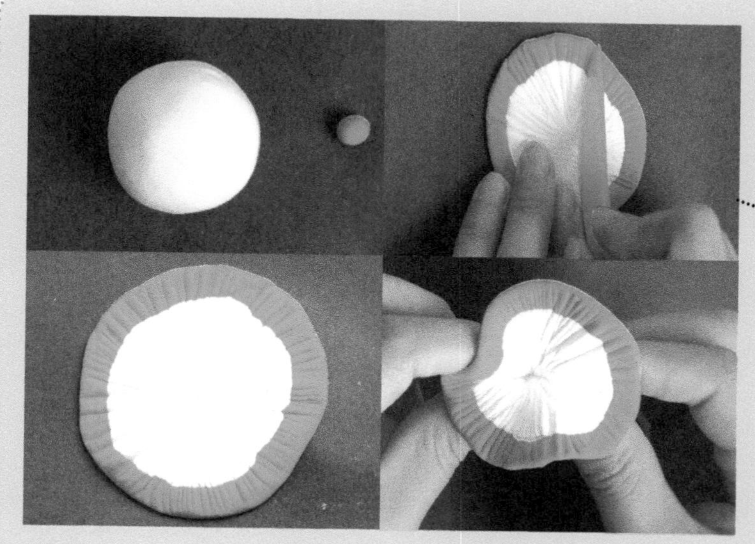

01 将白色的粘土揉圆压扁，然后将红色粘土做成长长的柱形，如图所示用工具刀刻画一圈纹理。

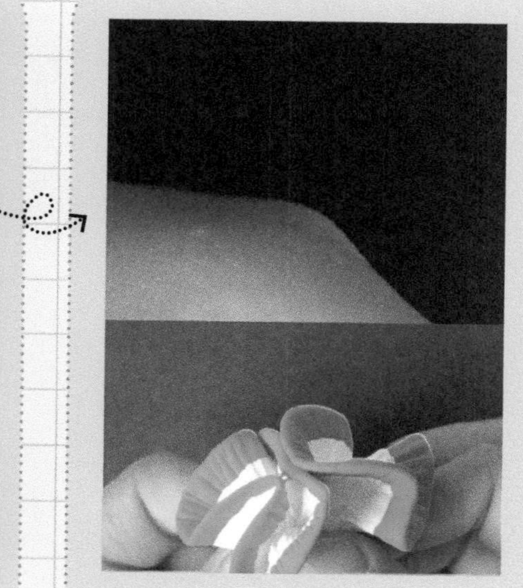

02 从中间收起做好的花片，呈不规则状。

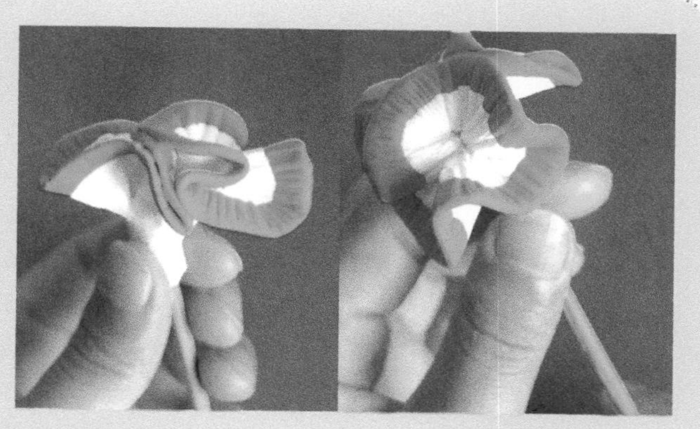

03 继续做花片，也呈不规则状，并将它们放到花茎上。

★雏菊的制作

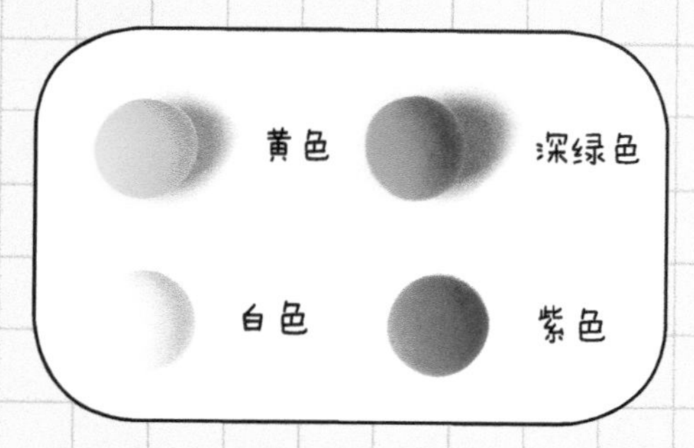

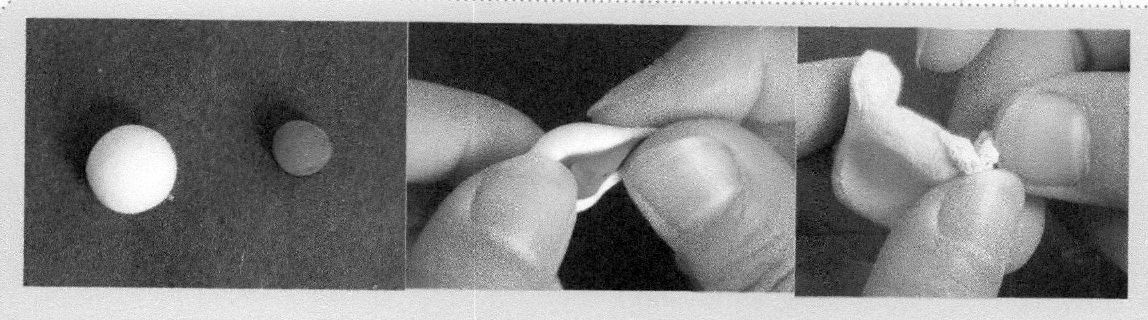

04 将白色和紫色粘土混合调成浅紫色。

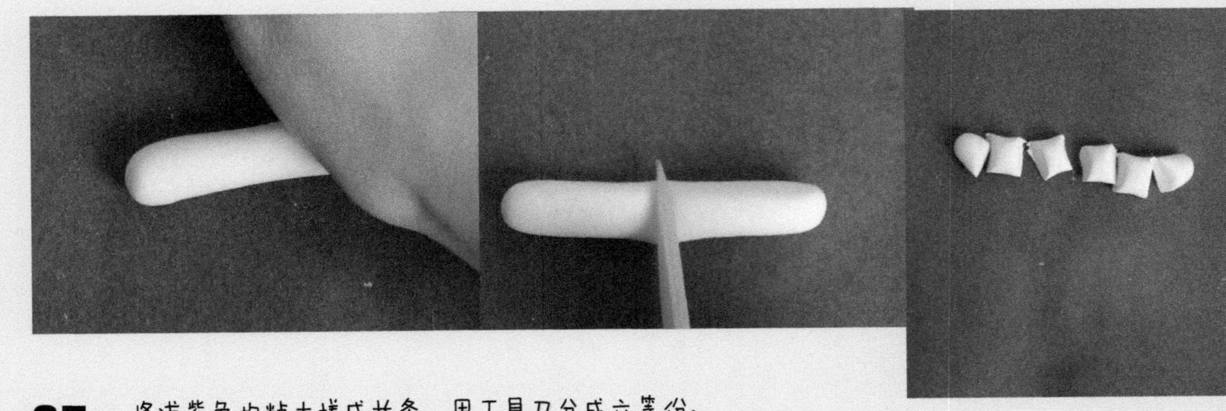

05 将浅紫色的粘土搓成长条，用工具刀分成六等份。

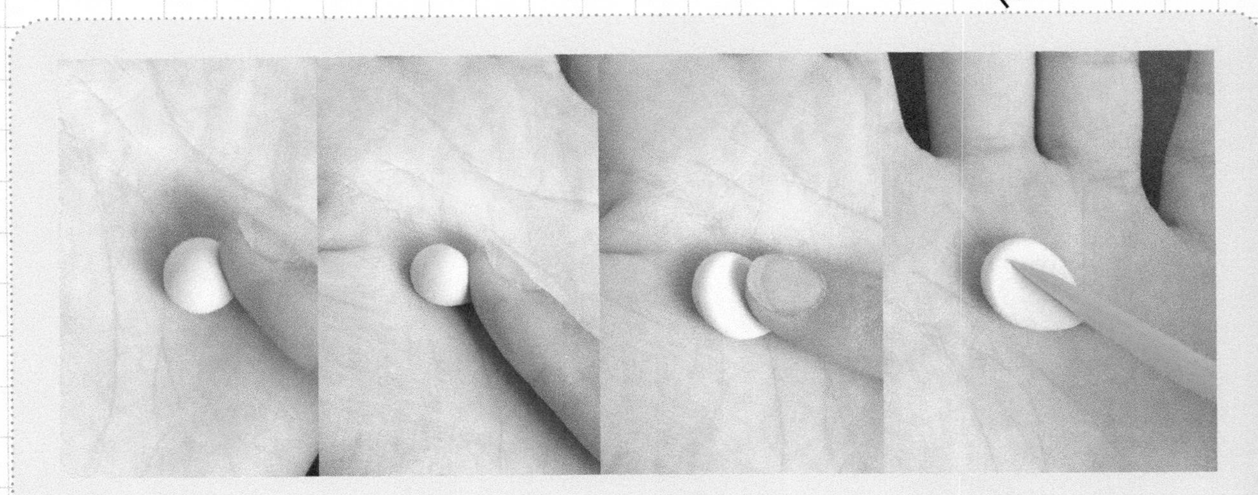

06 分别将它们揉圆做成水滴，压扁并用工具刀划出花瓣的纹。

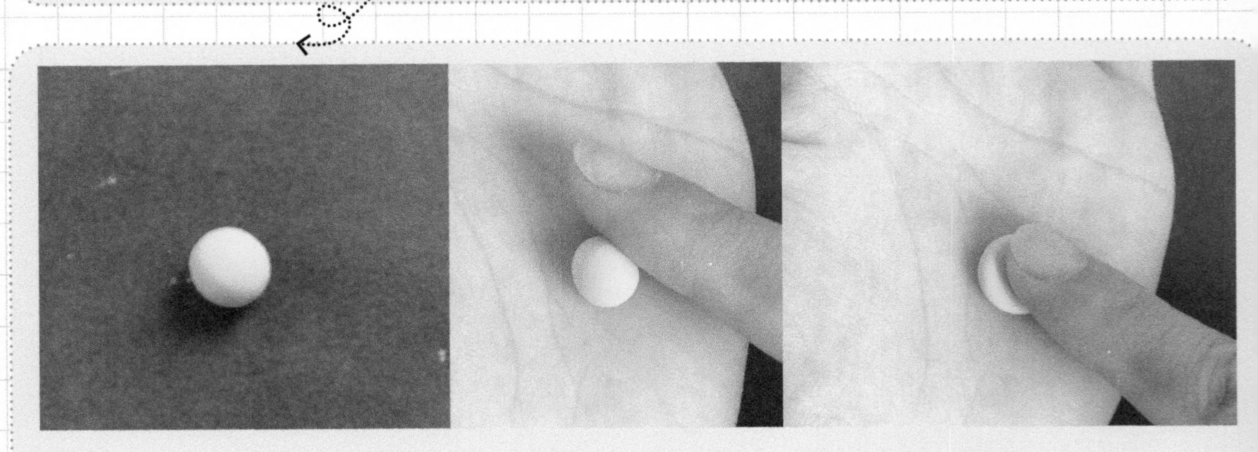

07 黄色粘土做花蕊，揉圆压扁。

08 将浅紫色粘土分成六等份，分别做成水滴状，相继粘在花蕊上。再用工具刀刻出花瓣的纹理。

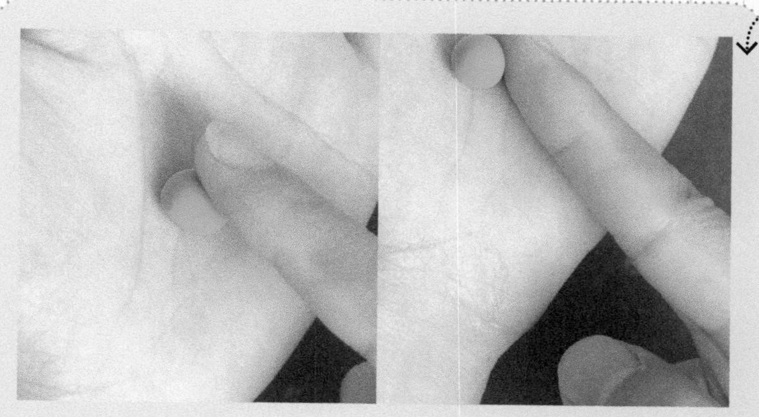

10 把深绿色粘土做成水滴状固定到花茎上，再将花朵放到上边。

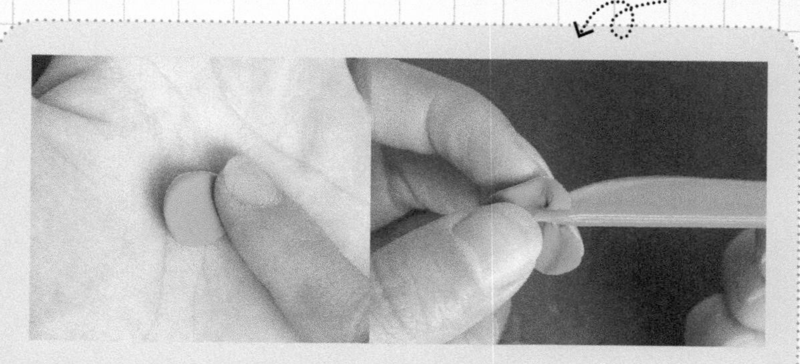

11 把小块的深绿色粘土做成水滴状。

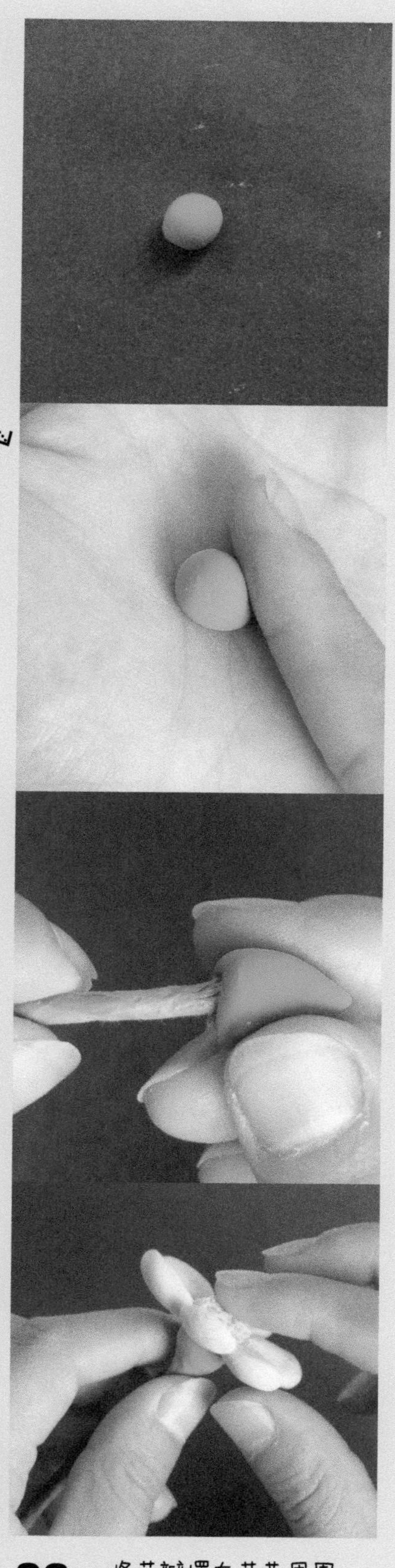

09 将花瓣摆在花蕊周围。

12 用工具刀斜切做出叶子的形状。

★组合

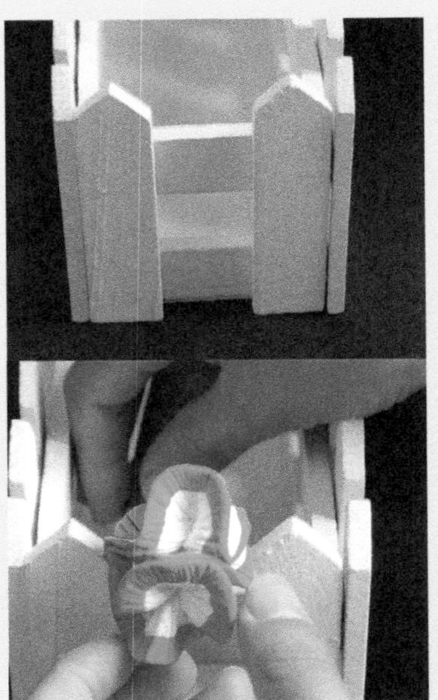

13 用工具刀划出叶脉，把做好的叶子放到花茎上。

14 将做好的康乃馨放到花篮里，并依次放入其他的花。

15 调整花的位置让花篮更漂亮。

PART.04 创意篇

加深难度，大家一起来做些生活上的家居用品。

漂亮的公主床

漂亮的公主床

混合颜色时，要注意颜色的比例问题。

准备工具

材料：

难易度：★★★★★

所需颜色：

白色　蓝色　深粉色

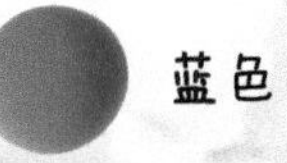

制作过程：

- 床体的制作
- 被子的制作
- 糖果抱枕的制作

需调配颜色：浅蓝色 浅粉色

白色 + 蓝色　白色 + 深粉色

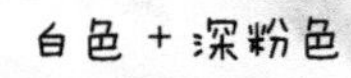

✶ 床体的制作

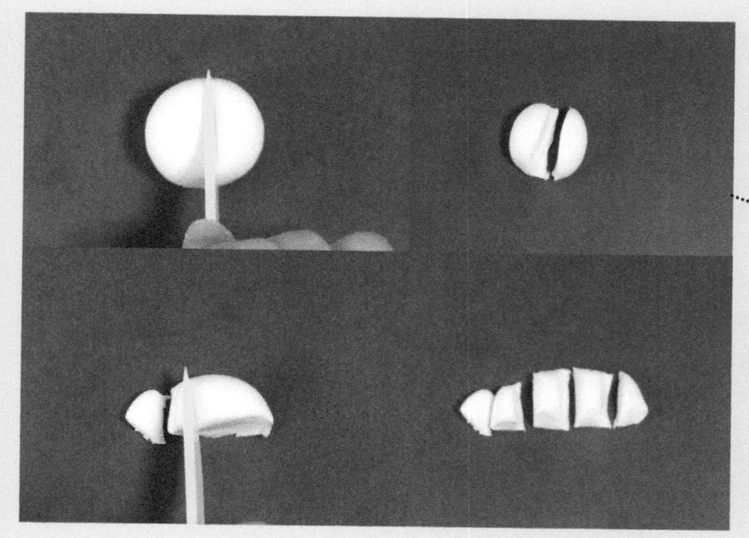

01 将白色粘土用工具刀分成不等的两份，再分别把两份粘土分成四等份。

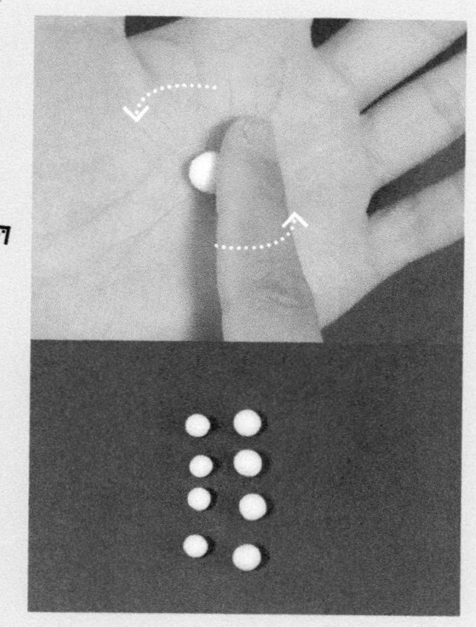

02 将分好的粘土揉圆。

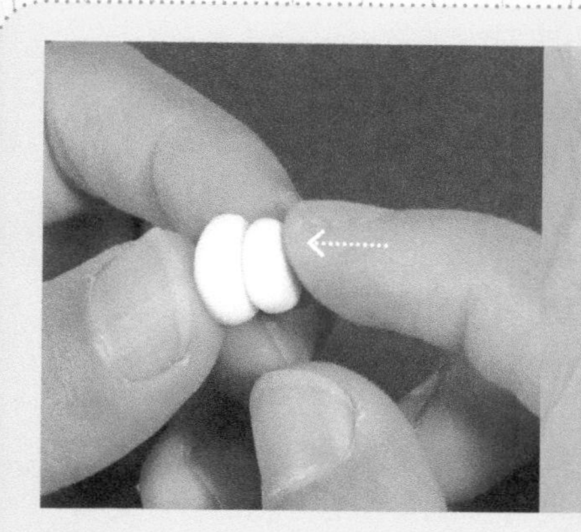

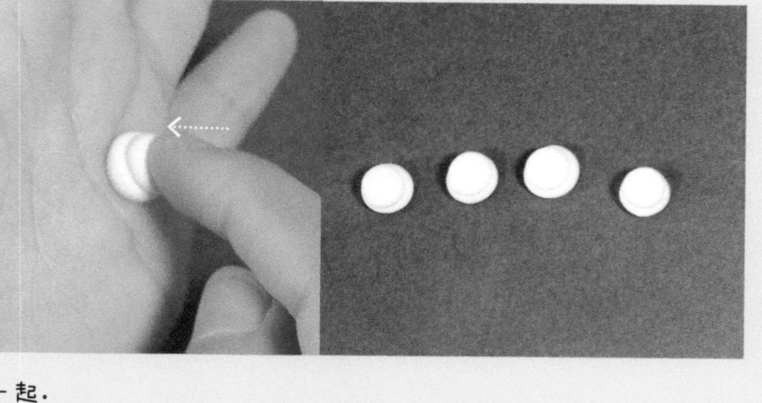

03 轻轻压扁小圆球，一大一小放一起。

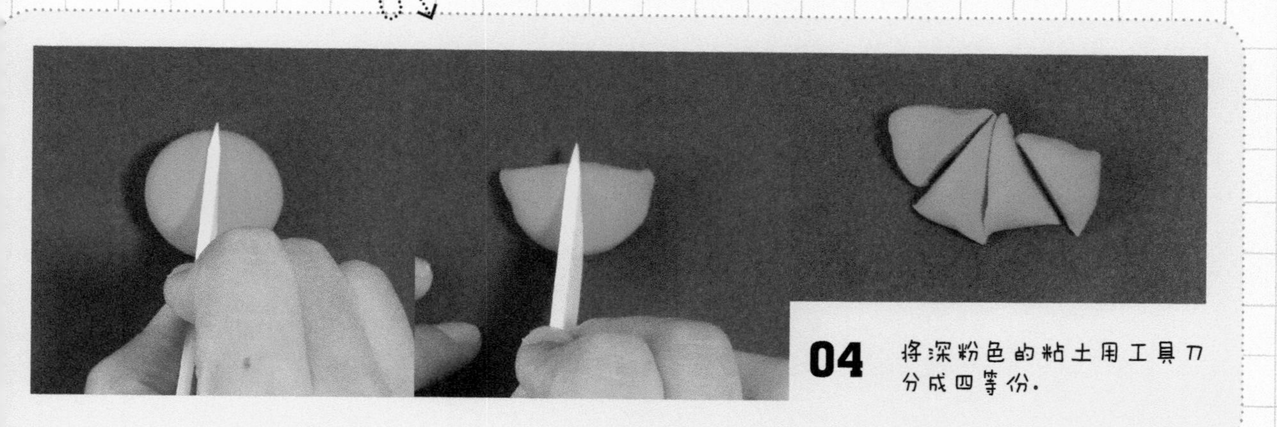

04 将深粉色的粘土用工具刀分成四等份。

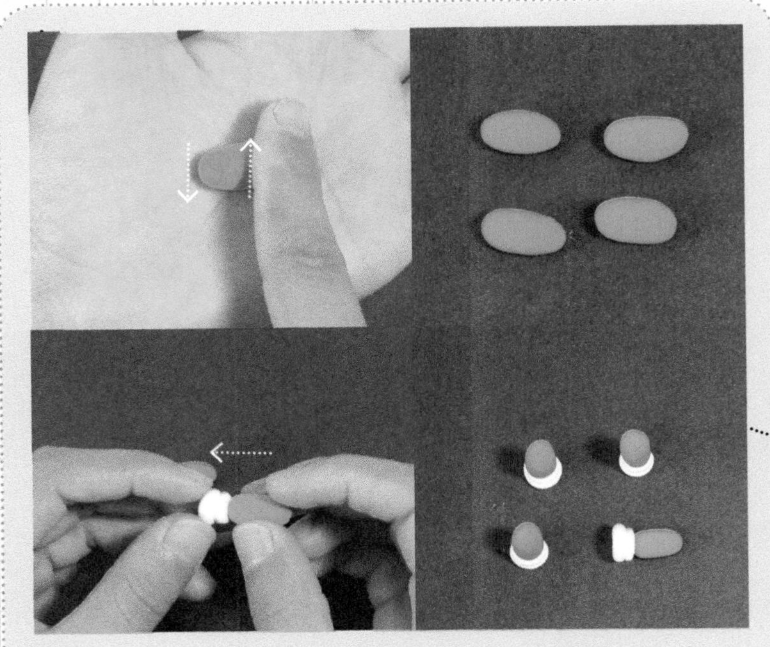

05 把分好的四等份做成短柱形，并放到两个圆上。

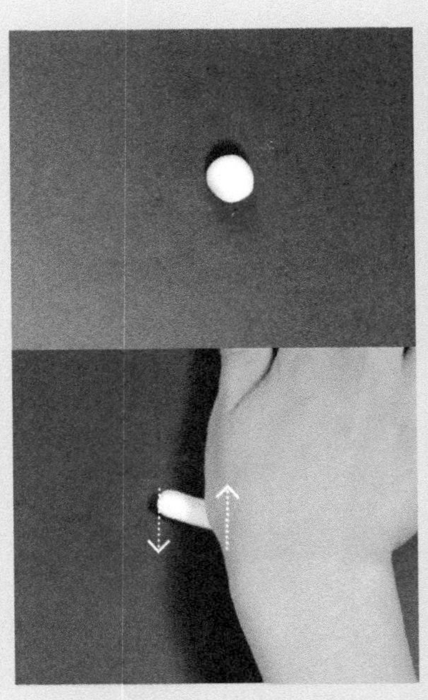

06 将白色的粘土揉圆并做成柱形。

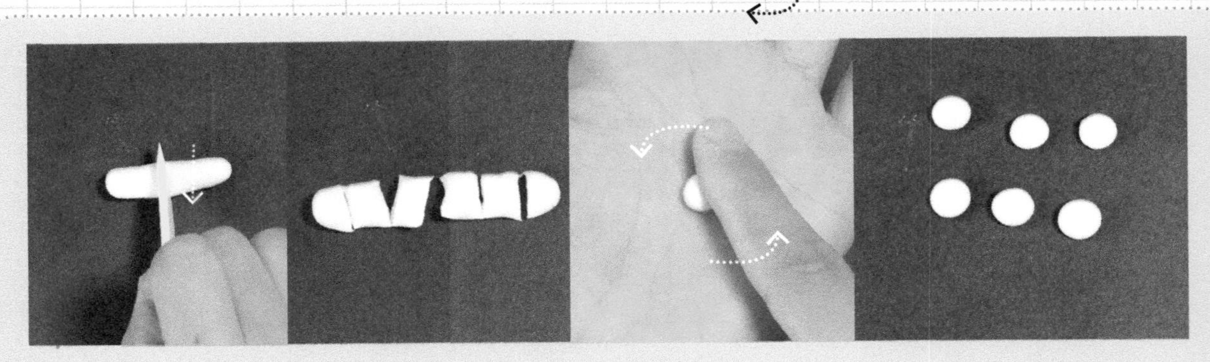

07 将柱形分成六等份，揉圆压扁。

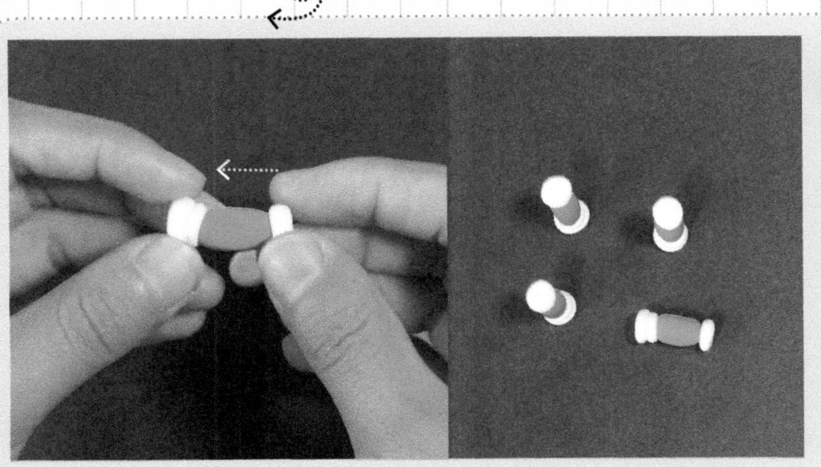

08 粘在短柱形的另一端。

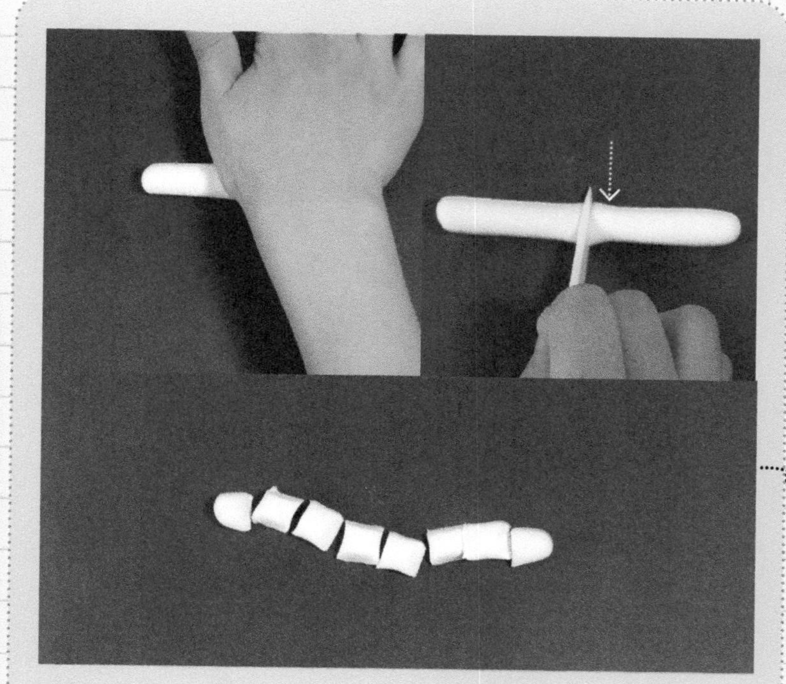

09 把白色粘土搓成长条，分成若干份。

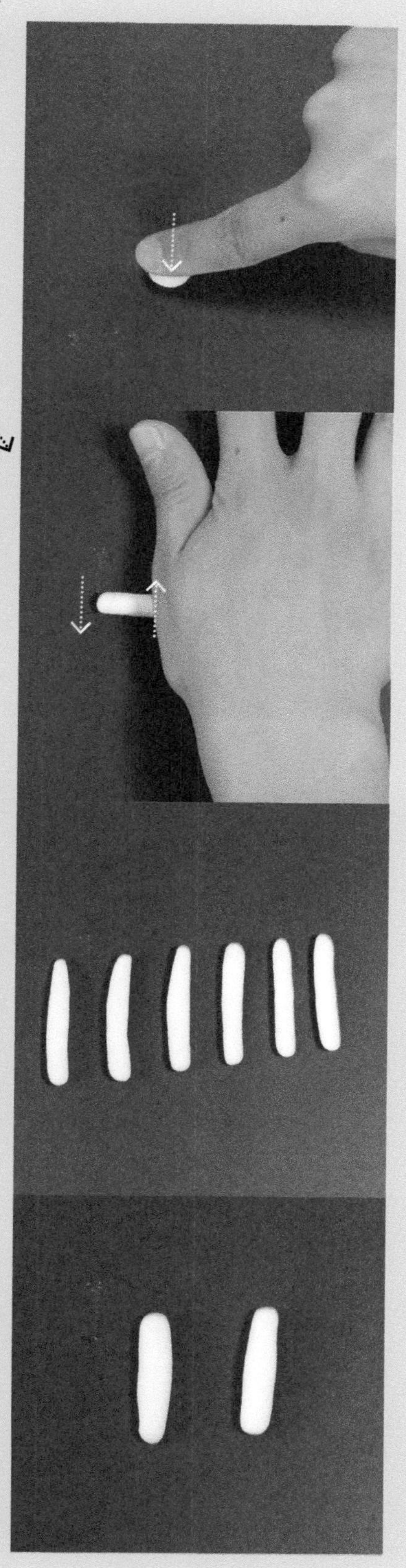

10 在分好的白色粘土中取六份做成柱形。

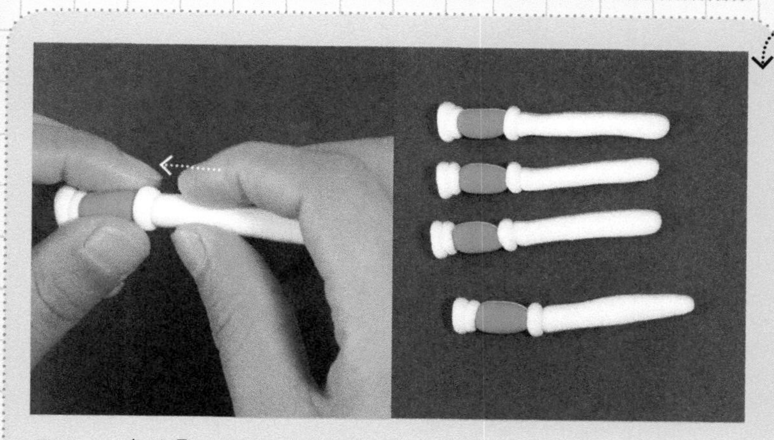

11 将柱形与刚刚做的粘到一起。

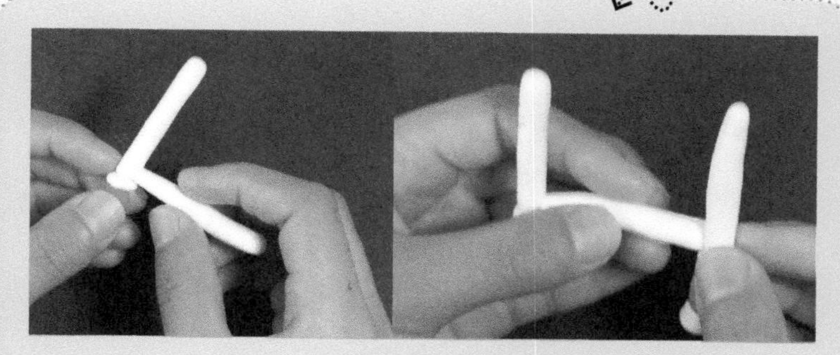

12 再取一份白色柱形做床的横梁，将两个床腿连起来。

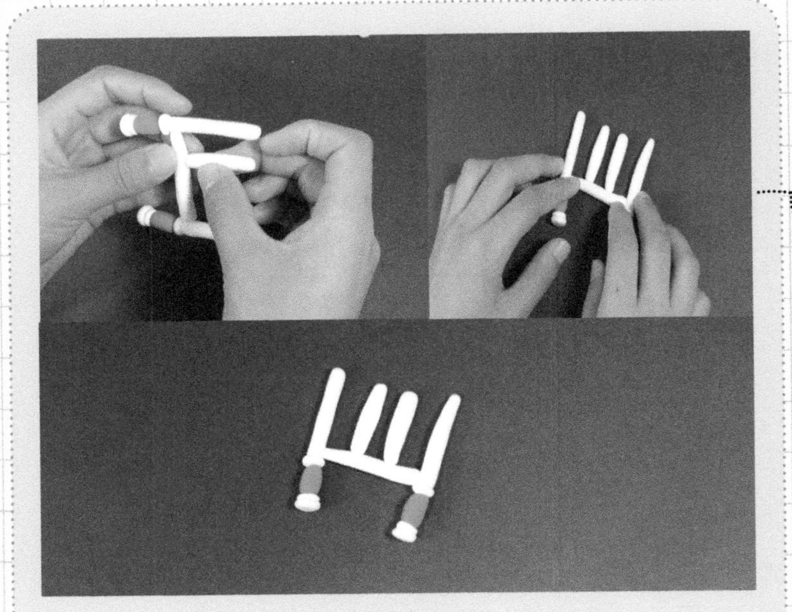

13 如图所示，再取两个短柱形放到中间。

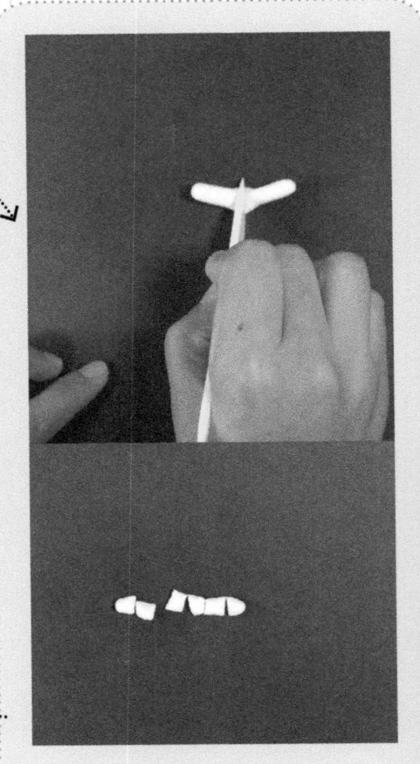

14 把白色粘土用工具刀分成六等份。

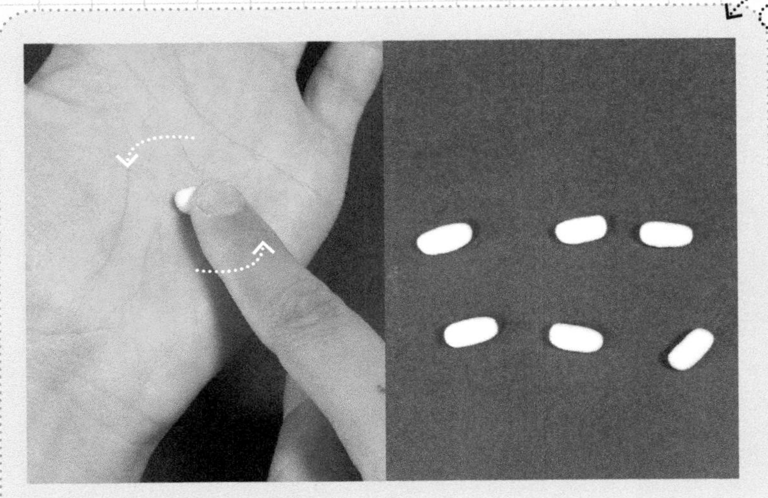

15 六份粘土做短柱形。

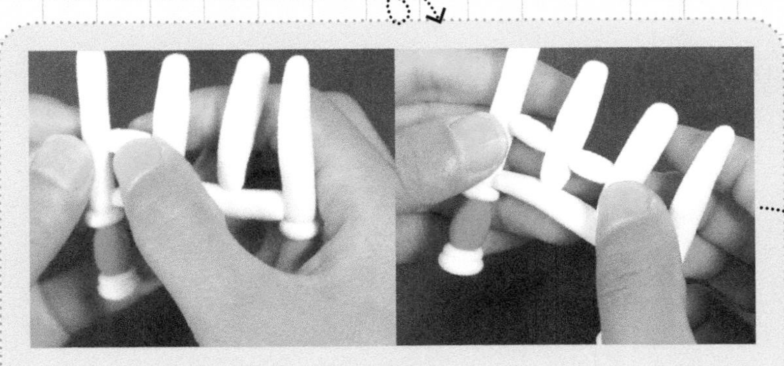

16 每两个中间放一个短短的柱形。

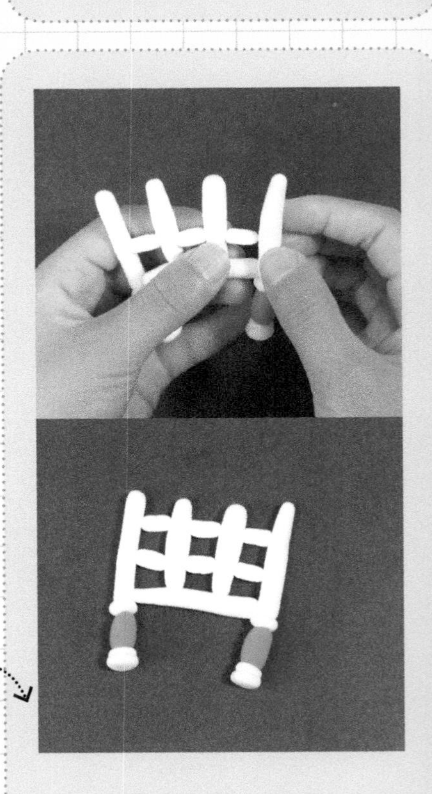

17 为了更美观和牢固，短柱形放两层。

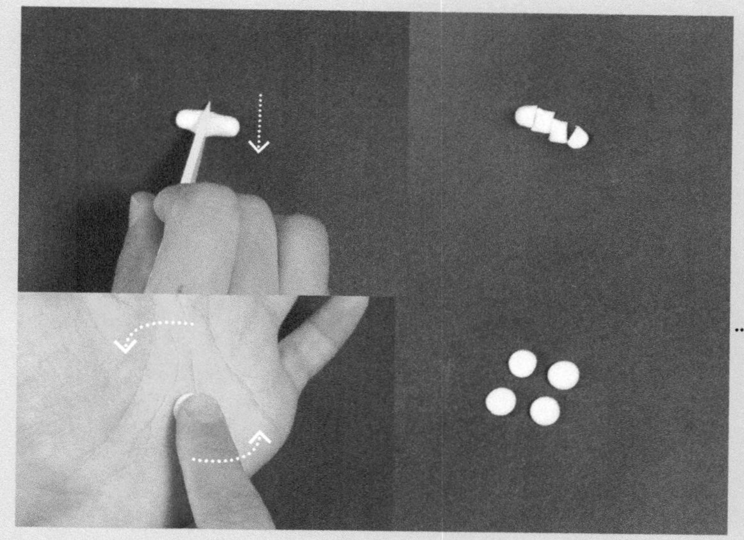

18 再取白色粘土分四份揉圆压扁。

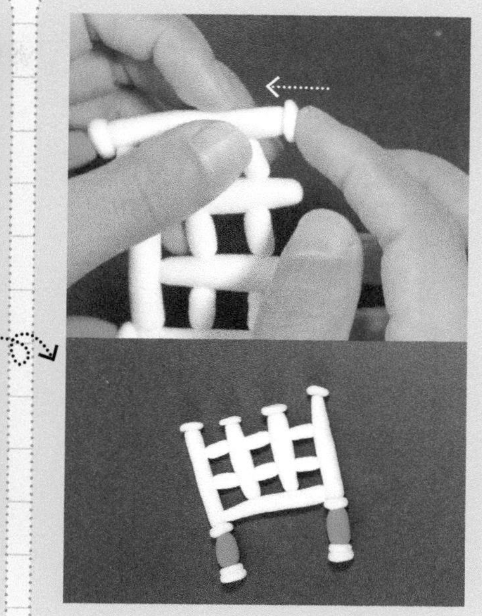

19 放到每一根上边。

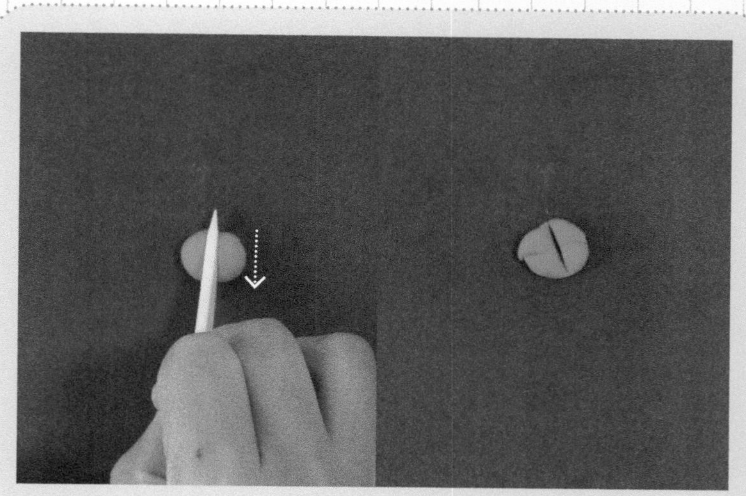

20 将深粉色粘土分四等份。

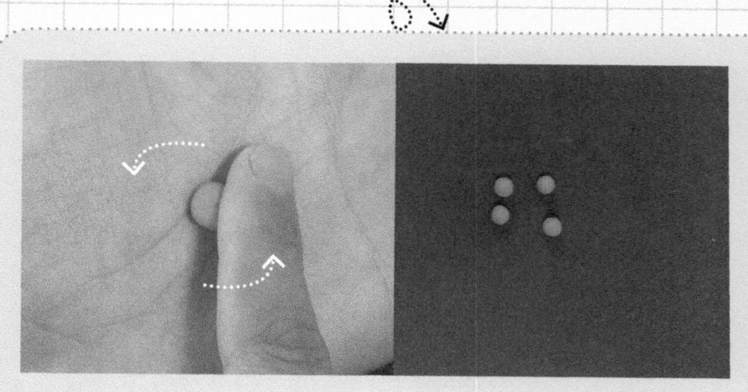

21 将四等份粘土揉圆。

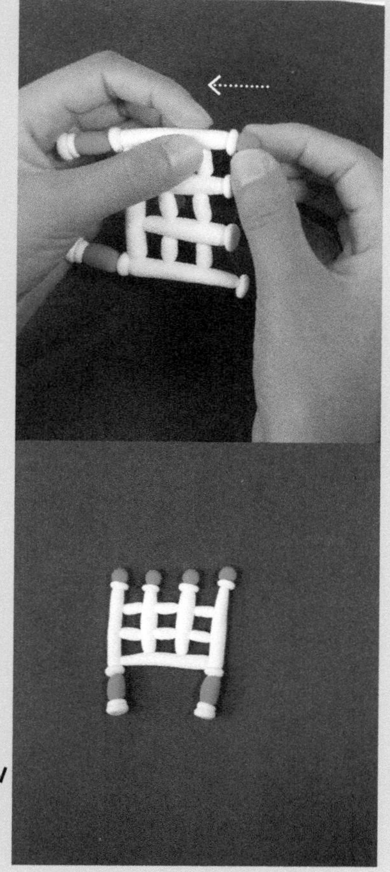

22 揉圆后放到四个白色的圆上边。

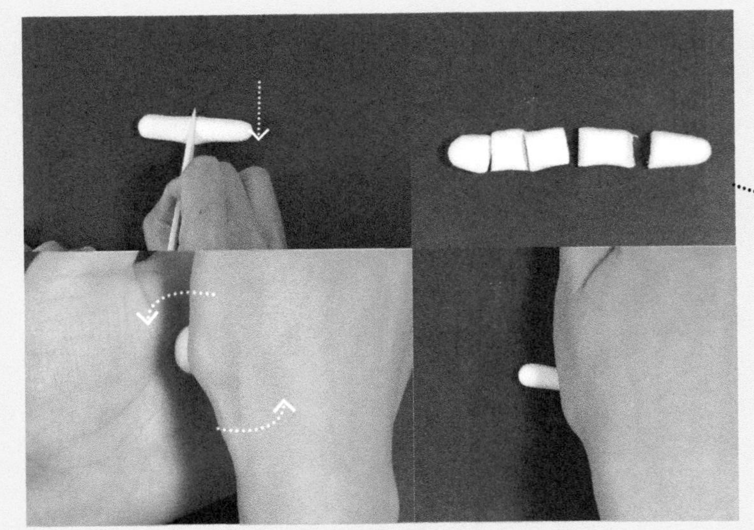

23 白色粘土分五份揉圆做柱形。

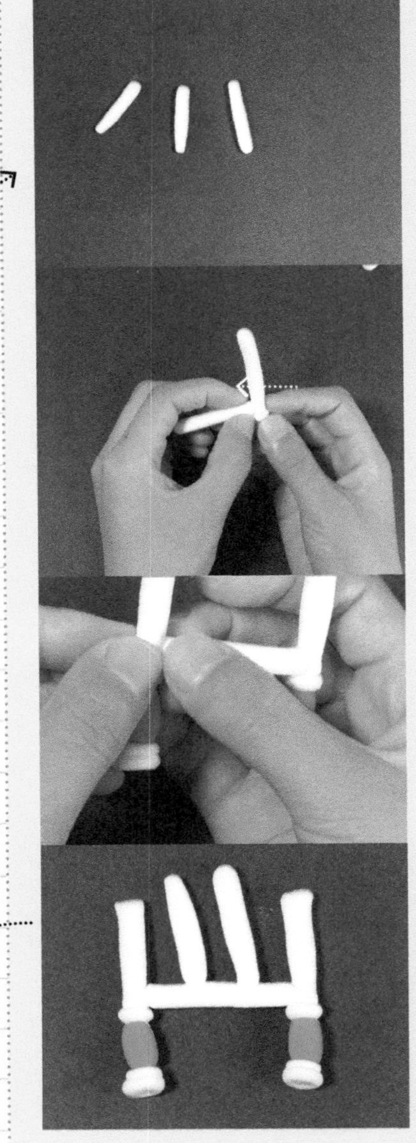

24 用同样的方法做床尾，如图所示。

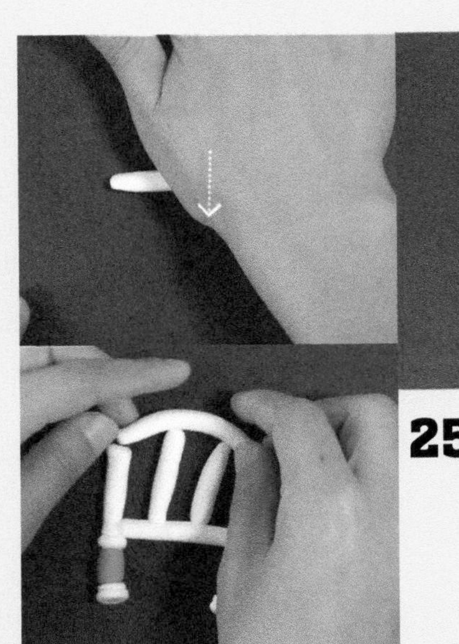

25 床尾与床头不同的是要做一个柱形，然后把柱形轻轻做弧形放到四根柱形上边。

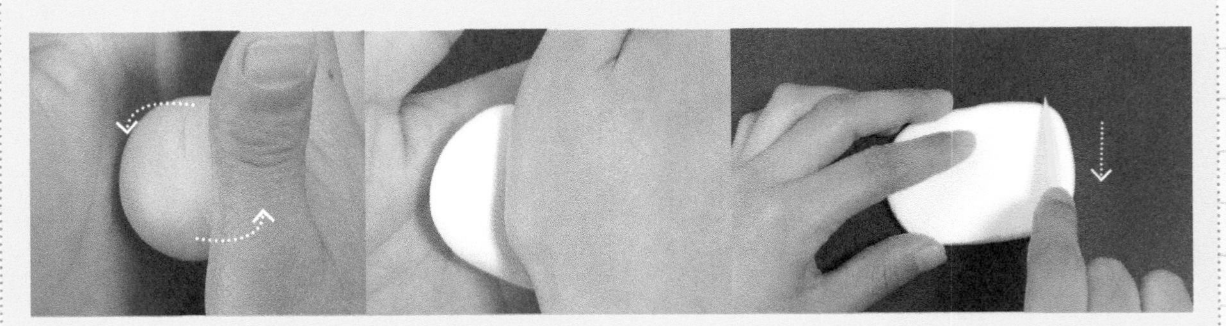

26 大块白色粘土揉圆调整形状做床板。

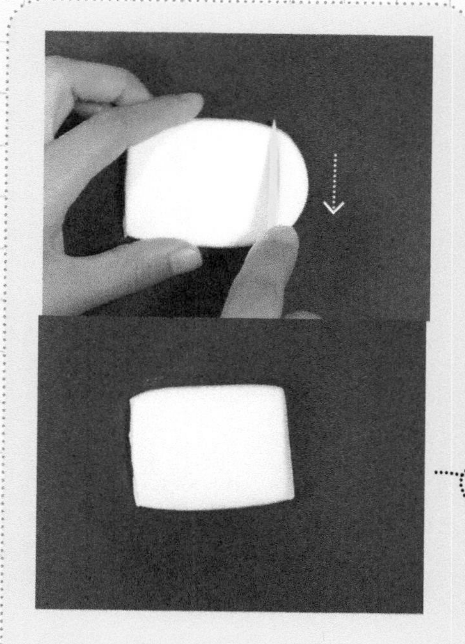

27 调整成长方形。

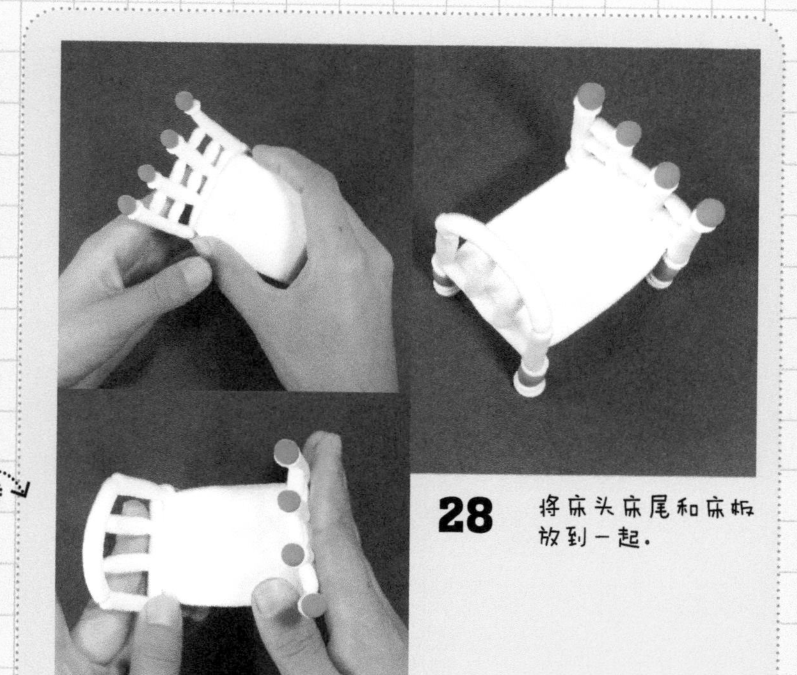

28 将床头床尾和床板放到一起。

★ 被子的制作

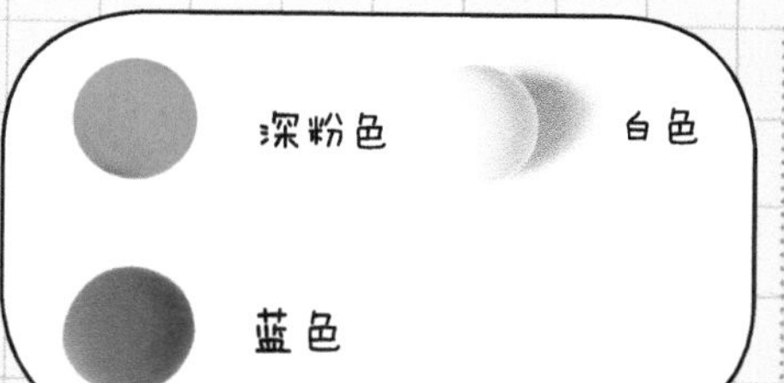

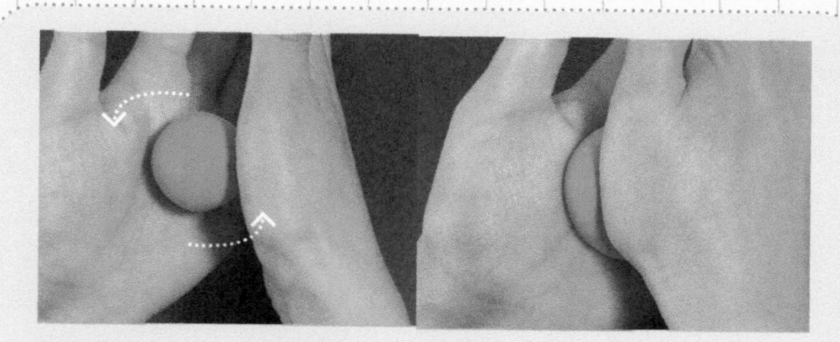

29 深粉色粘土揉圆压扁与床板大小相当。

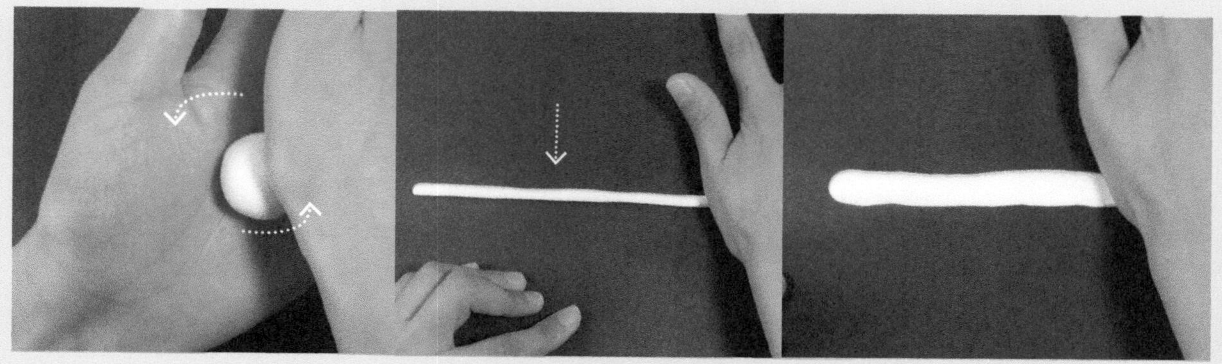

30 白色粘土搓成长条压扁。

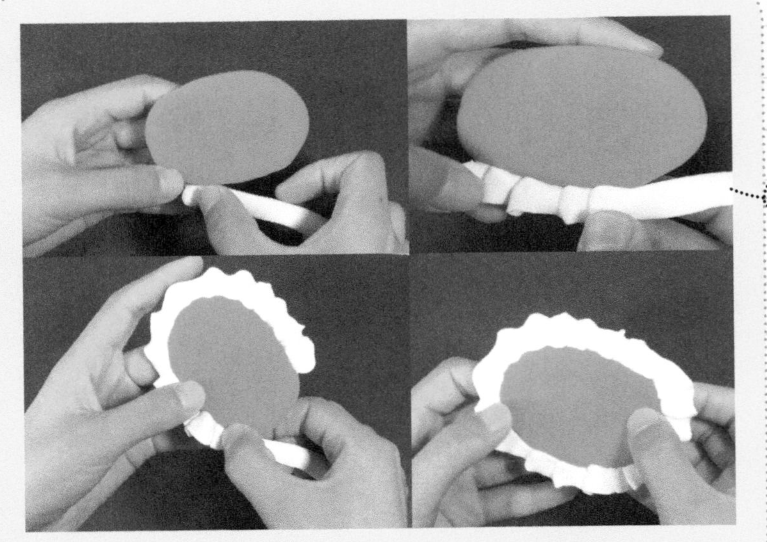

31 柱形做花边，放到深粉色粘土的边缘。

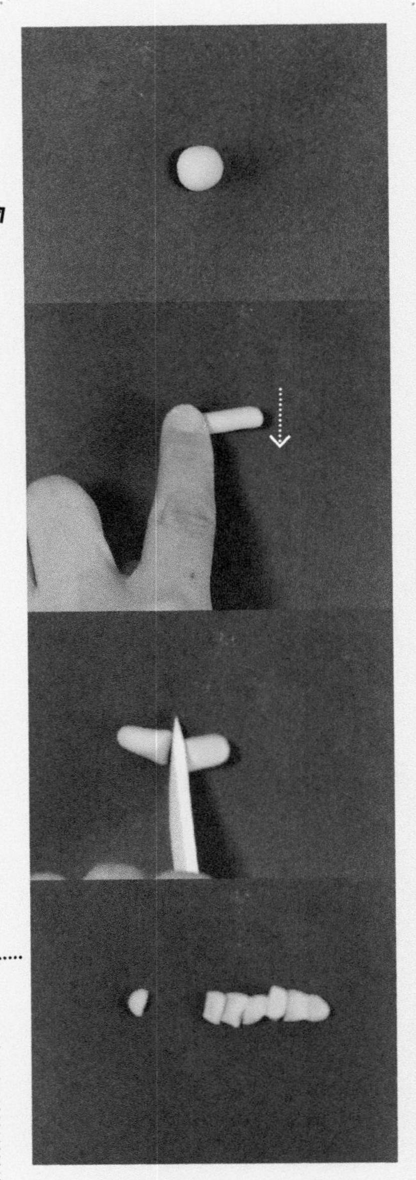

32 天蓝色粘土揉圆搓成长条，搓分成若干份。

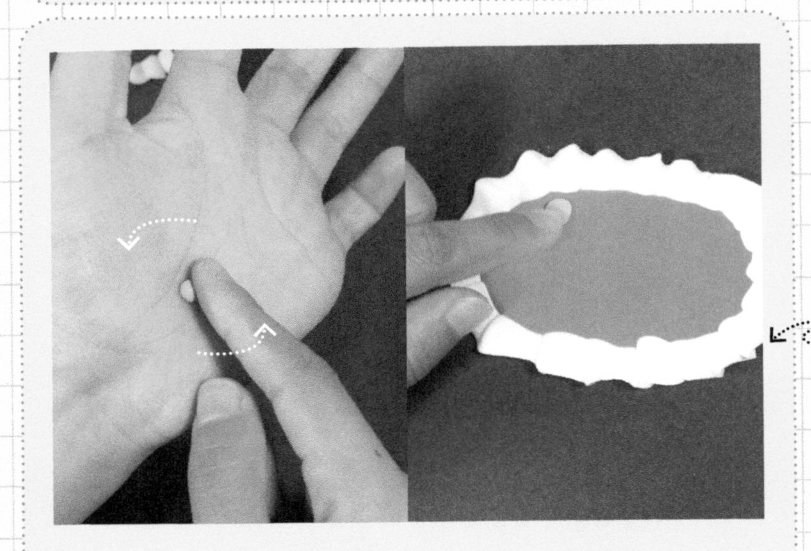

33 揉圆天蓝色粘土，放到被子上边做装饰。

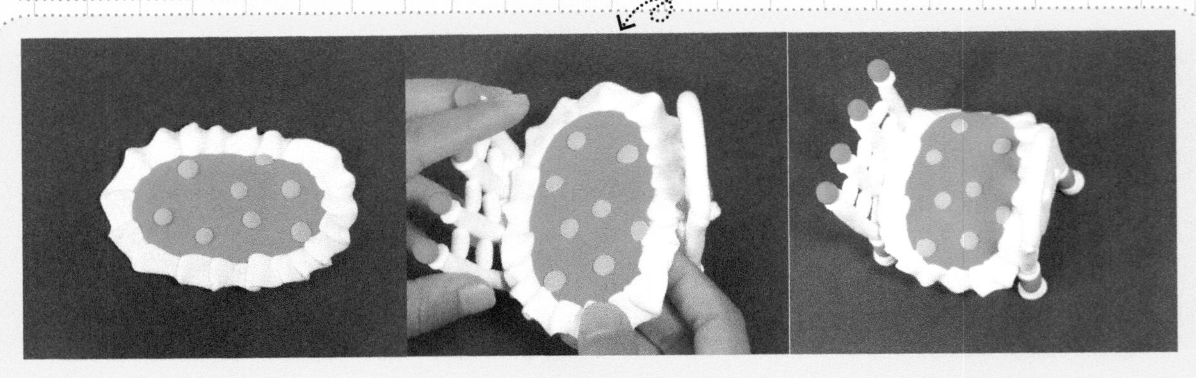

34 把被子放到床上就做好了。

★糖果抱枕的制作

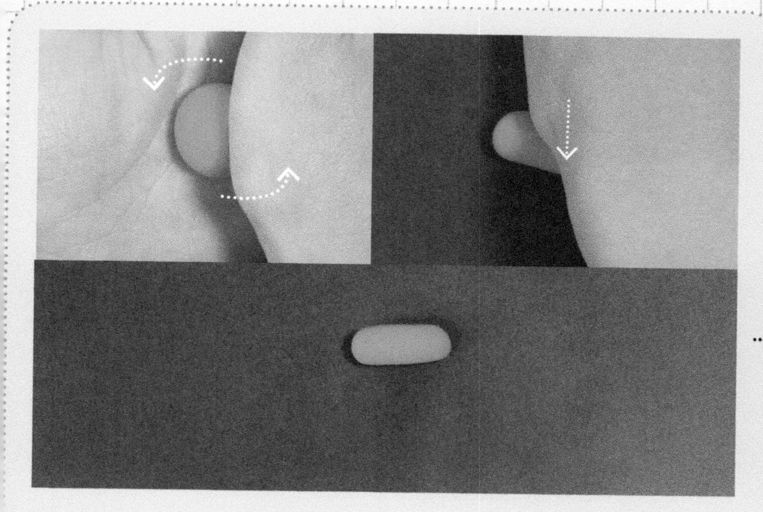

35 深粉色粘土揉圆做柱形。

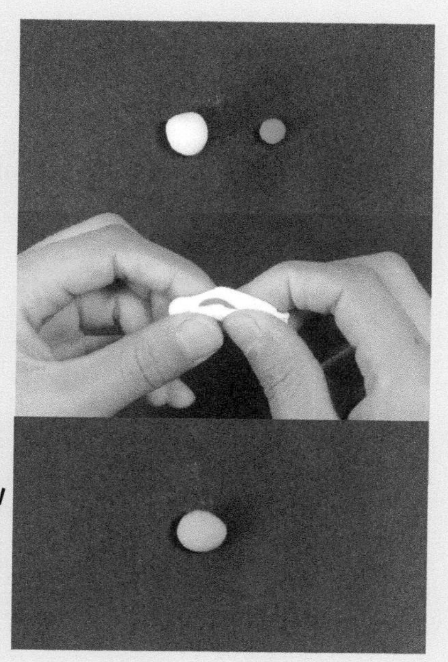

36 取白色粘土与深粉色粘土调成浅粉色并分两份。

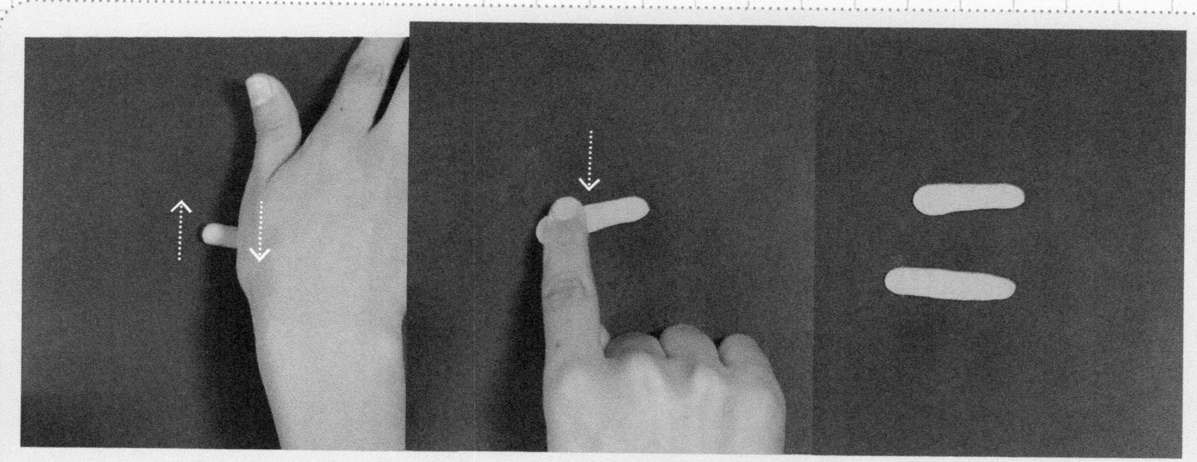

37 浅粉色揉圆做柱形压扁。

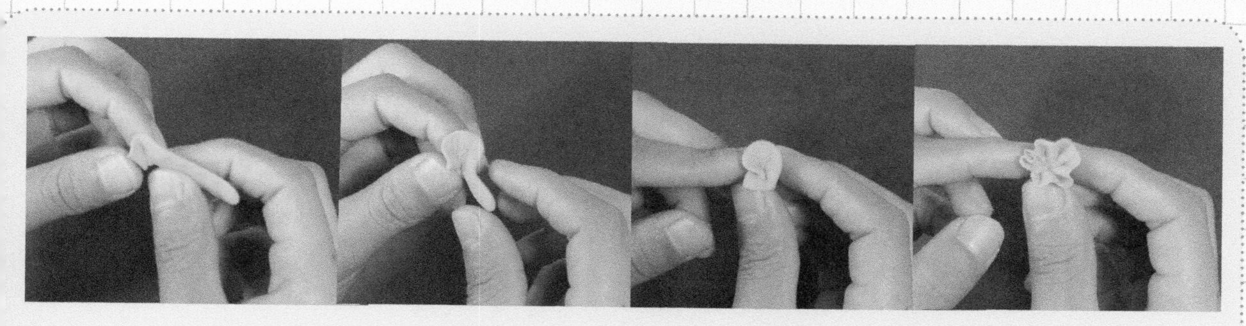

38 浅粉色的扁柱形像做小花一样围起来。

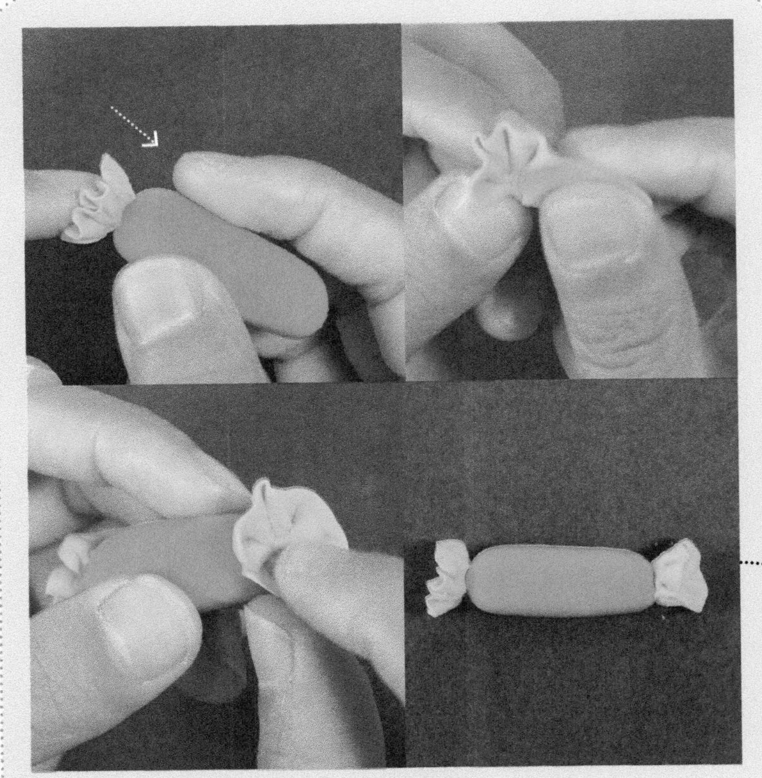

39 做好后粘在深粉色柱形两边。

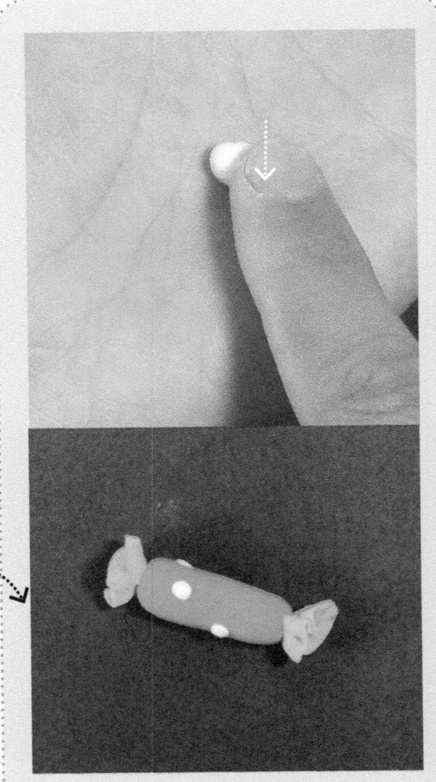

40 再用白色点点做装饰。

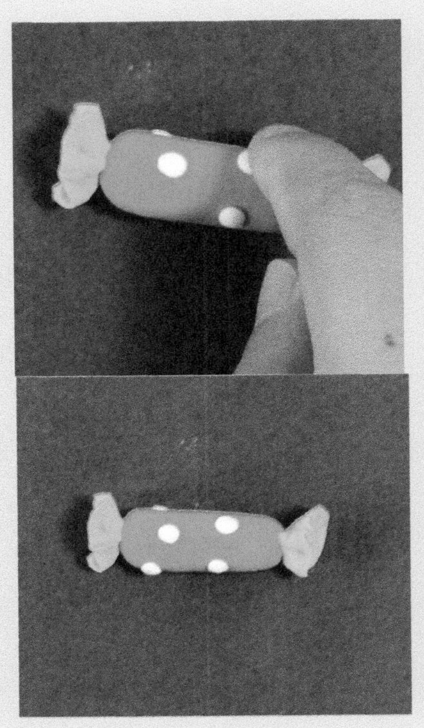

41 粘好后，将做好的枕头放到床上吧。

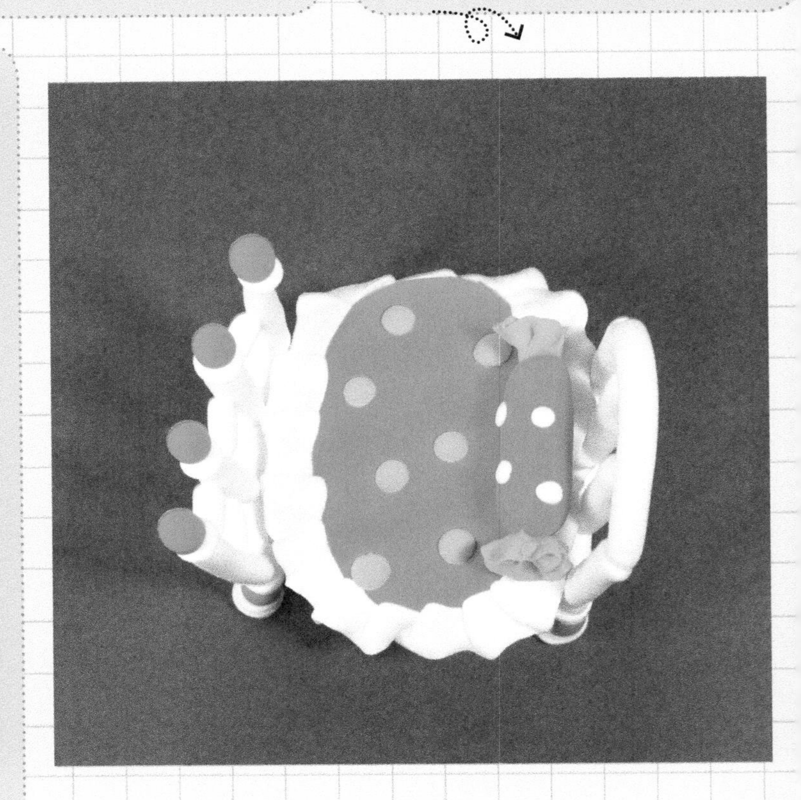

软软的靠垫沙发

软软的靠垫沙发

制作沙发的靠背时，要注意大小一致，沙发主体不要太厚。

准备工具

材料：

难易度： ★★★★

所需颜色：

 白色

 肉色

蓝色

黑色

需调配颜色： 浅蓝色

白色 + 蓝色

制作过程：

- 沙发的制作
- 抱枕的制作
- 地毯的制作

★沙发的制作

白色 肉色  黑色

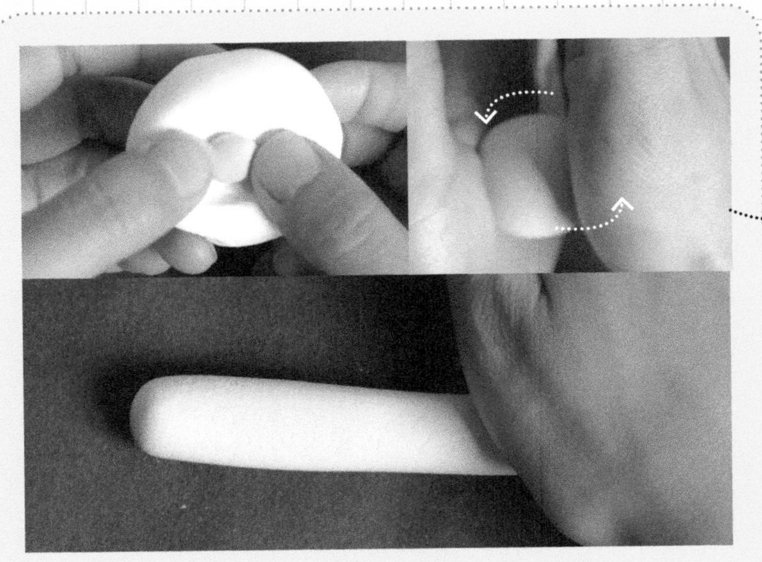

01 将白色与肉色的粘土混合调匀并揉圆做柱形。

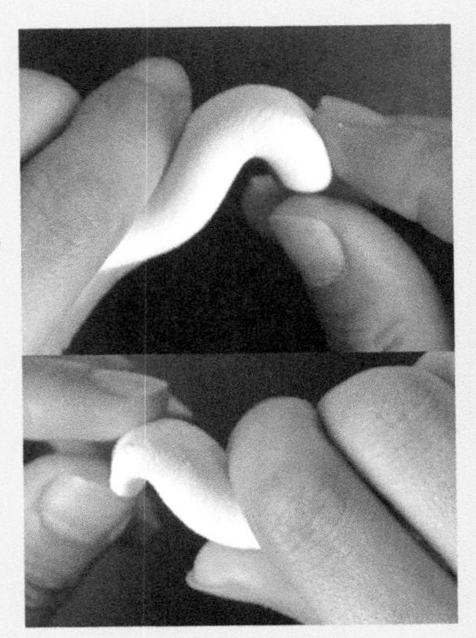

02 做好的柱形轻轻压一压将两边略微调整成弯弯的。

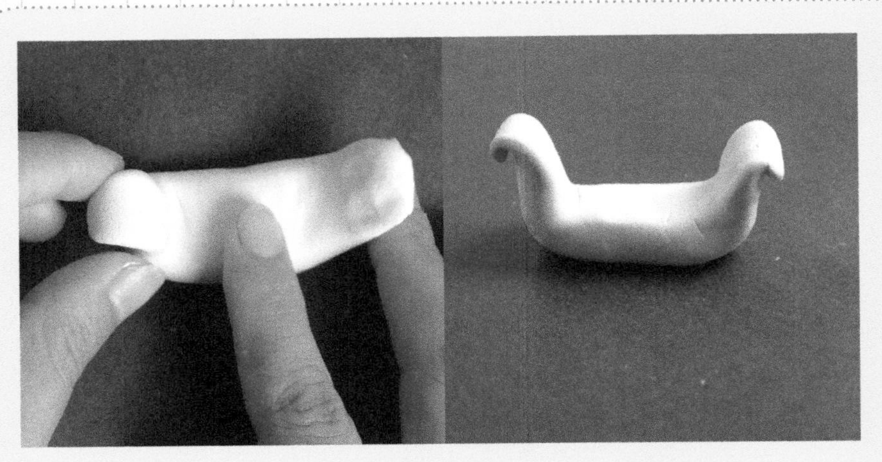

03 调整沙发的形状，如左图所示。

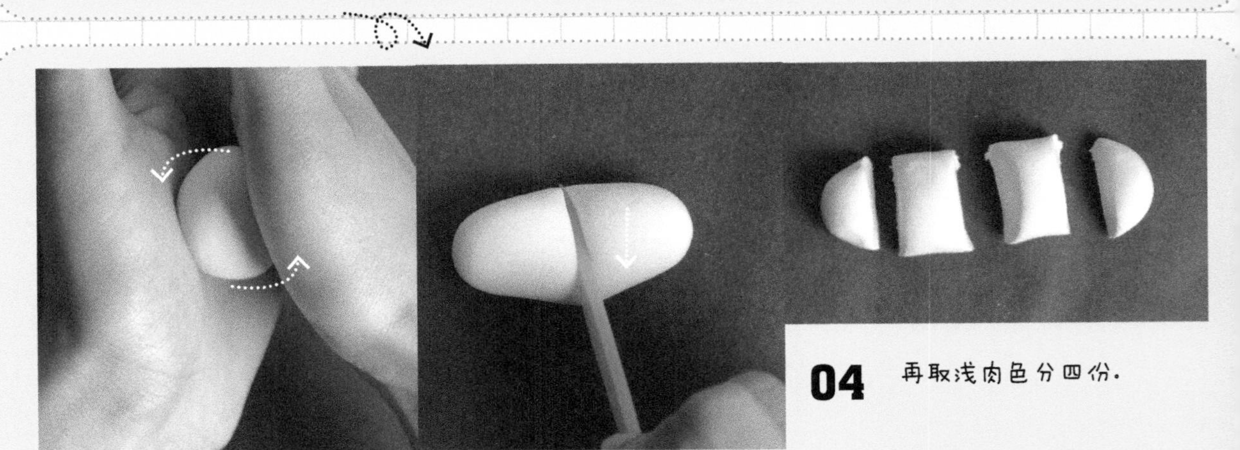

04 再取浅肉色分四份。

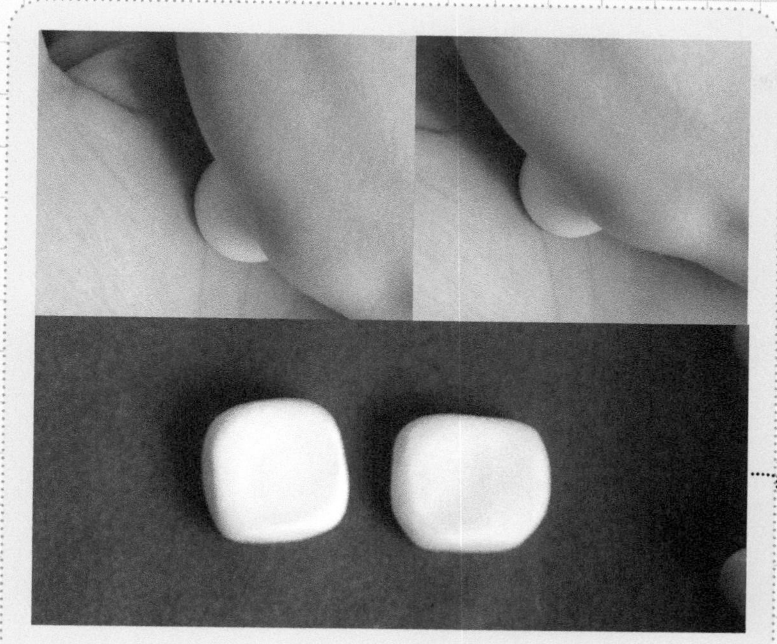

05 揉圆调整成如上图所示的形状。

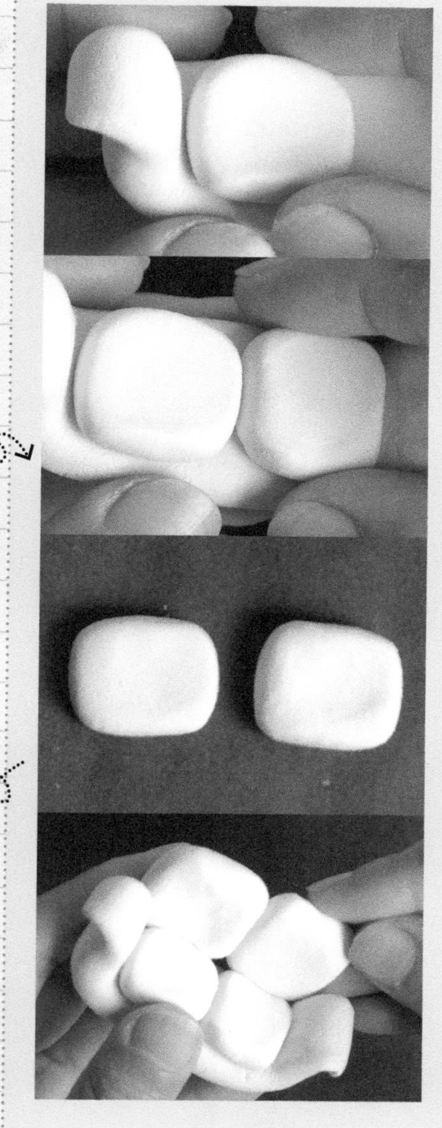

06 分别做沙发的靠背和坐垫。

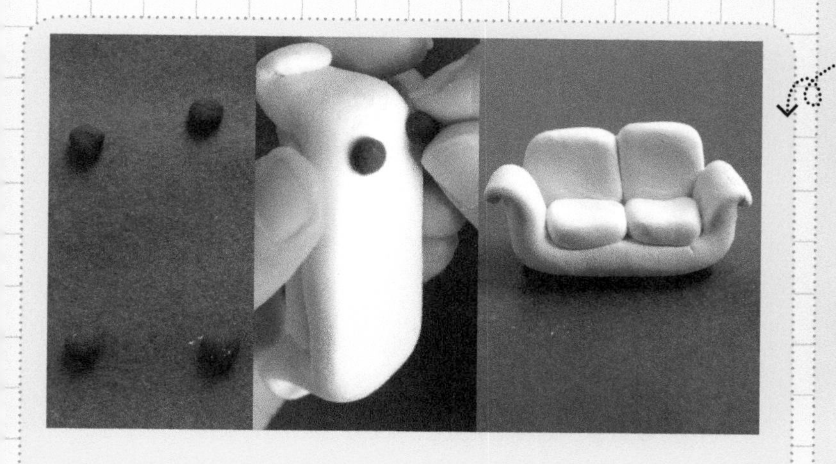

07 取四小份黑色揉圆做沙发腿。

★抱枕的制作

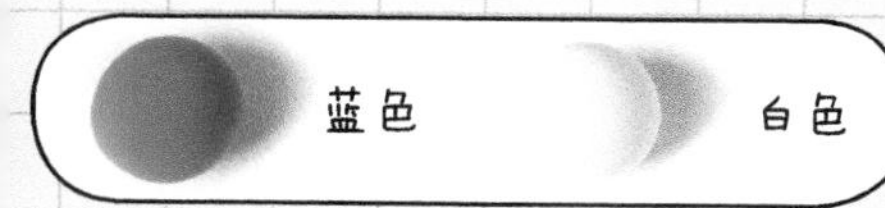

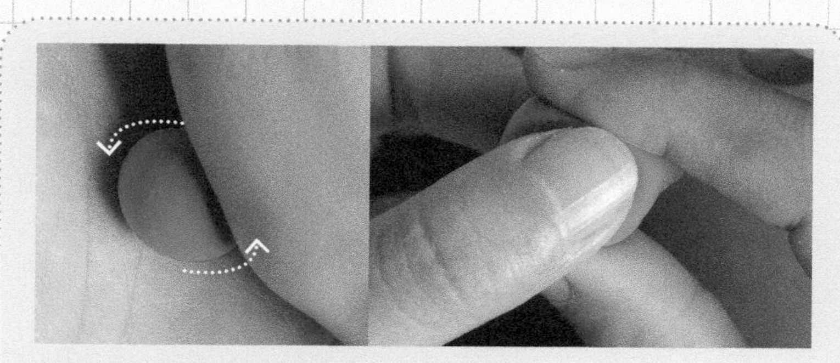

08 蓝色揉圆调整形状，如图所示。

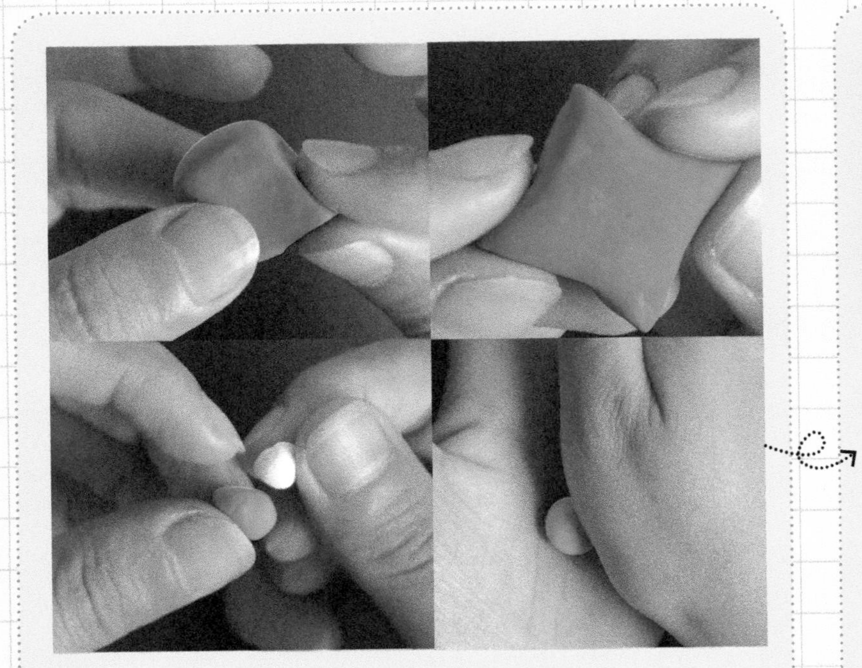

09 小份蓝色与白色混合调成浅蓝色。

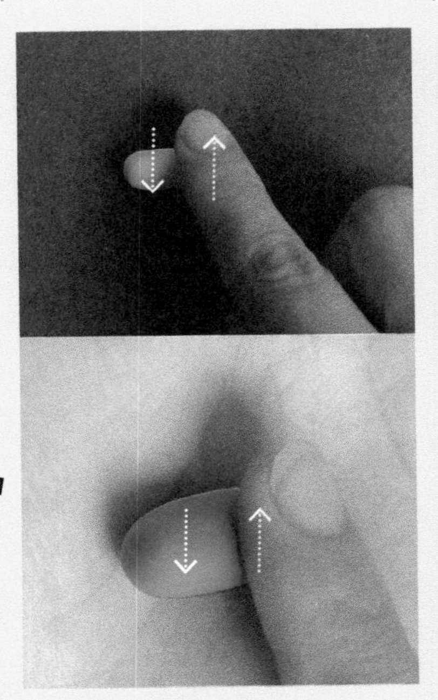

10 揉圆做短柱形。

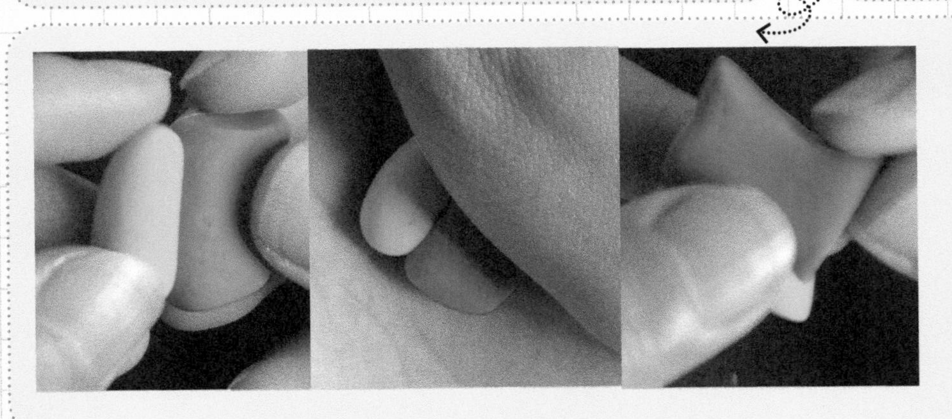

11 调整短柱形的形状与蓝色放一起。

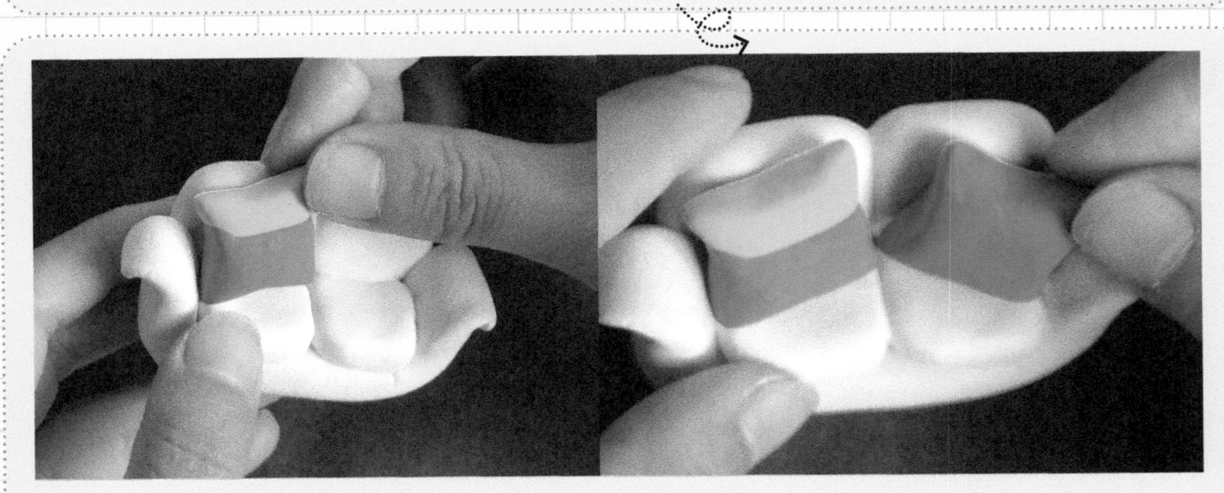

12 调整两个抱枕的摆放位置。

★地毯的制作

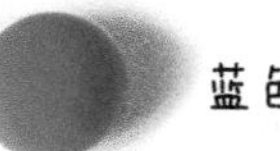

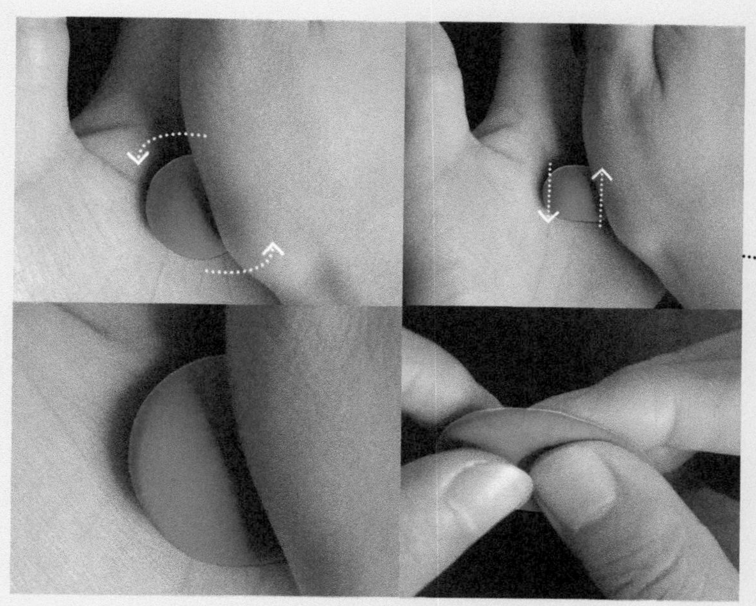

13 蓝色粘土揉圆，做成椭圆形并压扁。

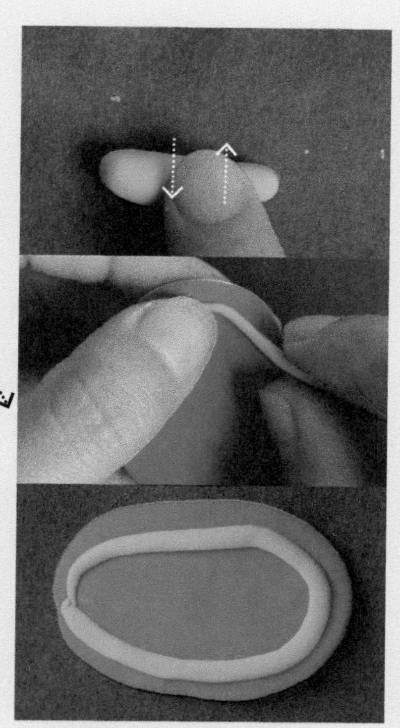

14 浅蓝色粘土做细细的柱形放到蓝色边缘处，如上图所示。

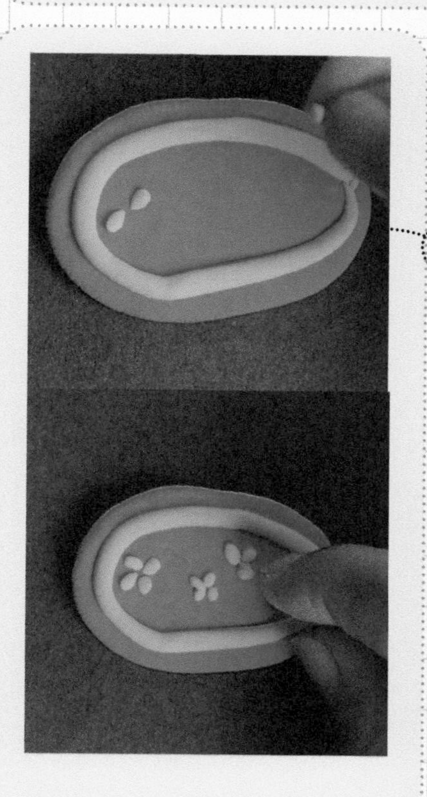

15 浅蓝色做小花来装饰。

16 用工具把地毯的边缘轻轻地划出一些线。

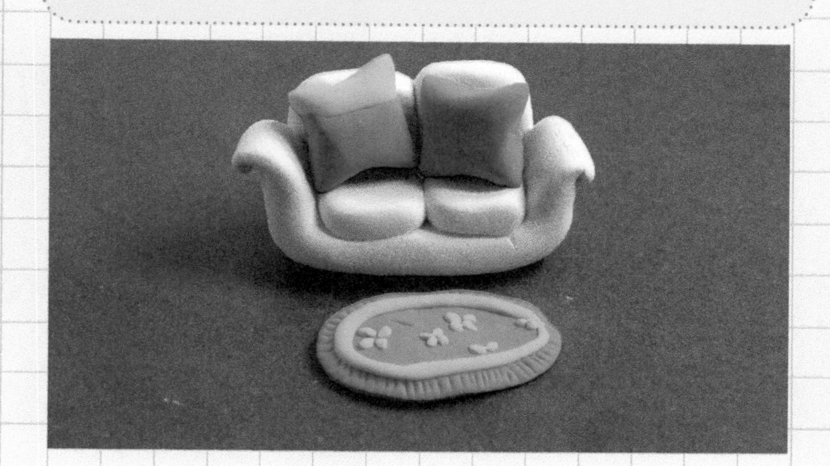

NO.3 花朵小圆桌

花朵小圆桌

混合颜色时要注意颜色的比例。制作桌面中心装饰时，可依据个人喜好换成别的装饰。

准备工具

材料：

难易度： ★★★★

所需颜色：

白色　深绿色　紫色

制作过程：

- 桌面和主体的制作
- 装饰的制作

需调配颜色： 浅紫色

紫色＋白色

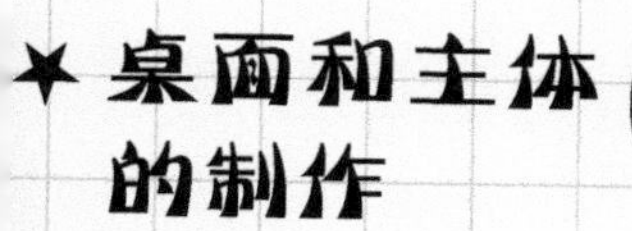

✦ 桌面和主体的制作

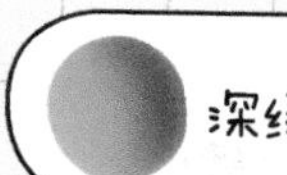

深绿色

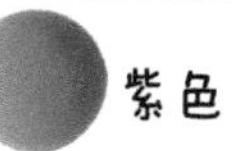

紫色

白色

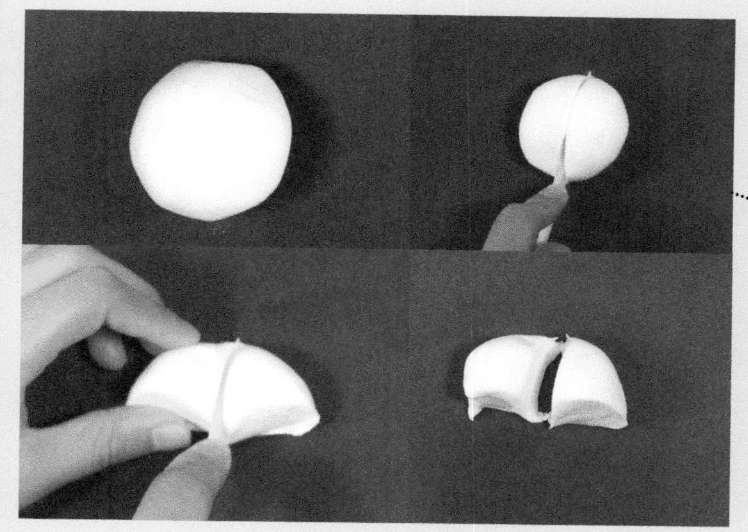

01 白色粘土用工具刀将其分成四份.

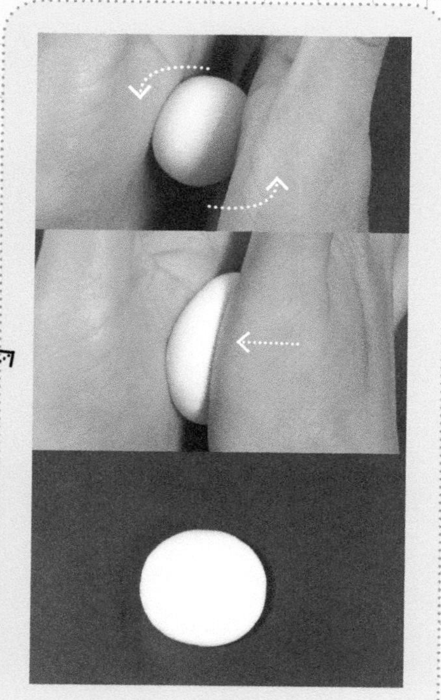

02 取一份揉圆压扁.

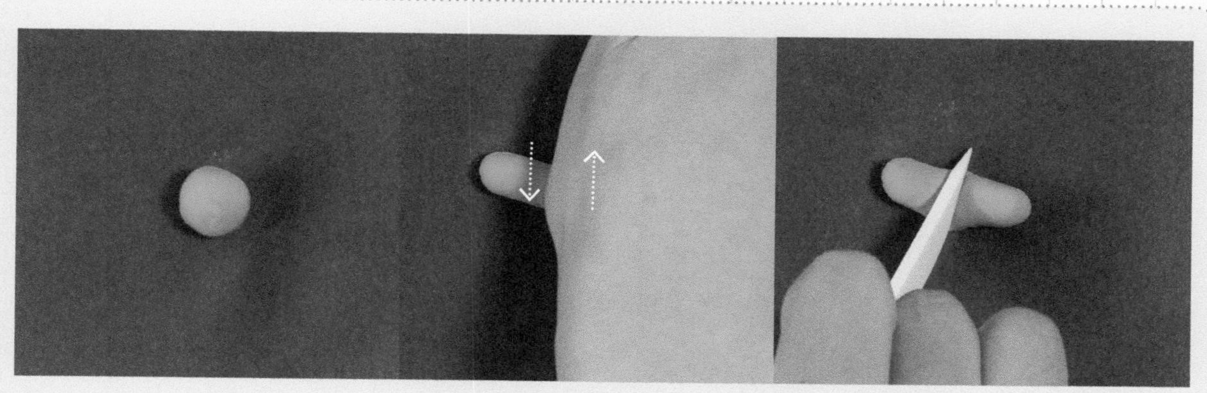

03 绿色粘土揉圆做柱形并用工具刀分开.

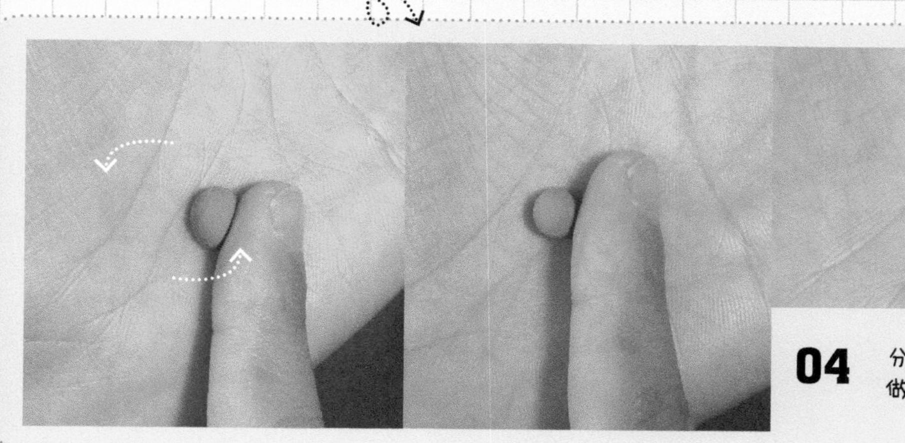

04 分开后的 绿色粘土揉圆并做水滴形压扁.

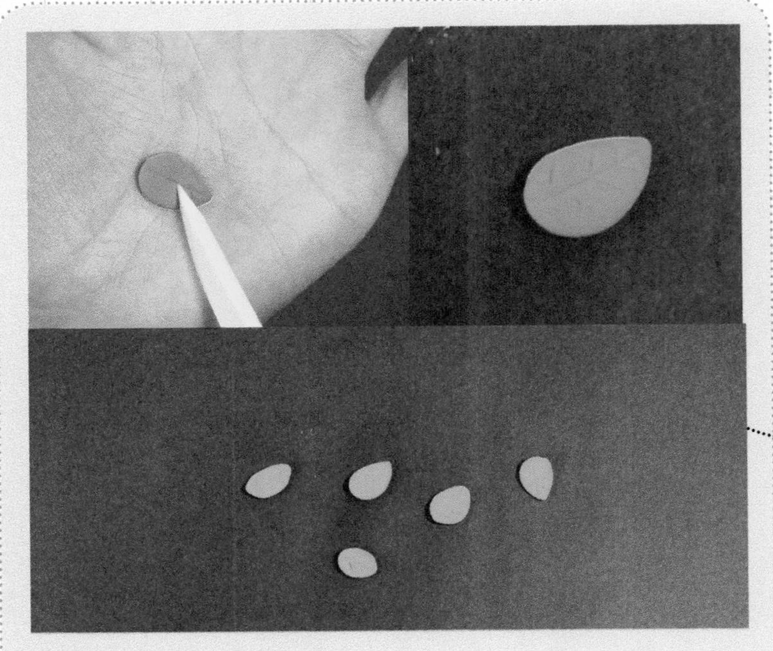

05 用工具刀划出叶脉。

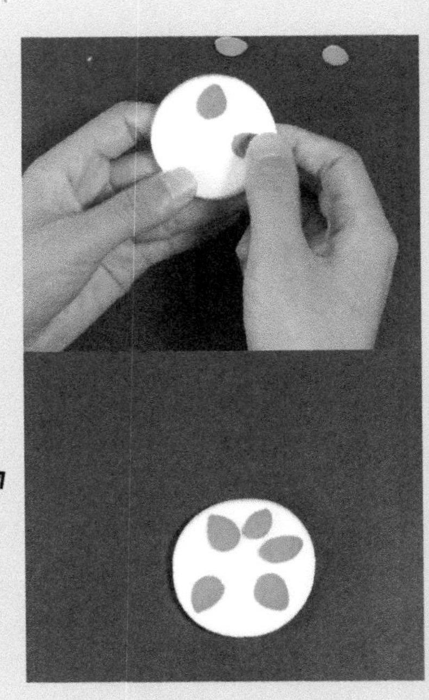

06 做好的小叶子摆放到白色桌面上。

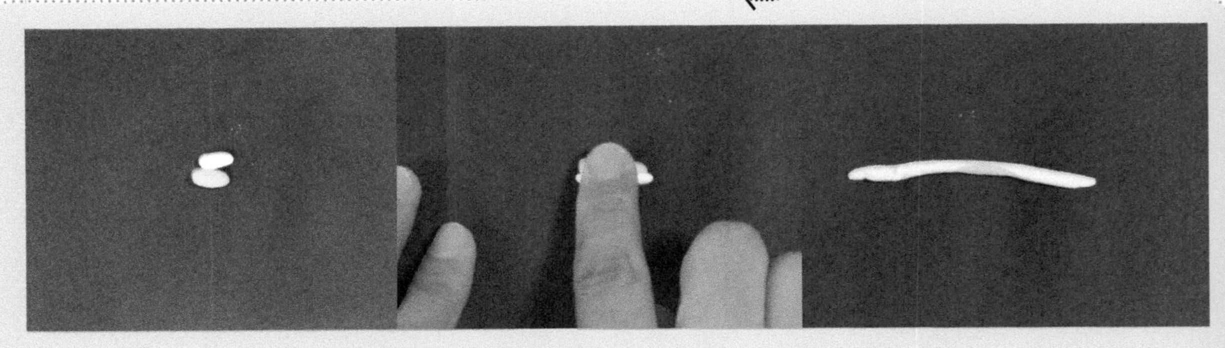

07 白色粘土和浅紫色粘土取等份，做柱形并将其放到一起搓成柱形。

08 将柱形做蜗牛卷状，将其压扁放到圆桌面上边。

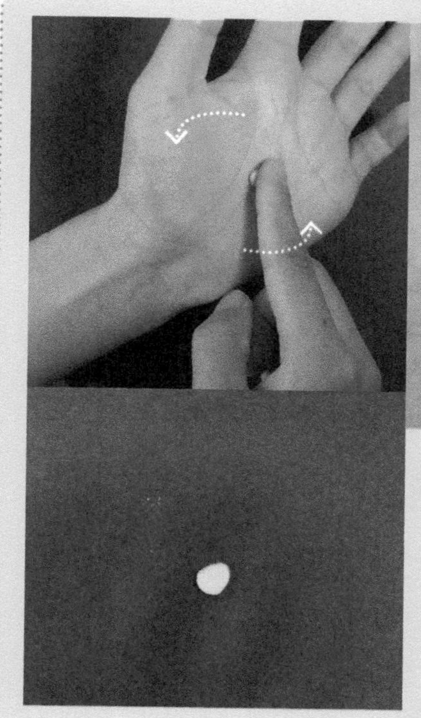
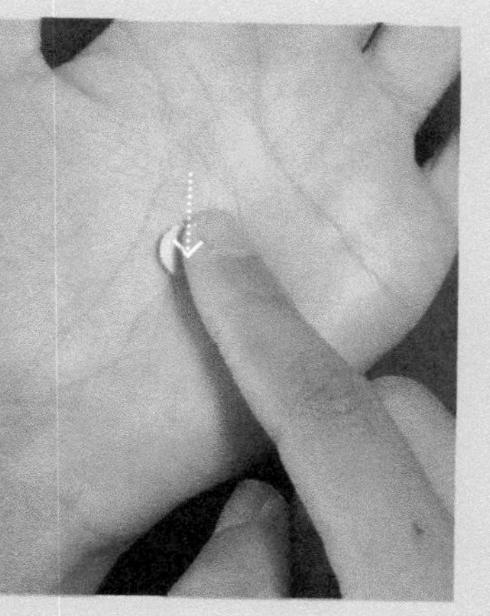

09 将浅紫色粘土揉圆压扁。

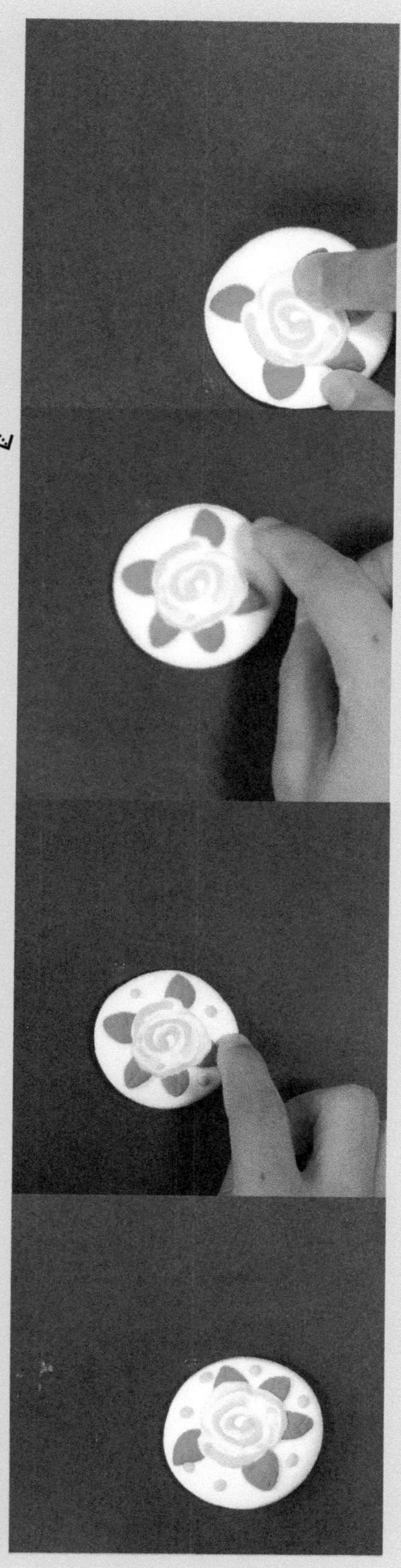

10 做好的小圆片放到圆桌面上，如上图所示。

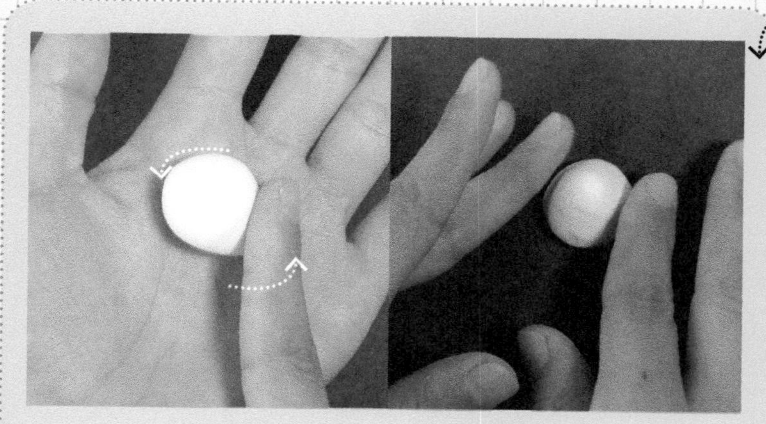

11 白色粘土揉圆做水滴，另一个揉圆压扁。

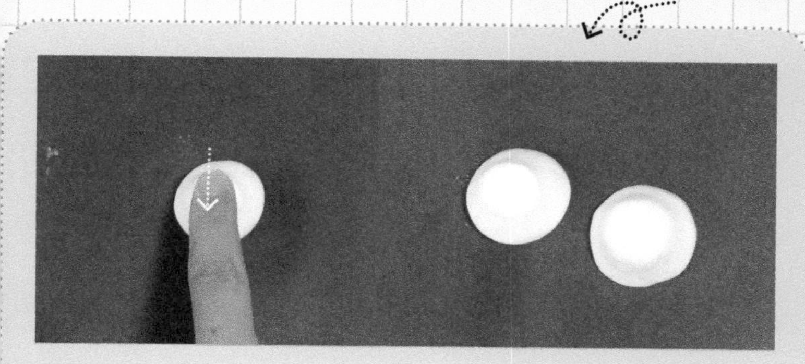

12 将水滴的尖压下去。

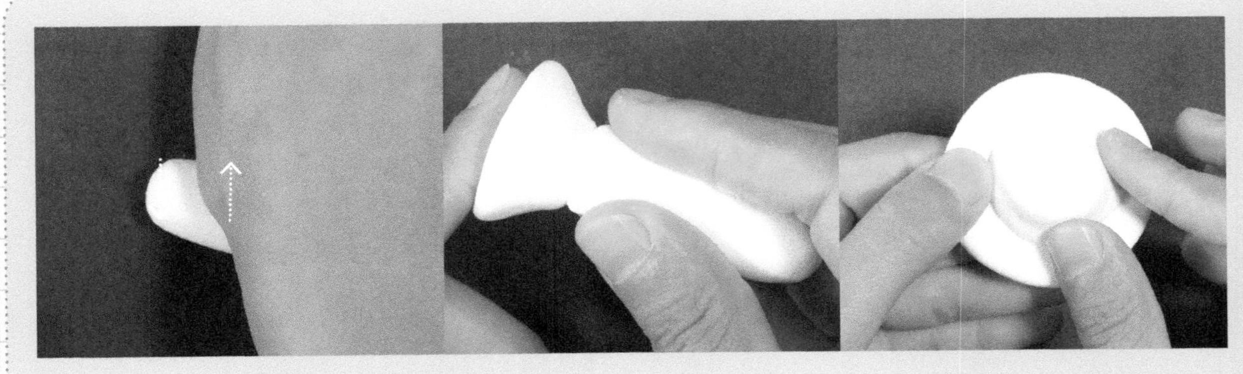

13 白色粘土揉圆做柱形，如上图所示放好。

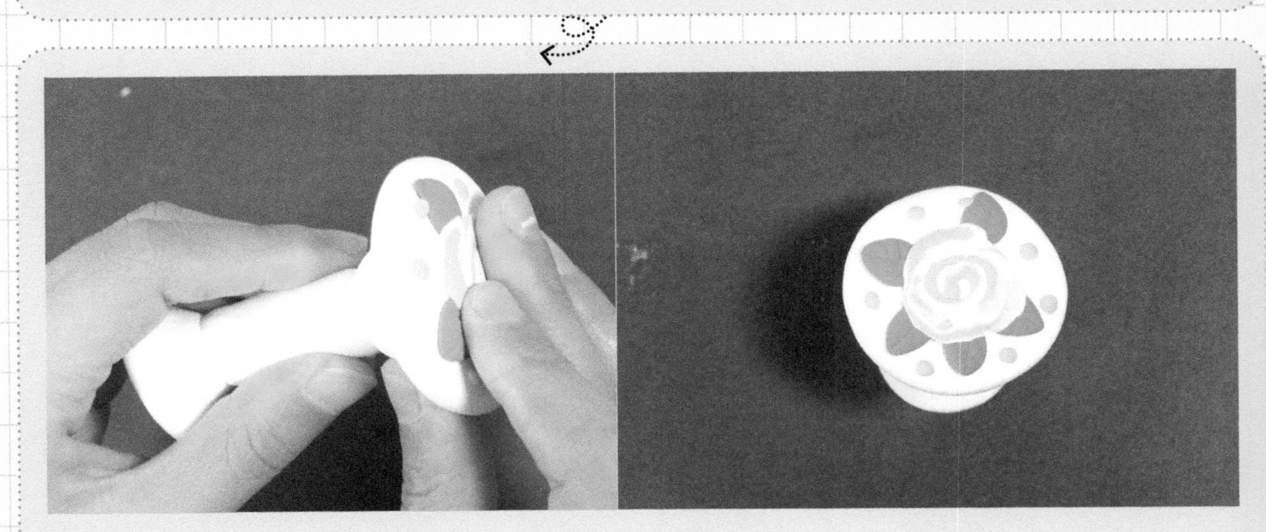

14 把做好的圆桌面与桌腿结合。

★ 装饰的制作

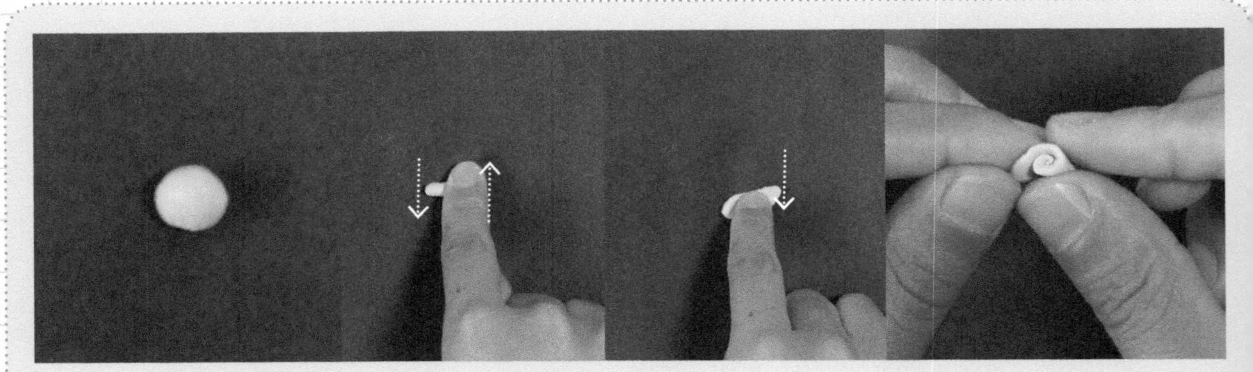

15 浅紫色粘土揉圆做柱形并压扁，将其卷起来做小花。

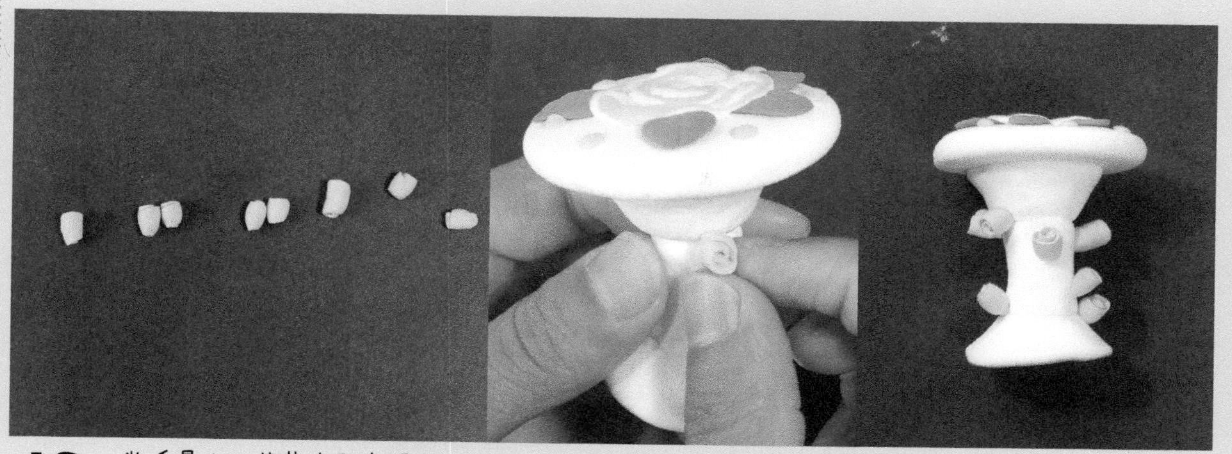

16 做适量的小花装饰到桌腿上。

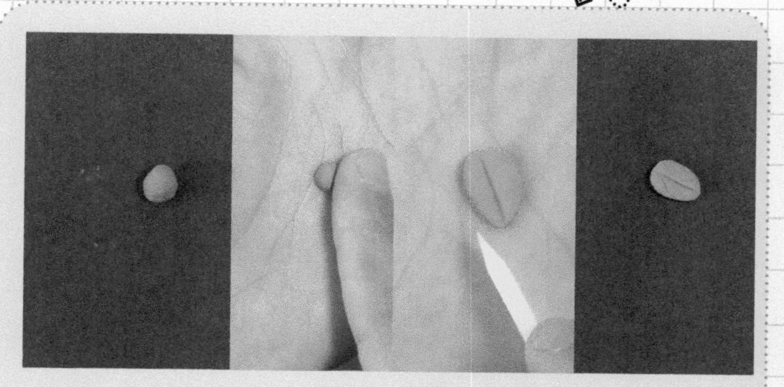

17 做绿色的小叶子并划上叶脉。

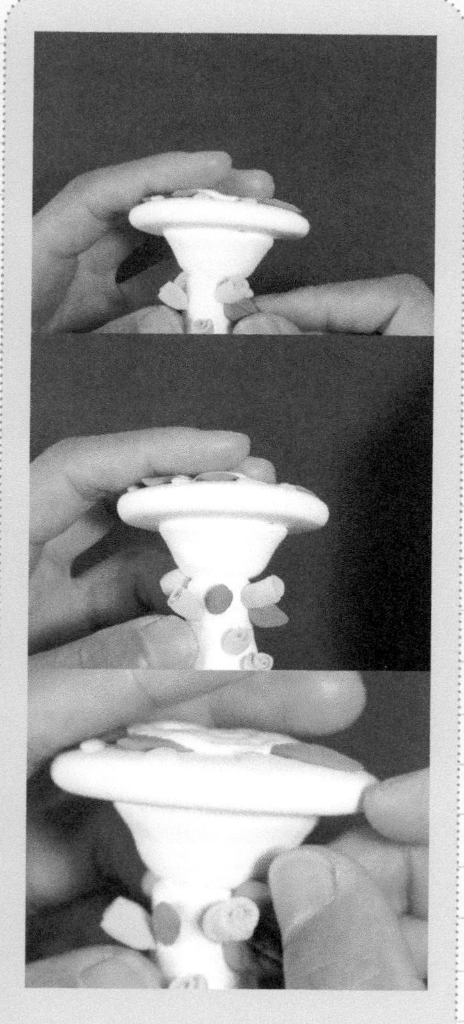

18 将小叶子装饰到桌腿上。

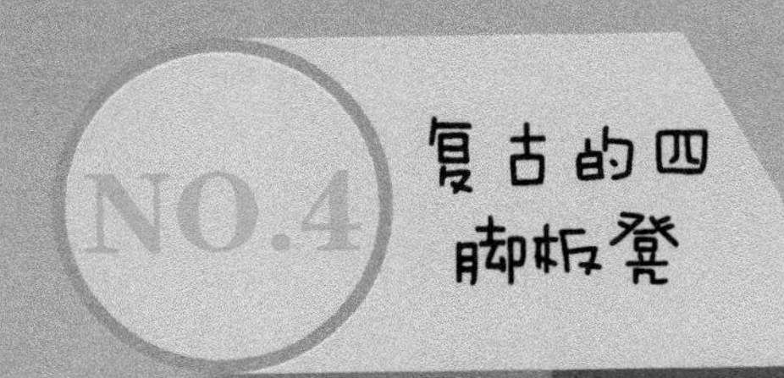

复古的四脚板凳

为了制作出凳子的质感，混合粘土时，不要揉得过于均匀。

准备工具

材料：

难易度： 

所需颜色：

肉色  棕色

制作过程：

- 板凳的制作
- 组合

需调配颜色： 棕色纹理

 肉色＋棕色

★板凳的制作

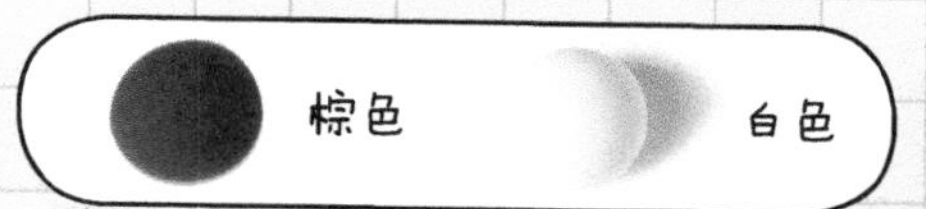

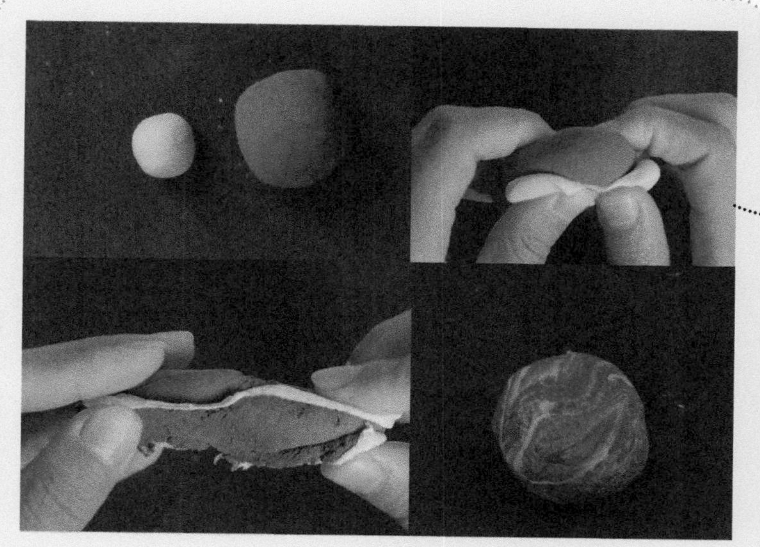

01 肉色粘土与棕色粘土混合不调匀.

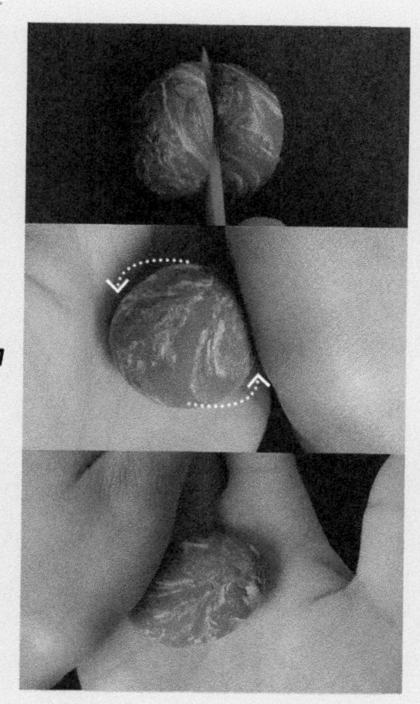

02 混合的粘土揉圆分两份.

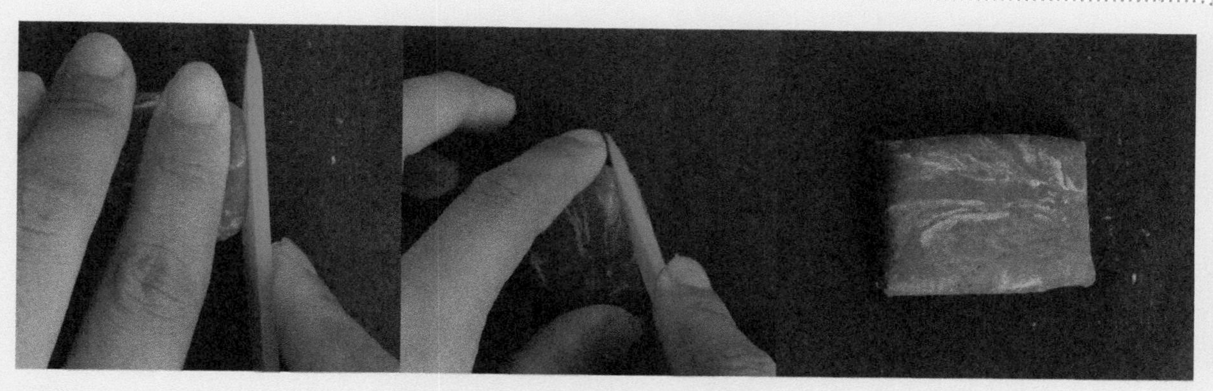

03 其中一份做凳面揉圆，并用工具刀切割，调整板凳的形状.

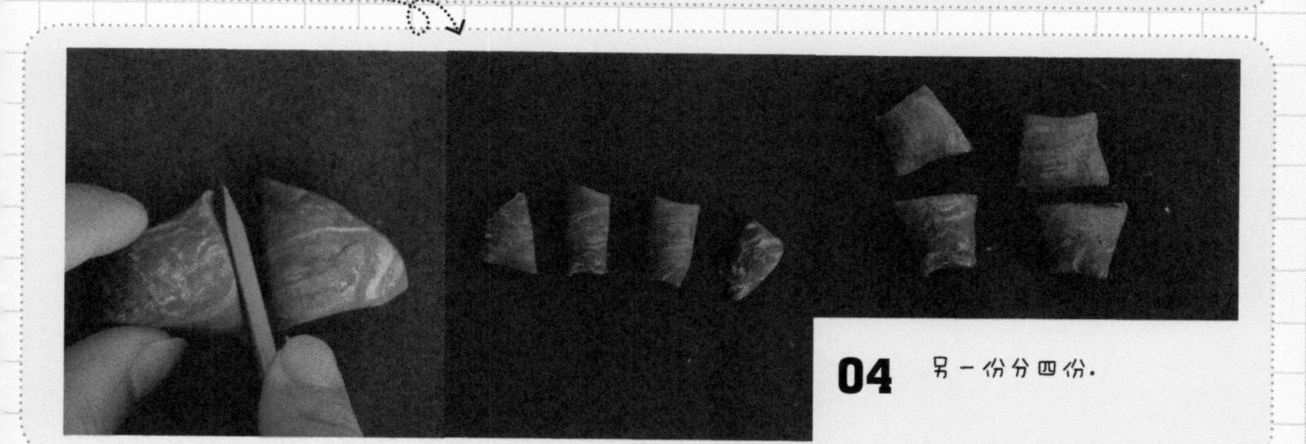

04 另一份分四份.

05 分好的四份分别做板凳的腿。

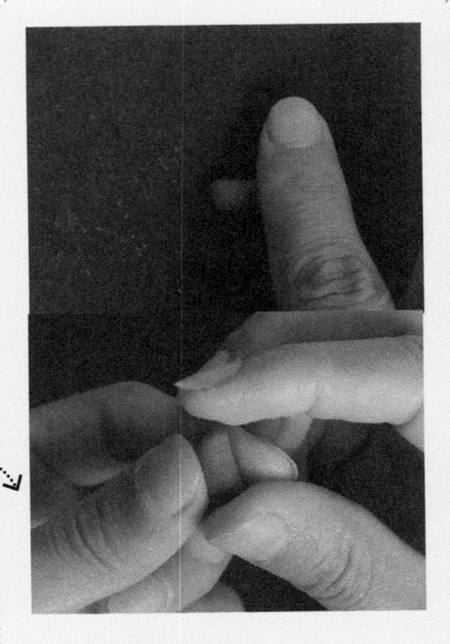

06 调整板凳腿的形状。

★组合

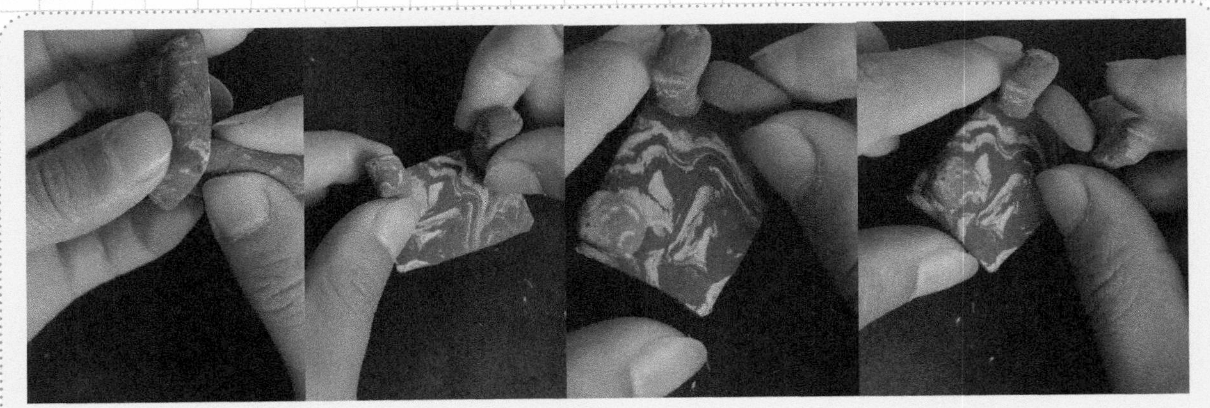

07 剩余的粘土做横杆。

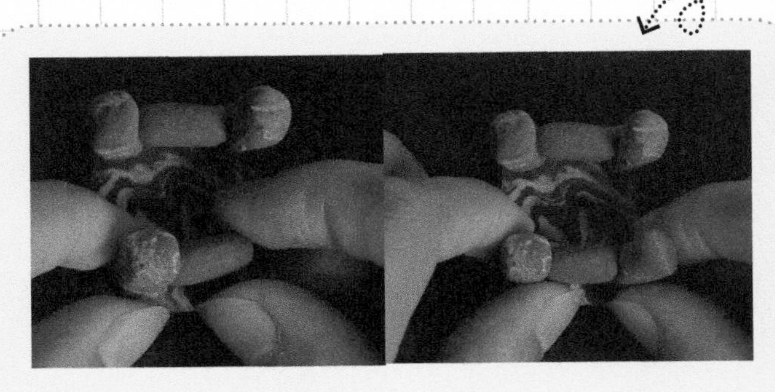

08 如图将板凳组装好。

NO.5 可爱的天线电视机

可爱的天线电视机

制作按钮时，要注意粘土的大小，等干了之后再用签字笔画出其他的小按钮。

准备工具

材料：

难易度： ★★★★★

所需颜色：

白色 黄色 深绿色

红色 黑色 棕色

需调配颜色： 浅棕色

白色 + 棕色

制作过程：

- 电视机的制作
- 屏幕的制作
- 天线的制作

★ 电视机的制作

白色

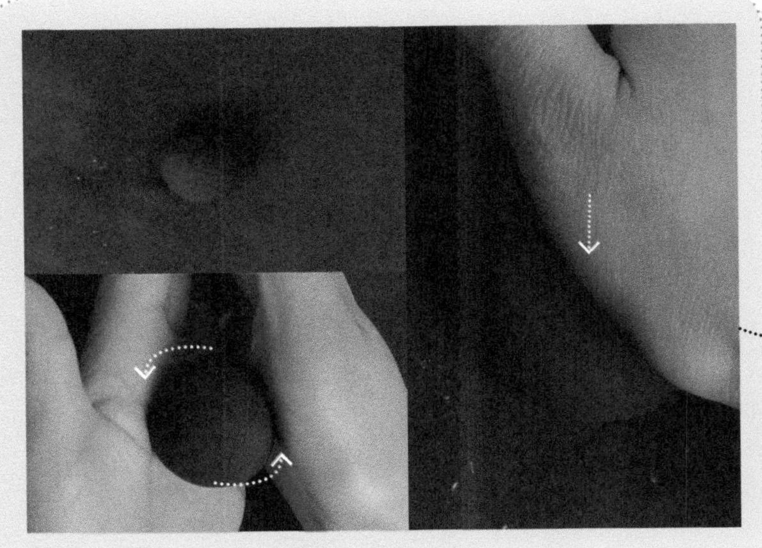

01 将黑色的粘土揉圆轻轻压一下。

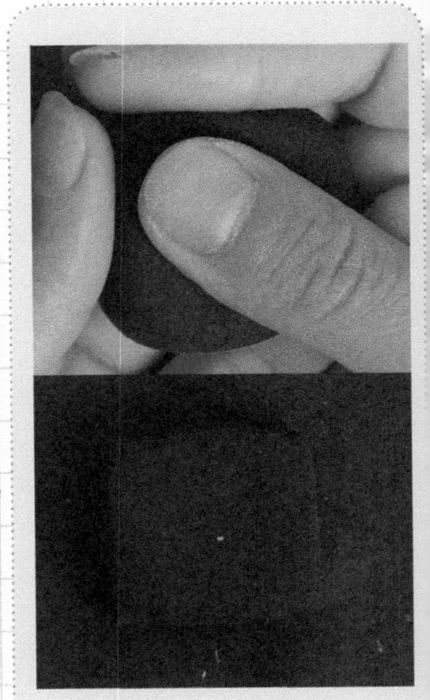

02 把做好的粘土调整形状。

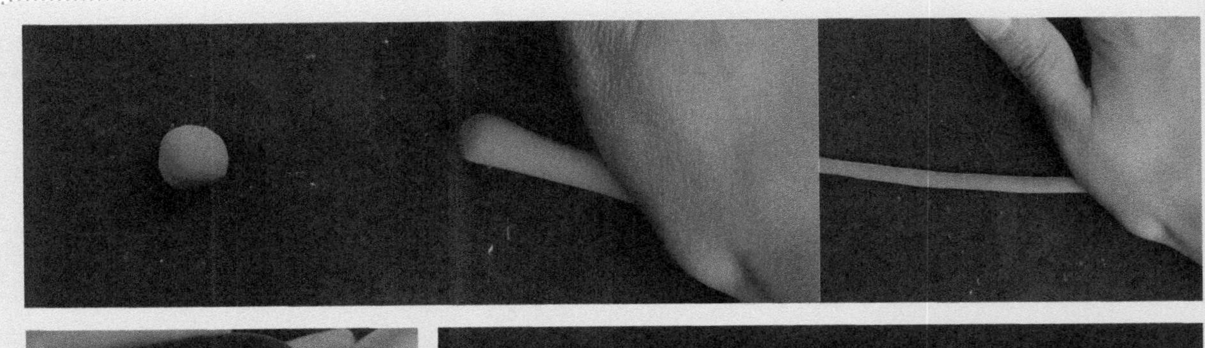

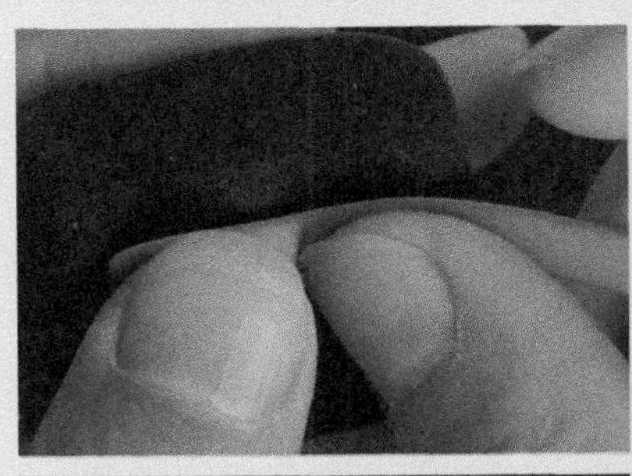

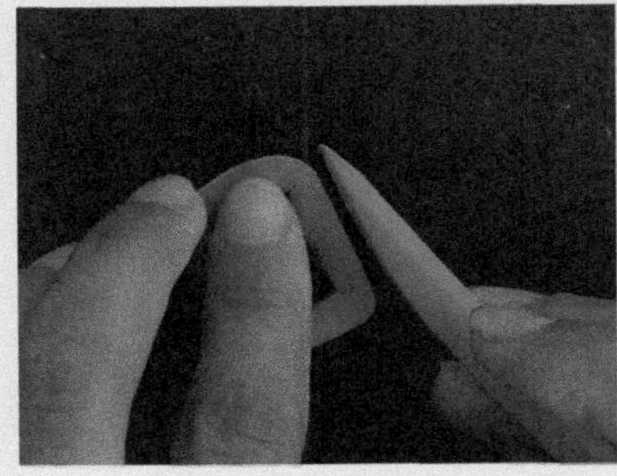

03 把浅棕色粘土揉圆做柱形压扁放到电视机上。

★屏幕的制作

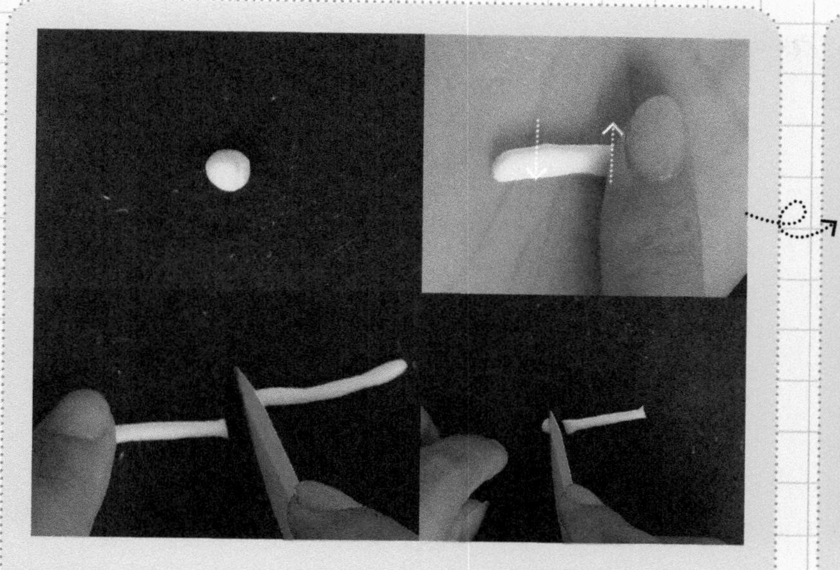

04 白色的粘土揉圆做柱形压扁，用工具调整形状。

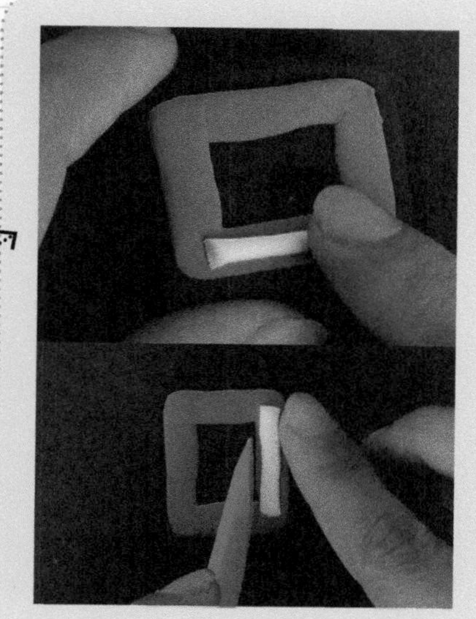

05 放到电视机相应的位置。

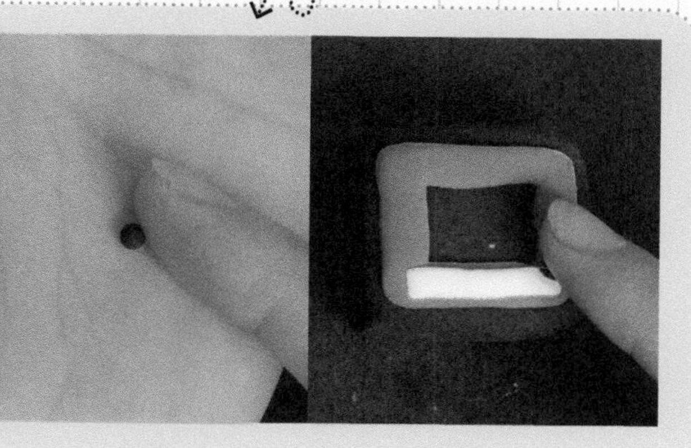

06 黑色粘土揉圆压扁。

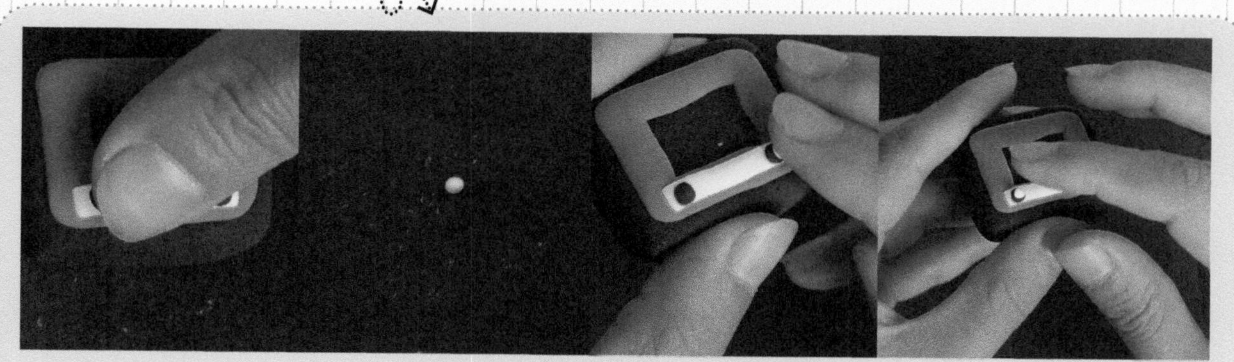

07 小圆片按钮放到上边。

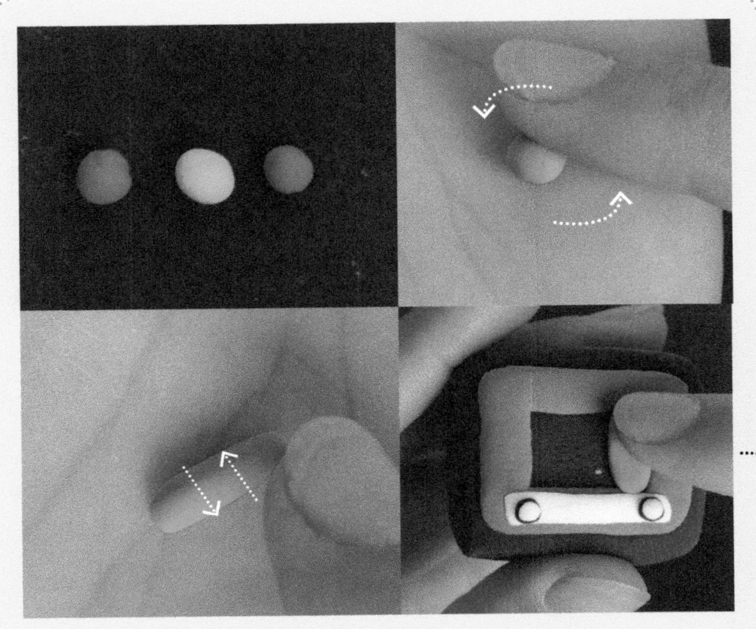

08 红色、黄色和深绿色粘土揉圆做短柱形压扁。

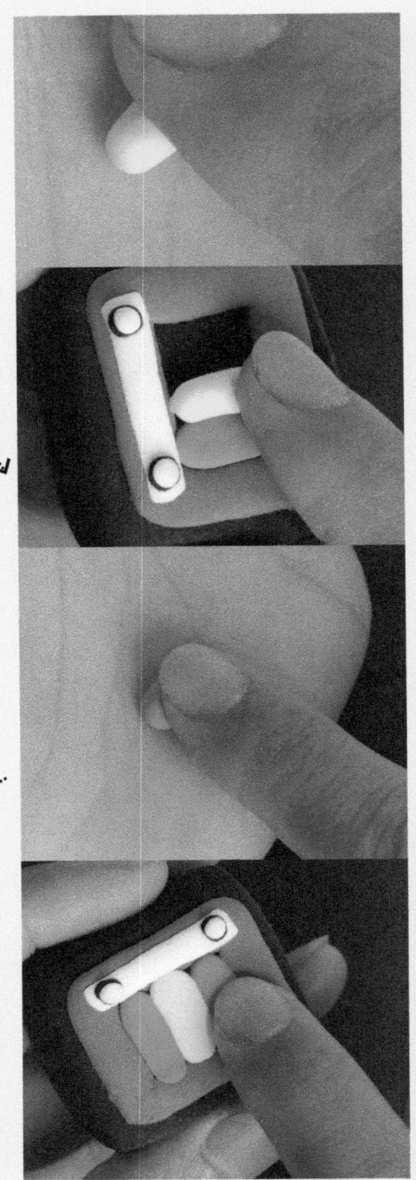

09 做好的三个短柱形放到电视机上边。

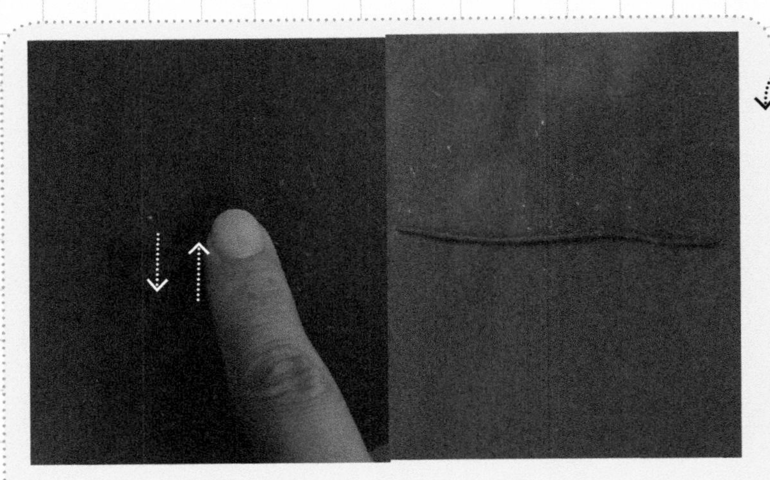

10 黑色粘土揉圆做柱形。

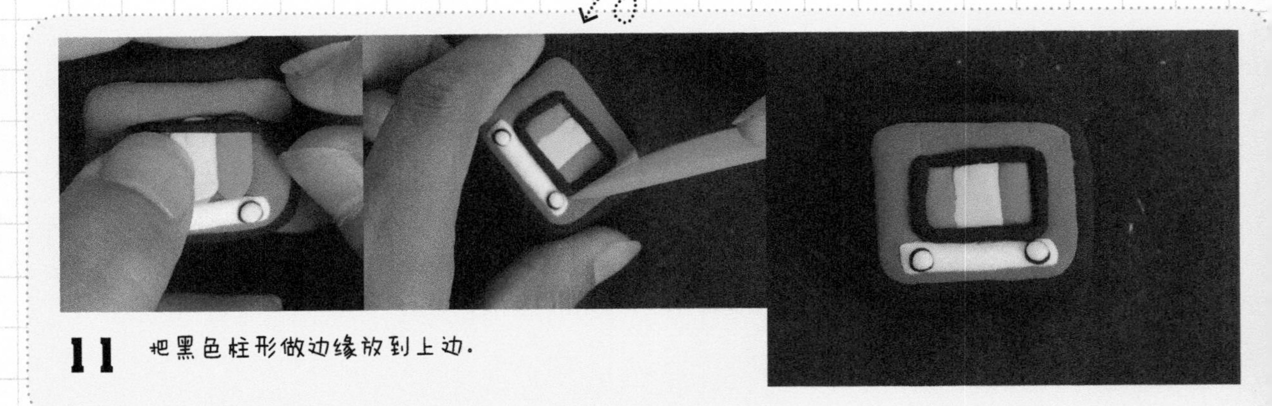

11 把黑色柱形做边缘放到上边。

★天线的制作

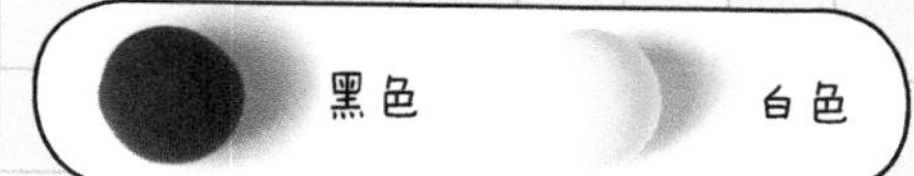

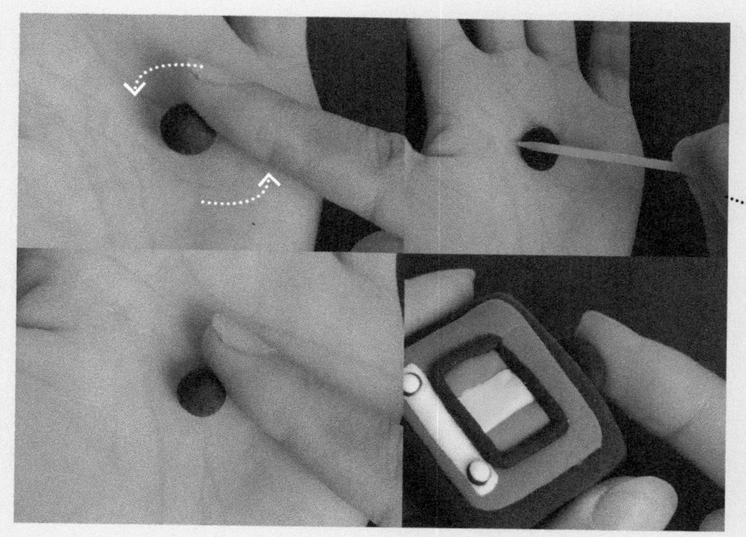

12 小块黑色粘土揉圆放于电视的上边。

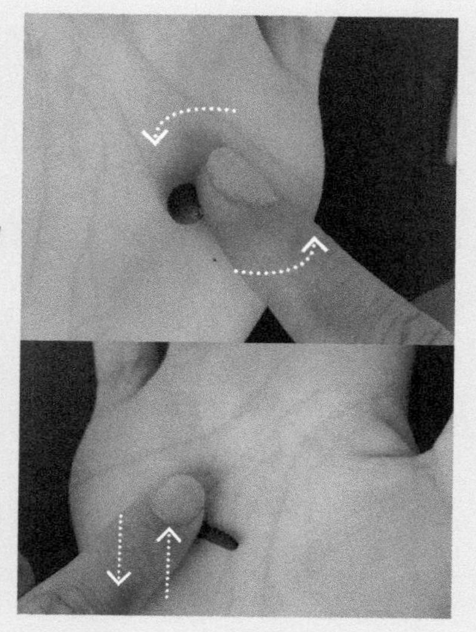

13 黑色小块粘土揉圆做长条。

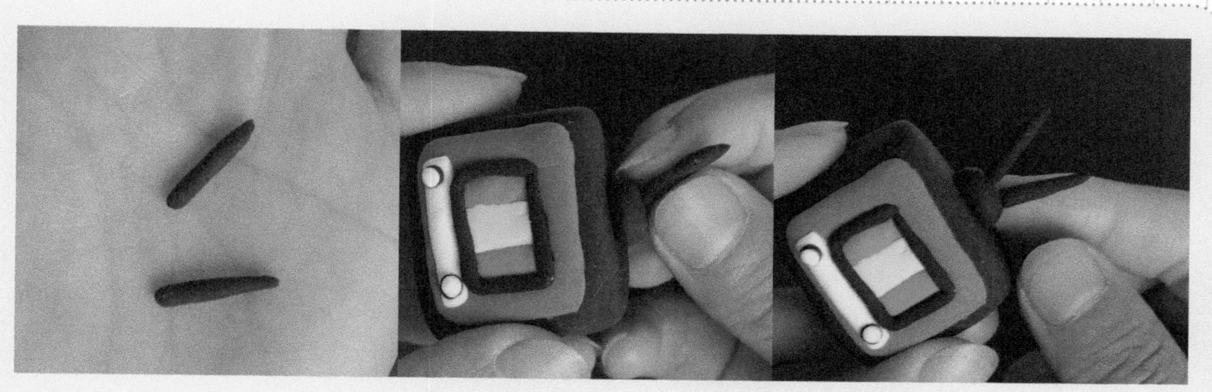

14 做好的两个长条放到黑色粘土上边做天线。

15 用笔点出几个小黑按钮。

NO.6 冬日风格的冰箱

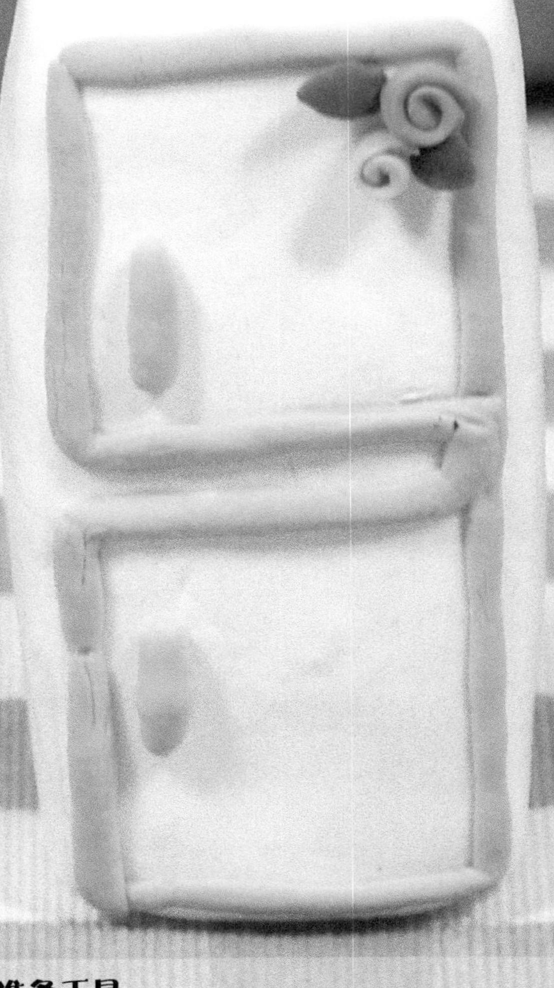

冬日风格的冰箱

制作装饰品的时候，可以换成自己喜欢的装饰，但是要注意装饰物的大小。

准备工具

材料：

难易度：★★★★★

所需颜色：

白色　蓝色

制作过程：

- 冰箱的制作
- 装饰的制作

需调配颜色：天蓝色

白色＋蓝色

★ 冰箱的制作

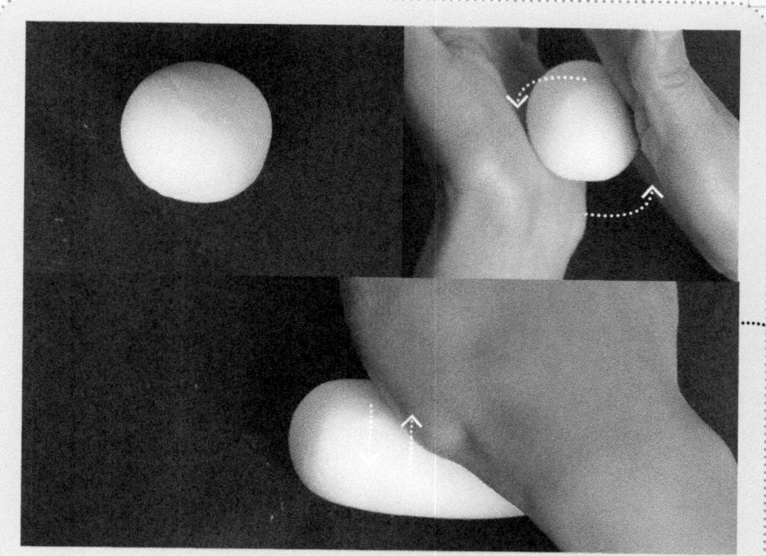

01 白色粘土揉圆做柱形。

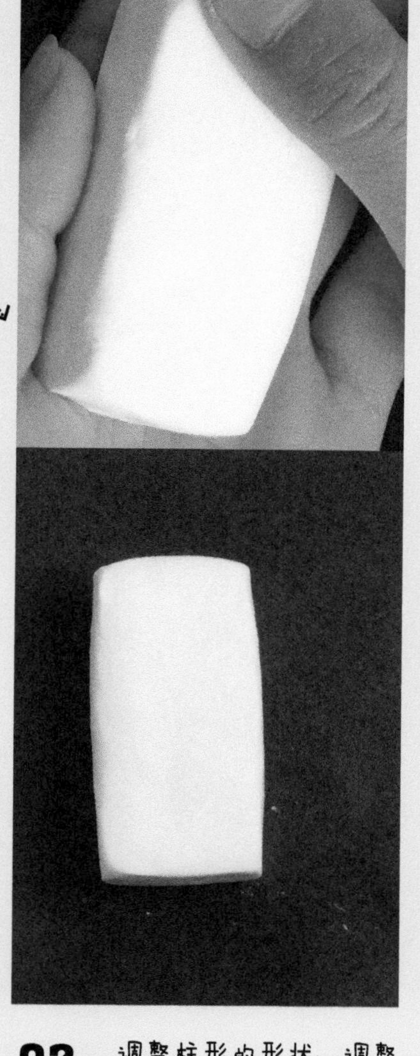

02 调整柱形的形状，调整为长方形。

★ 装饰的制作

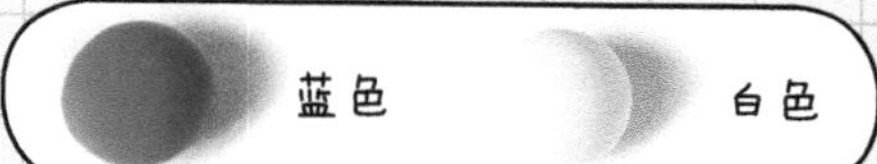

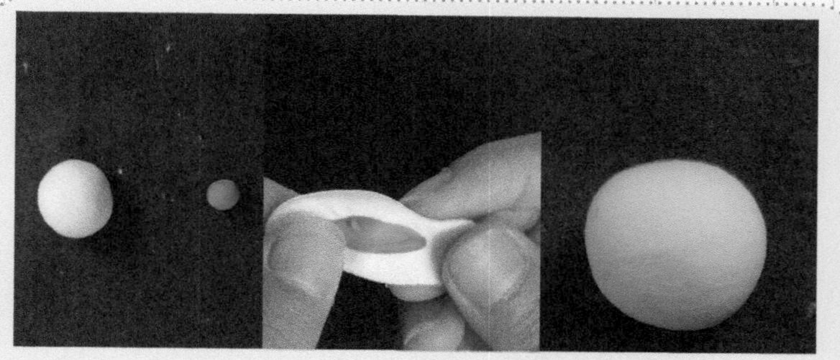

03 蓝色与白色粘土混合调匀。

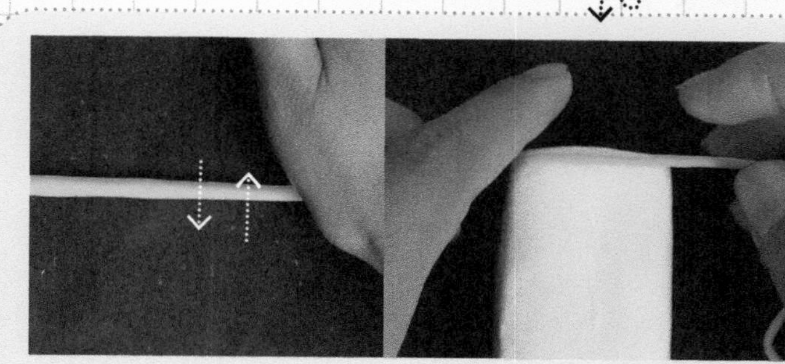

04 调匀的浅蓝色粘土做长条放于冰箱的边缘。

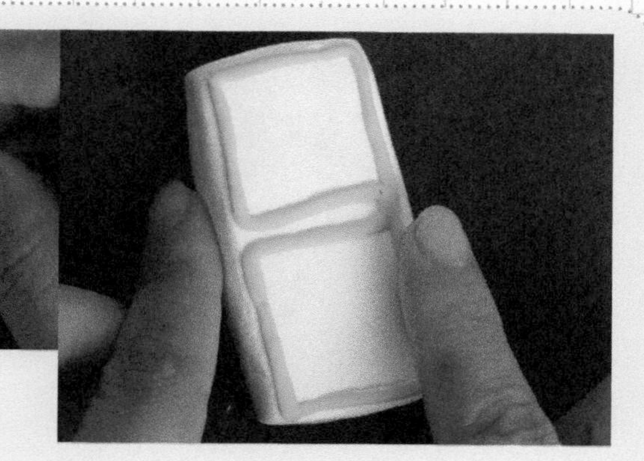

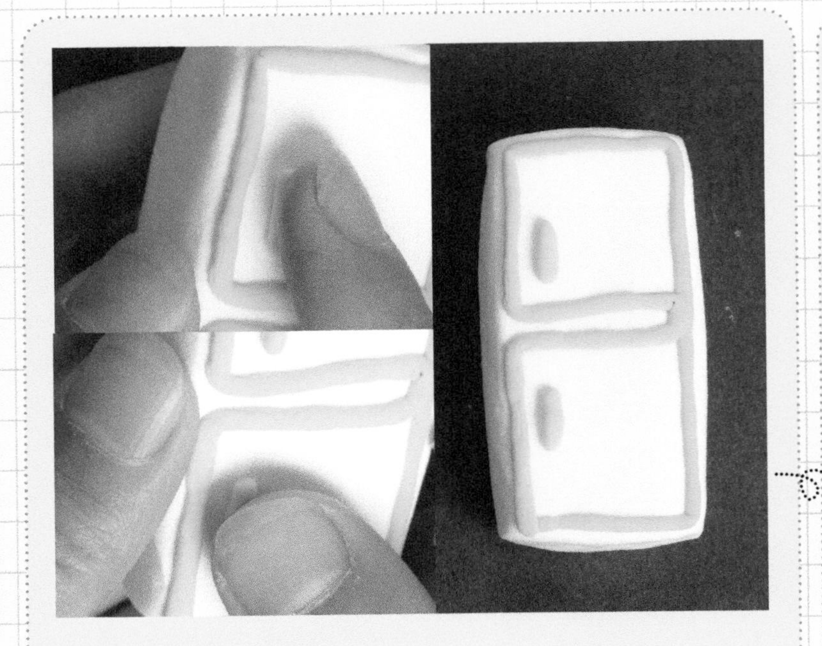

05 做两个小把手放到冰箱上。

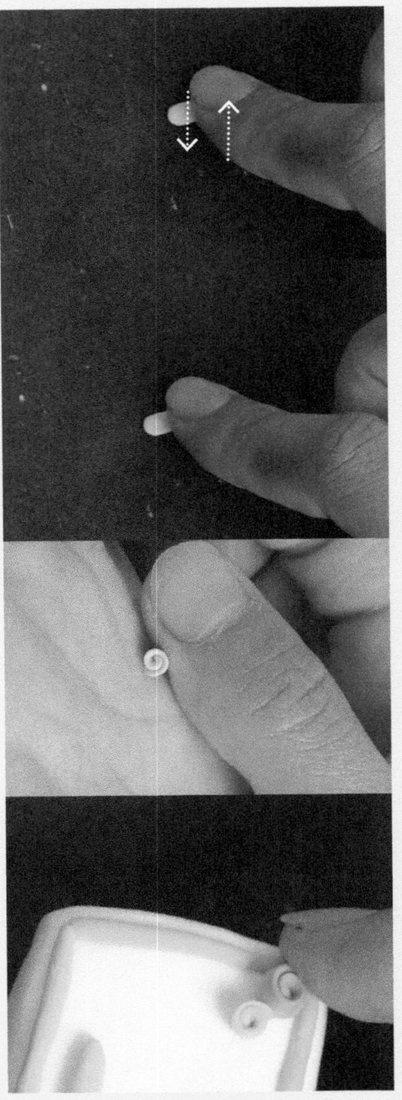

06 剩余的浅蓝色做小花来装饰冰箱，如上图所示。

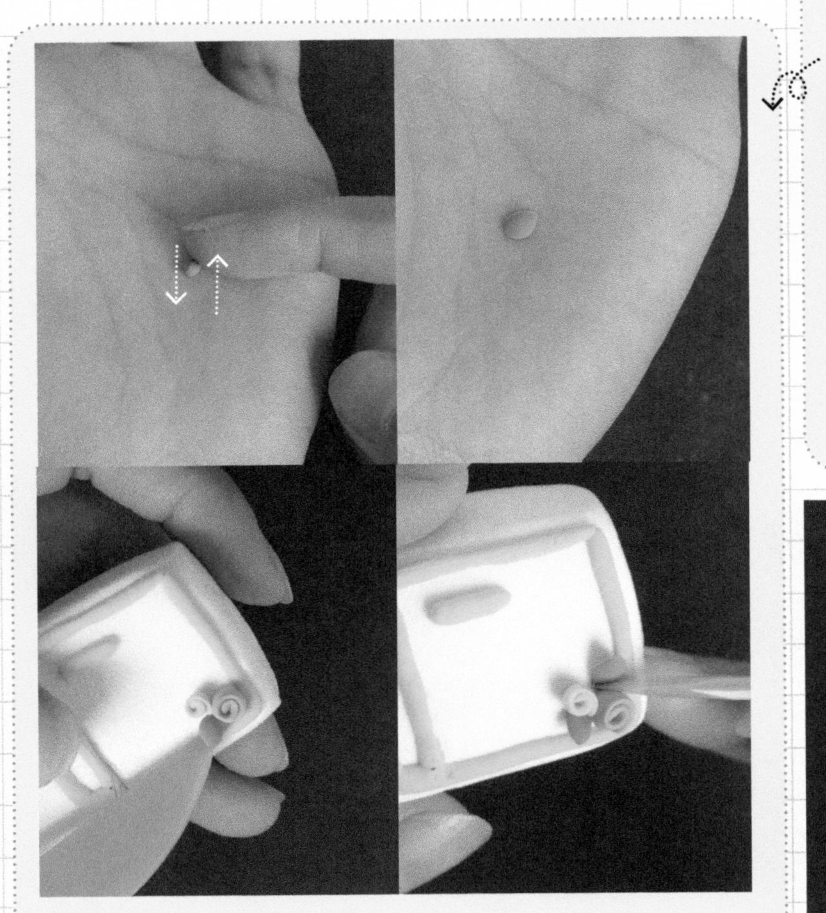

07 稍加叶子装饰。

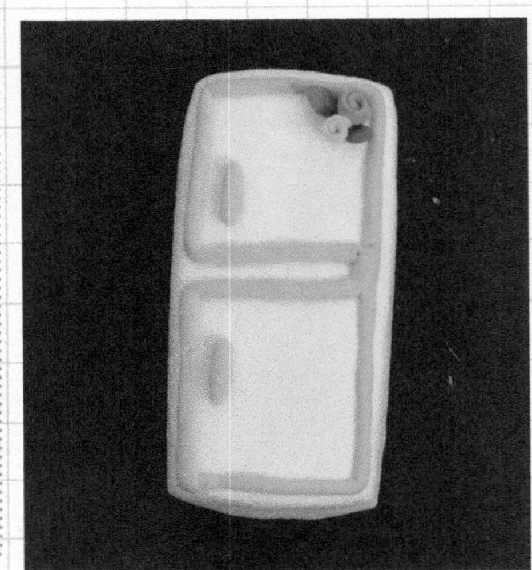

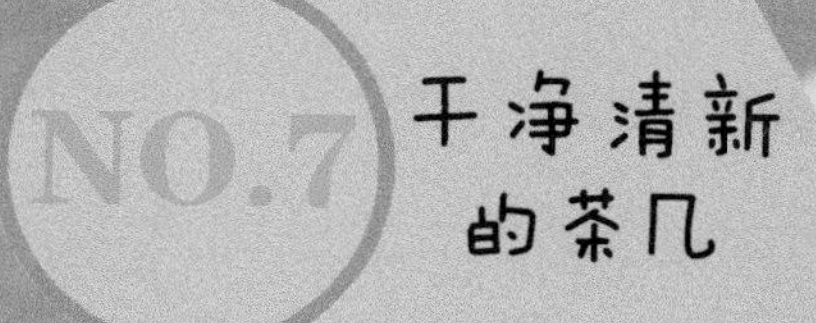

净清新的茶几

作茶几时，桌子腿的长短要
证一致。

准备工具

材料：

难易度： ★★★★★

所需颜色：

白色　紫色　黄色

制作过程：

- 桌子的制作
- 桌面装饰的制作

需调配颜色： 浅紫色

白色 + 紫色

★桌子的制作

白色　紫色

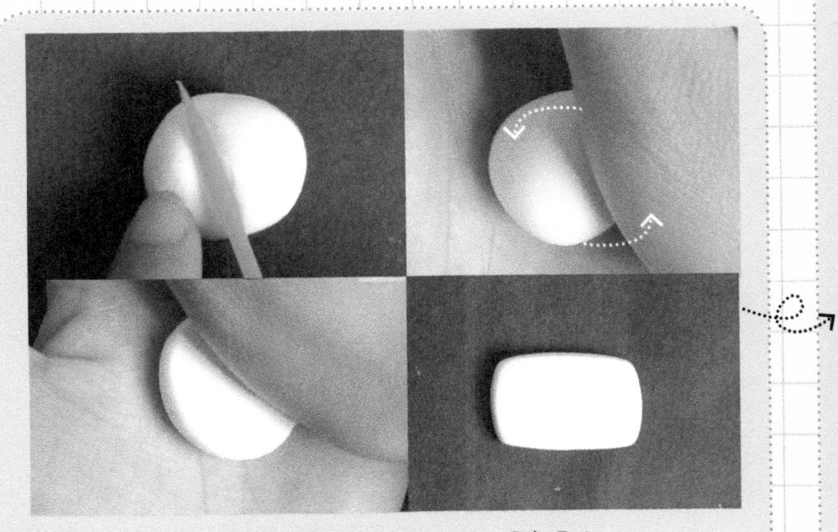

01 白色粘土揉圆分成两份如图，大份调整形状。

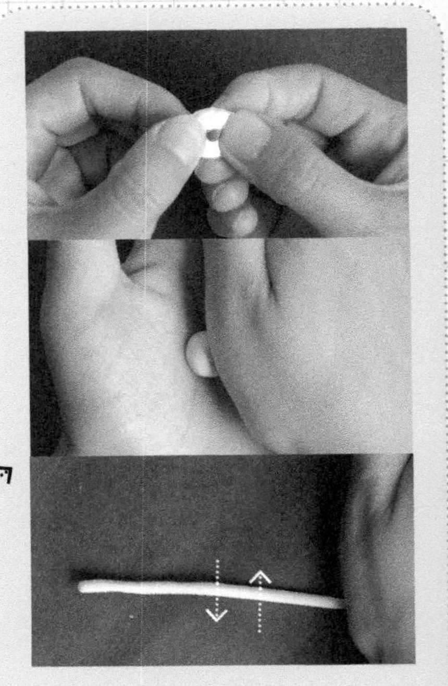

02 白色和紫色粘土混合调匀做长条。

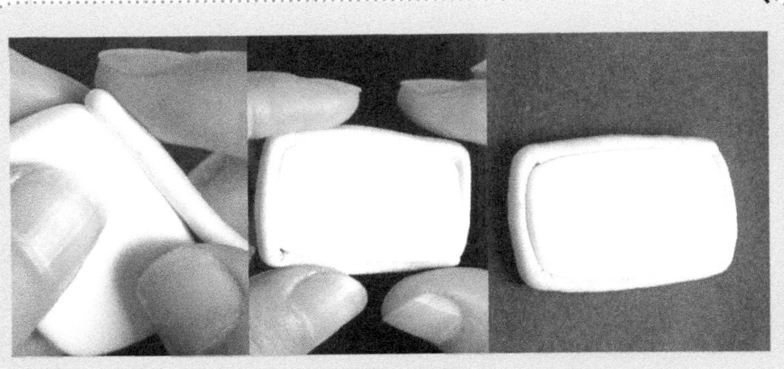

03 将浅紫色长条围绕茶几面边缘放好。

04 准备牙签并分成四份，用四条茶几腿包好。把茶几腿放好，茶几就做好了。

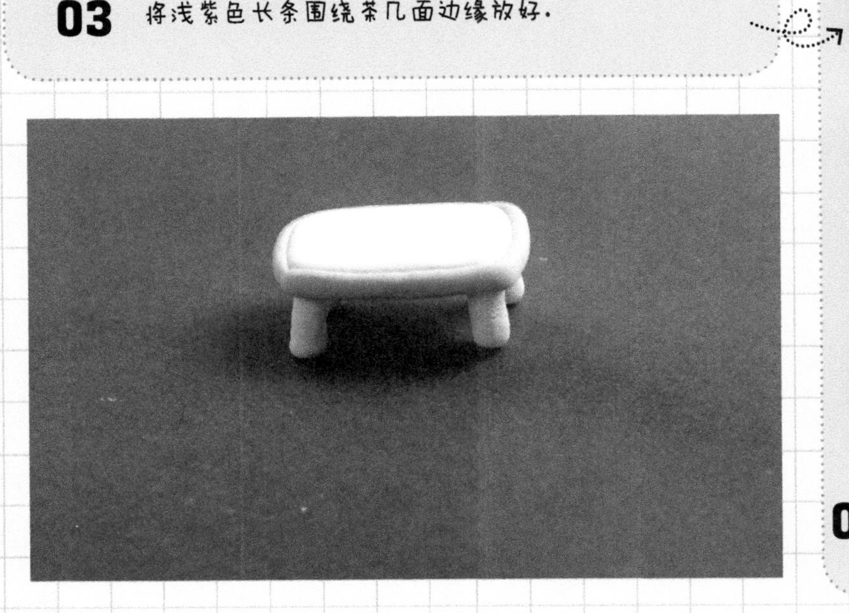

✦桌面装饰的制作

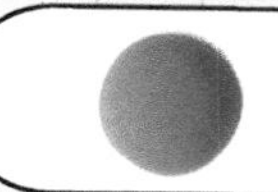
紫色

黄色

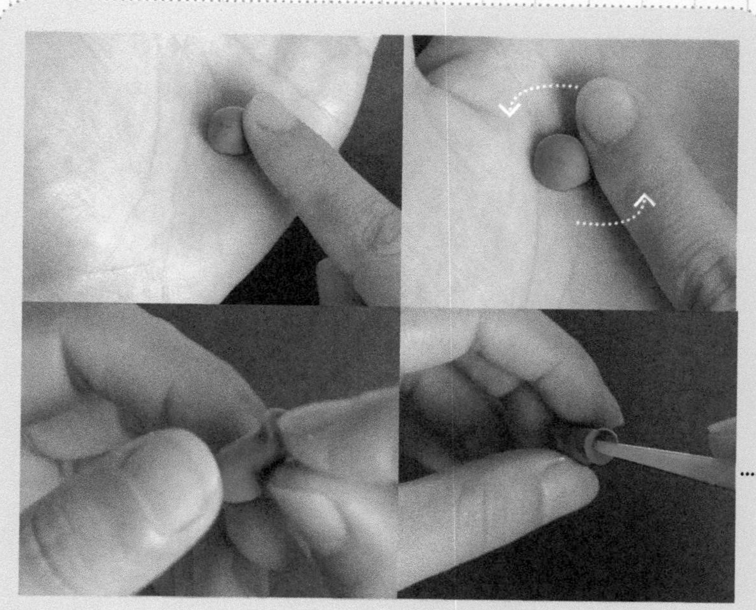

05 紫色粘土揉圆，并做出花瓶的形状。

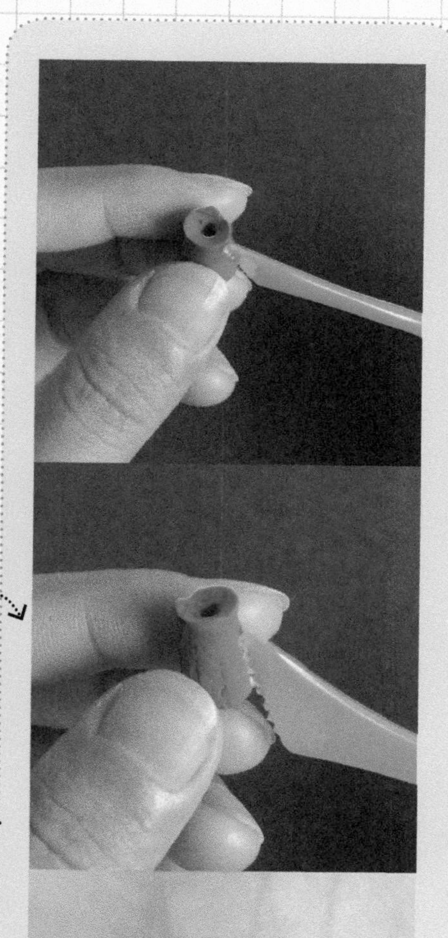

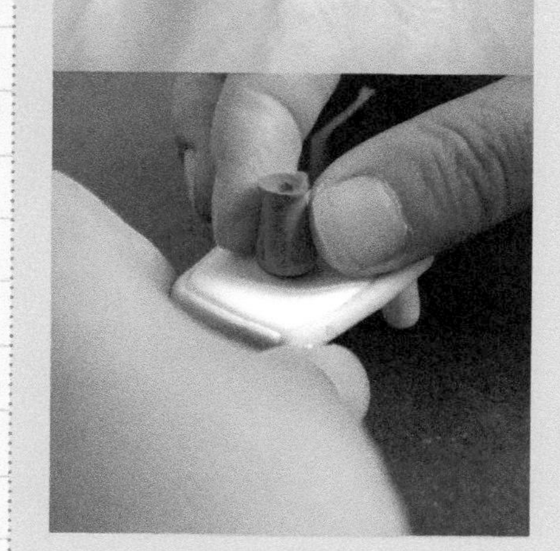

06 用工具在其顶端扎小洞，并划出图案装饰。

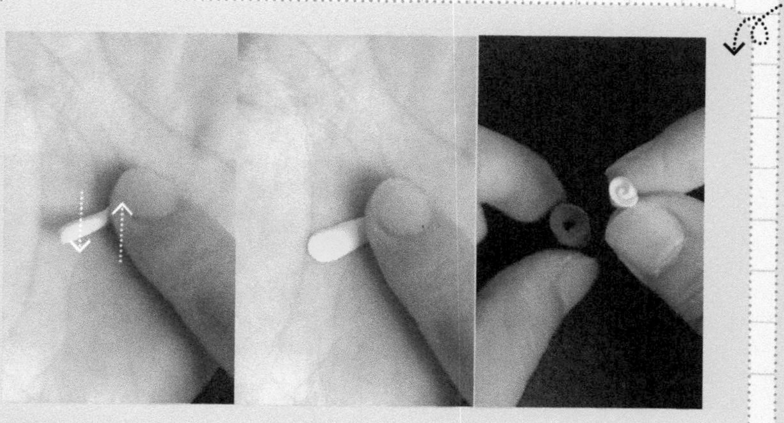

07 黄色粘土做小花放到花瓶上。

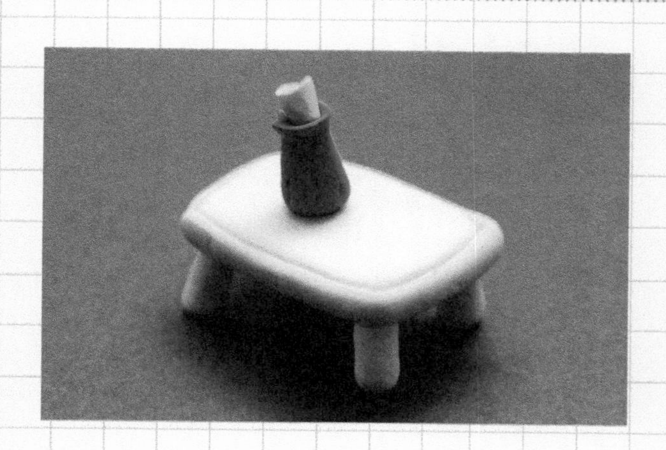

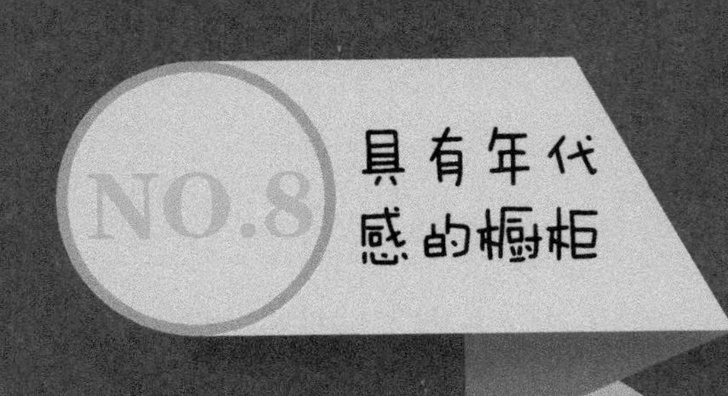

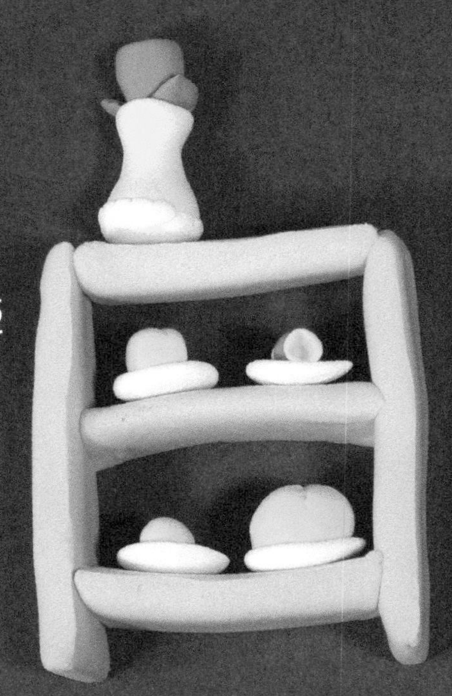

具有年代感的橱柜

制作橱柜里的食品时，也可以换成一些自己喜欢的小物品。因为物品要做得小一点，所以要灵活运用手里的工具。

准备工具

材料：

所需颜色：

 白色  黄色  紫色

 深绿色 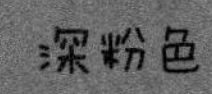 深粉色

需调配颜色： 浅蓝色 浅紫色

 白色 + 蓝色  白色 + 紫色

难易度： ★★★★

制作过程：

- 橱柜的制作
- 装饰和点心的制作

★ 橱柜的制作

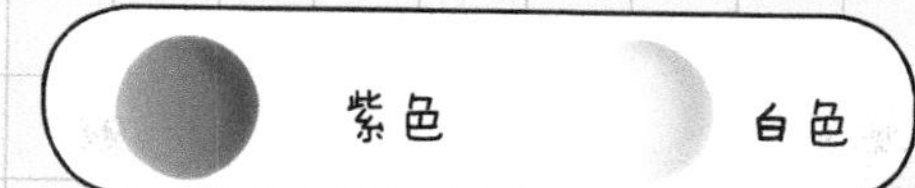

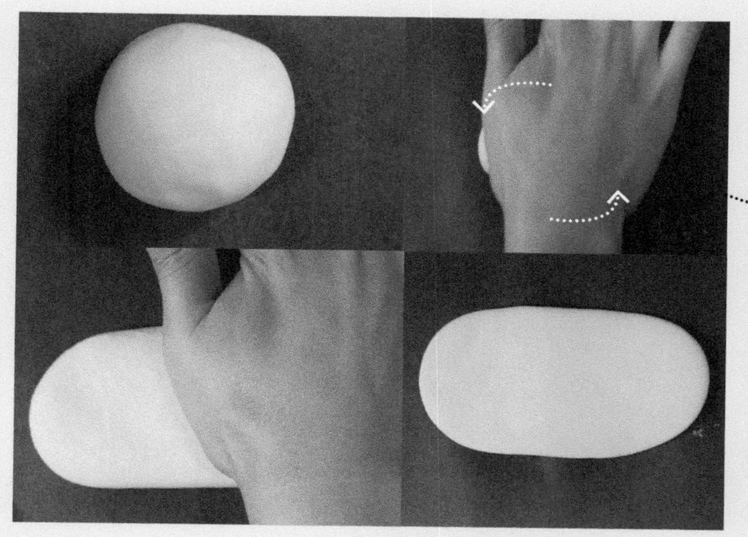

01 用白色粘土和紫色粘土混合成浅紫色粘土后，揉圆做柱形并压扁。

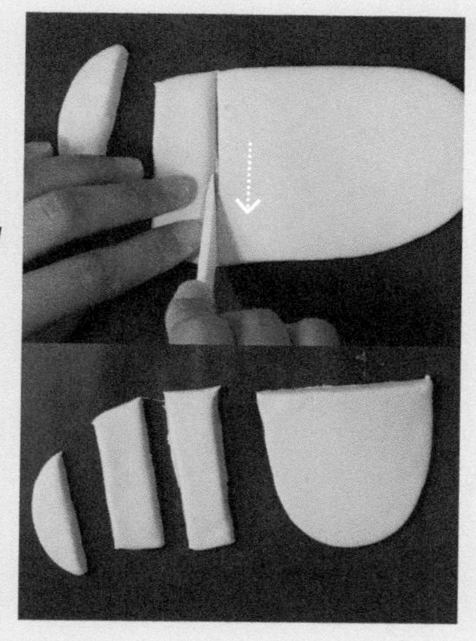

02 压扁后的粘土用工具刀切割，如上图所示。

03 切割完后再调整形状，两根等长的，三根等长的，如上图所示。

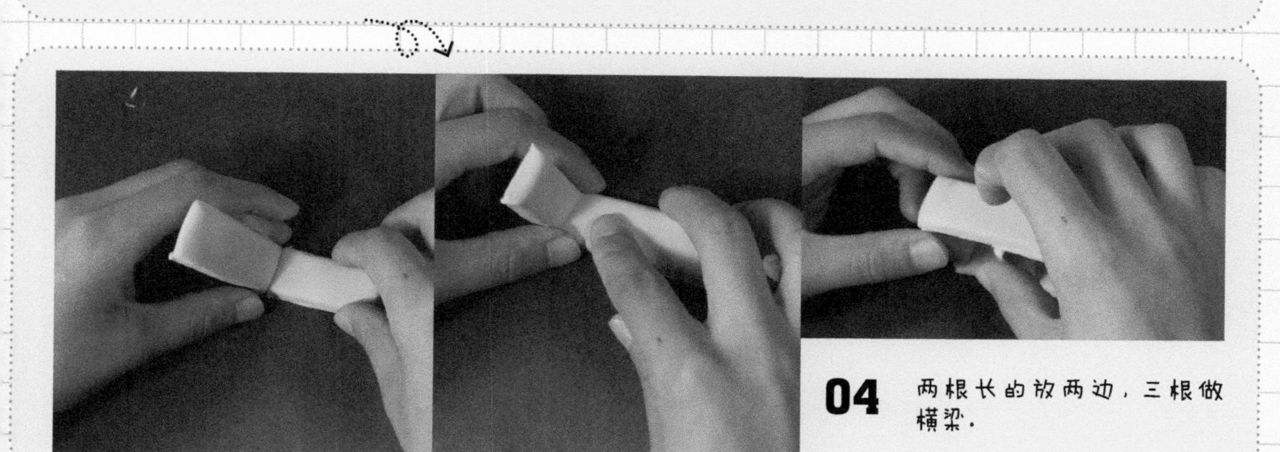

04 两根长的放两边，三根做横梁。

★ 装饰和点心的制作

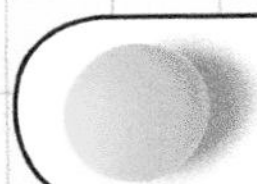
黄色

深粉色

深绿色

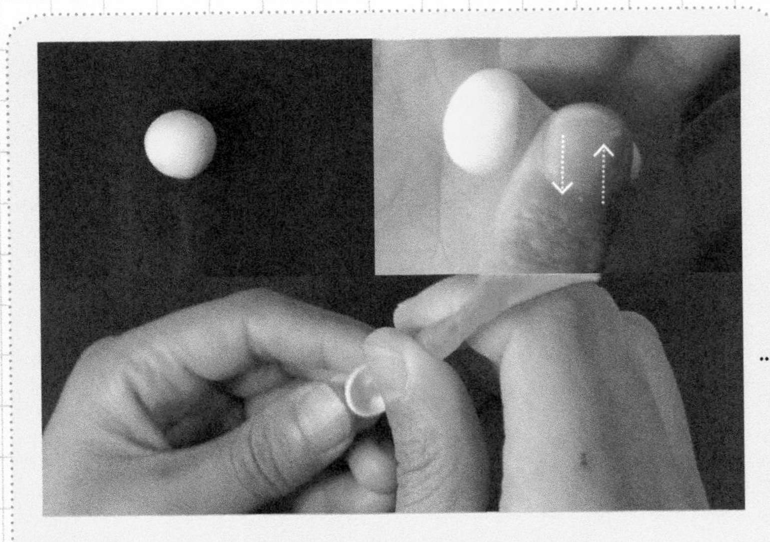

05 黄色粘土做花瓶状，用工具刀扎出瓶口。

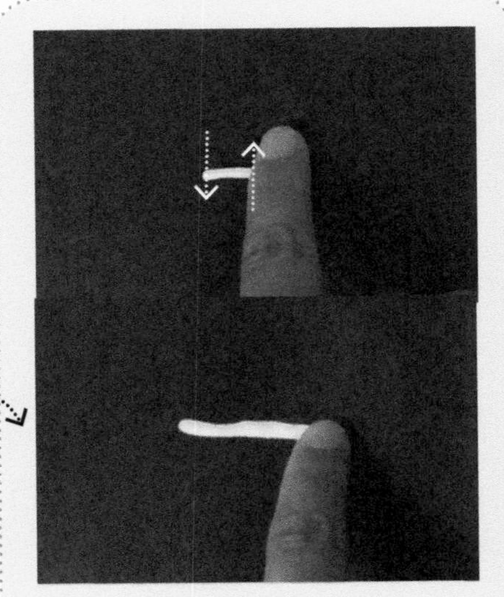

06 白色粘土做长条。

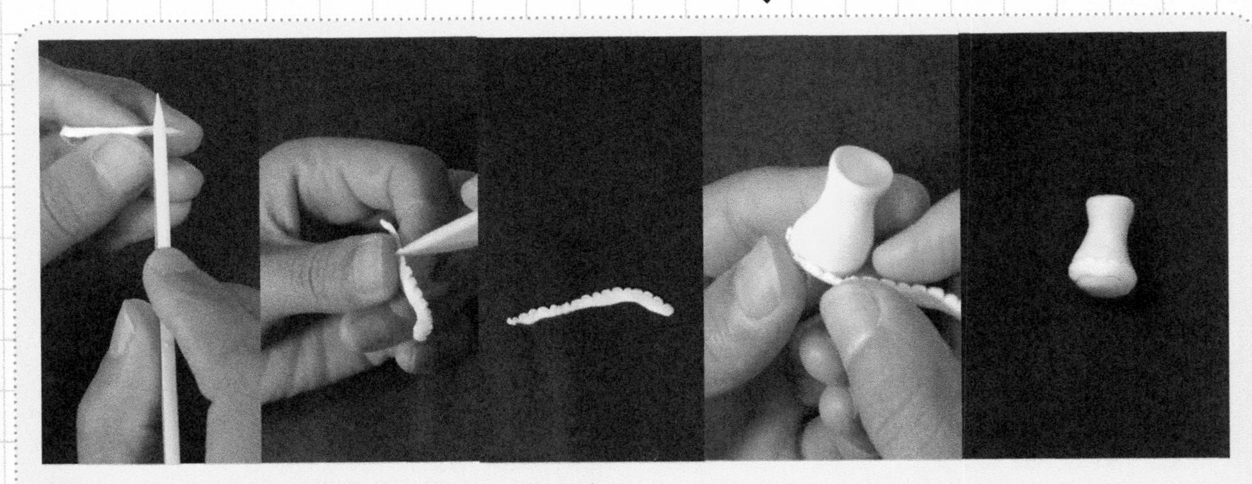

07 用工具刀将长条做出花边，放到花瓶底部。

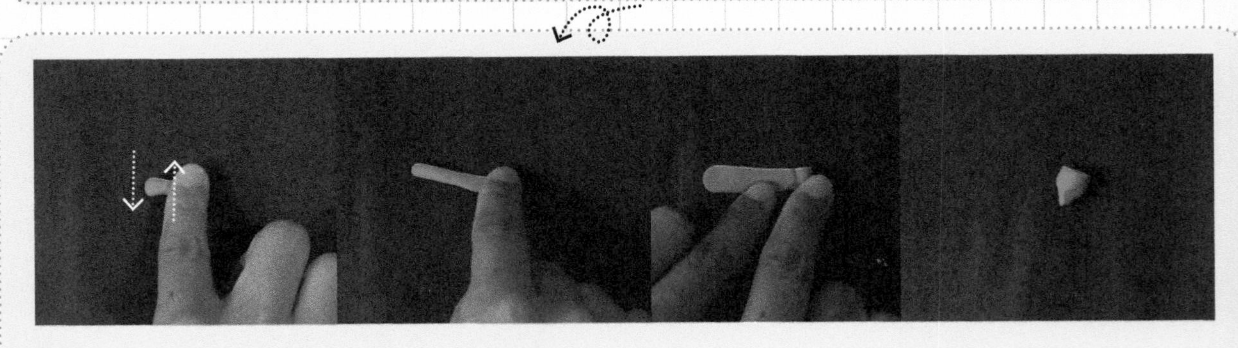

08 红色粘土做长条，压扁一边卷起做小花。

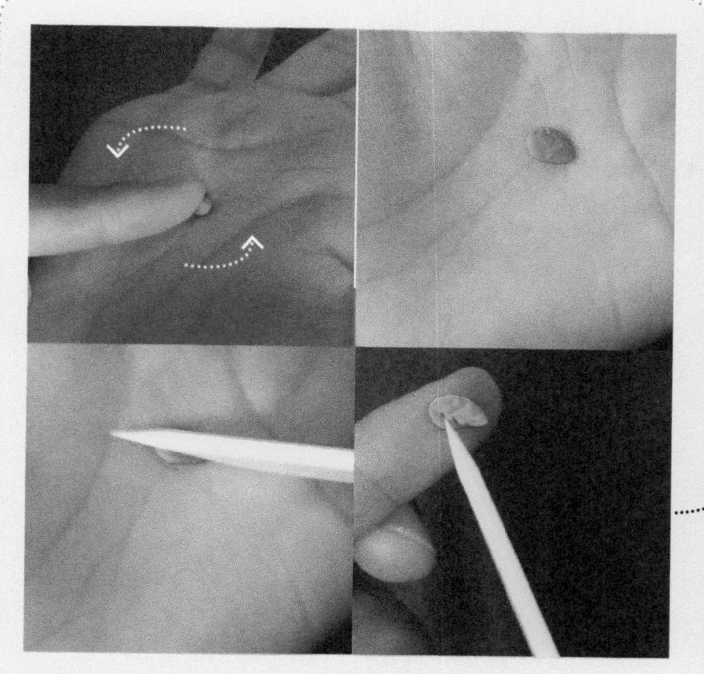

09 绿色粘土做水滴压扁划出叶脉。

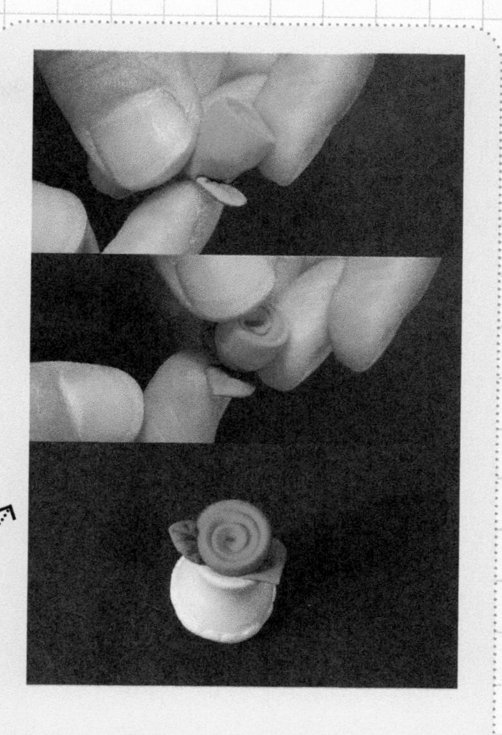

10 叶子放到小花下边。

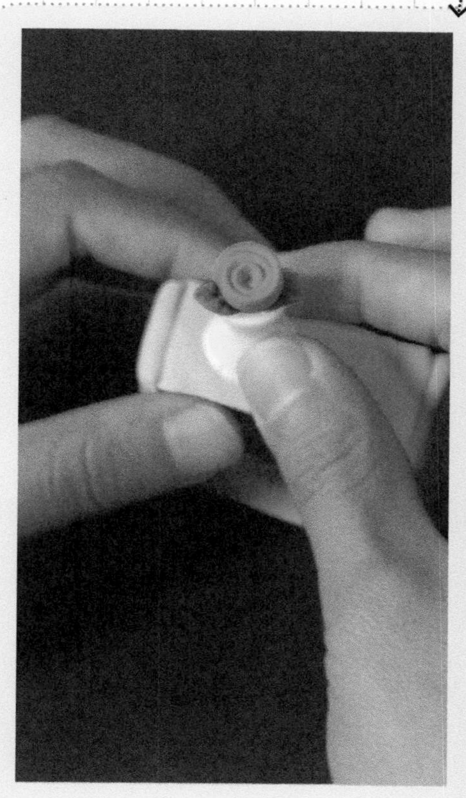

11 做好的小花瓶放到橱柜上做装饰。

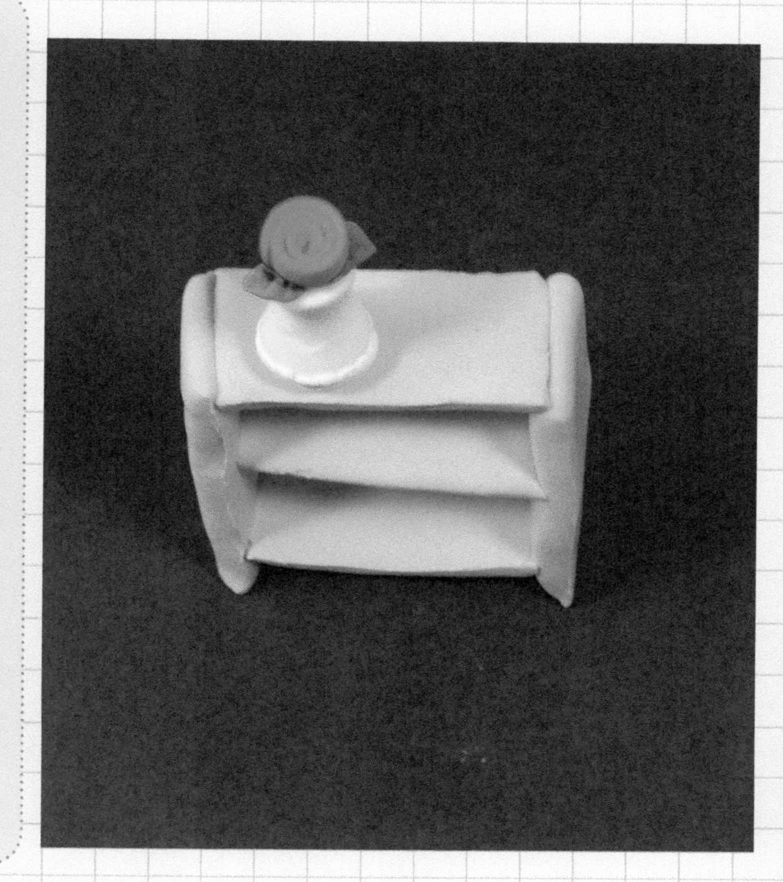

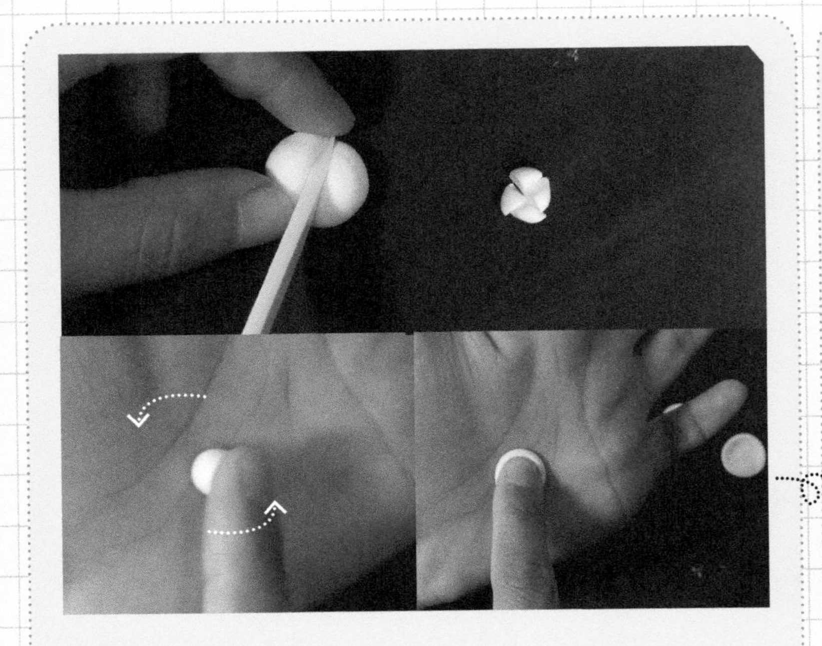

12 白色粘土切四份做小盘子。

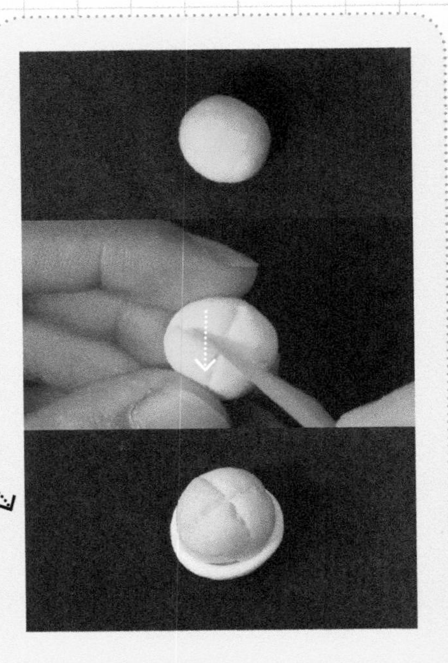

13 黄色粘土揉圆，划出十字做面包放到盘子上。

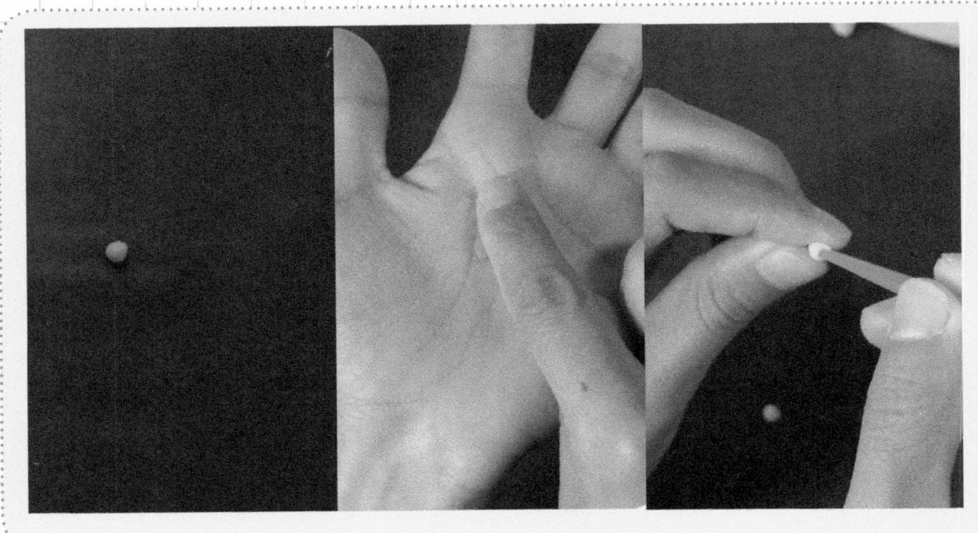

14 红色粘土揉圆做短柱形，黄色粘土揉圆用工具刀扎出小洞做糖果皮。

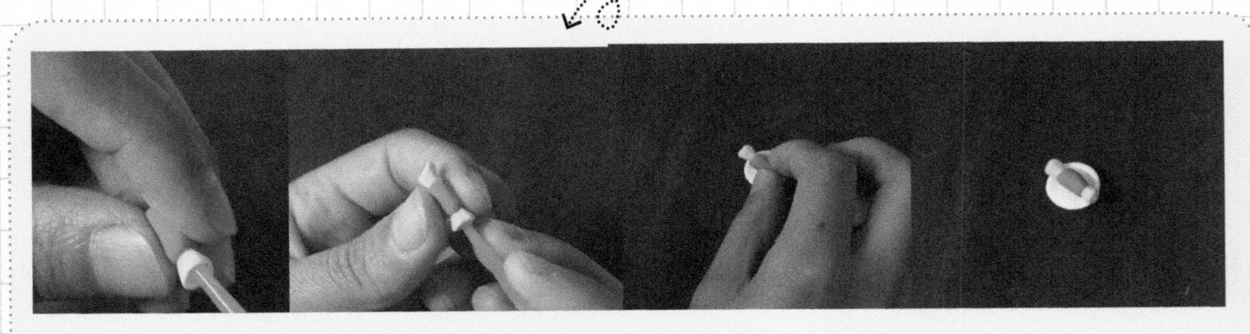

15 做好的糖果再一次调整放到盘子上。

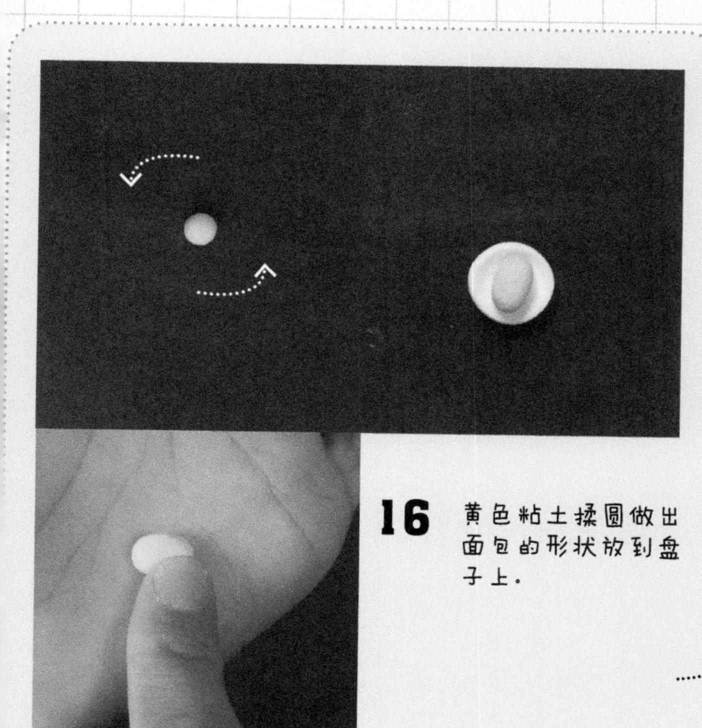

16 黄色粘土揉圆做出面包的形状放到盘子上。

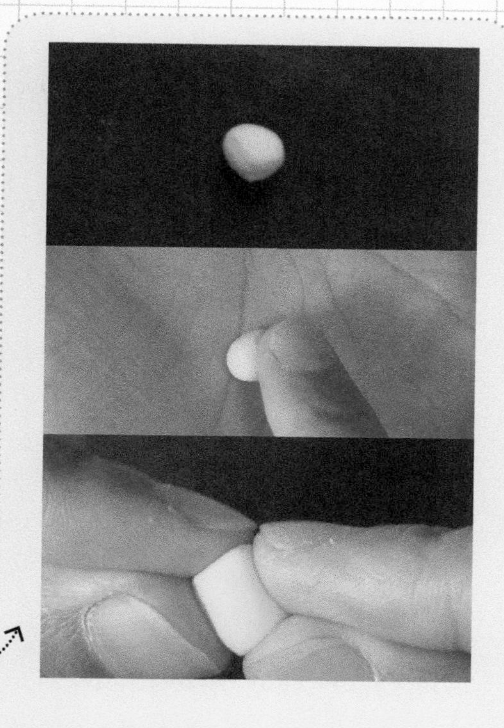

17 黄色粘土揉圆做方形。

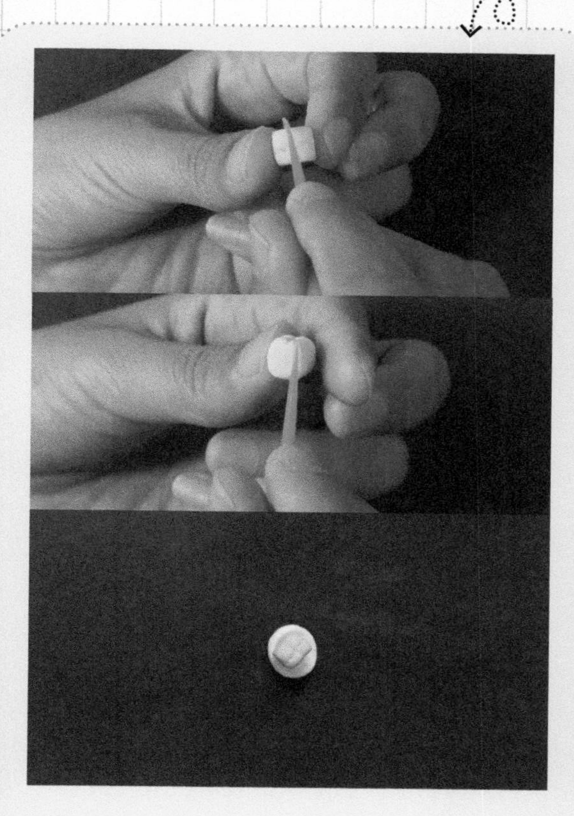

18 用工具刀划出面包的纹样，放到盘子上，再把所有的食物放到橱柜上。

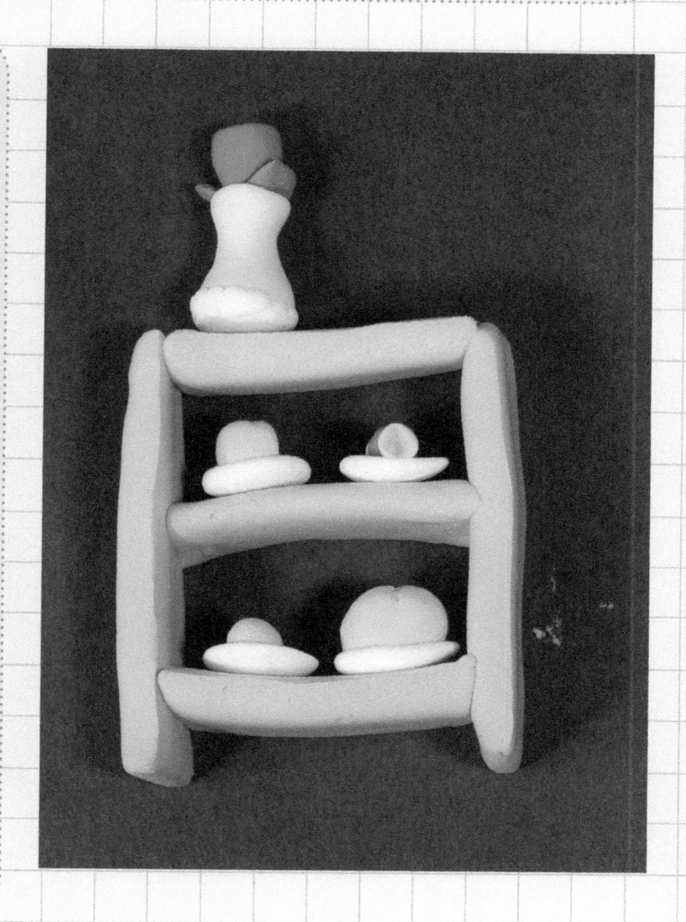

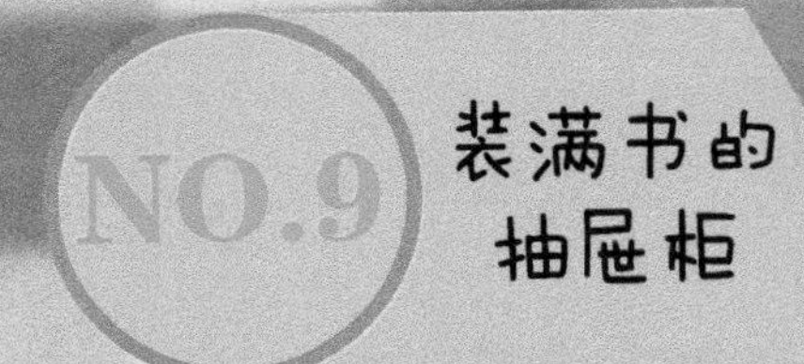

装满书的抽屉柜

装满书的抽屉柜

制作抽屉的时候，要比对柜子的大小，不要做得太大导致放不进柜子里。

准备工具

材料：

难易度： ★★★★★

所需颜色：

白色  肉色 红色

蓝色  紫色  棕色 黄色

需调配颜色： 浅蓝色 浅紫色 土黄色

白色＋蓝色　白色＋紫色　 白色＋棕色＋肉色

制作过程：

- 抽屉柜的制作
- 装饰的制作

★ 抽屉柜的制作

白色 肉色 棕色

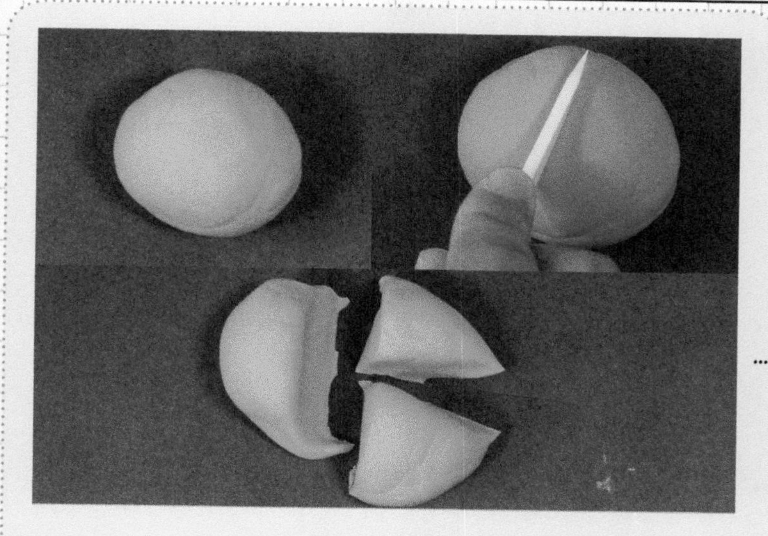

01 棕色、白色、肉色粘土混合成土黄色粘土揉圆，然后切割。

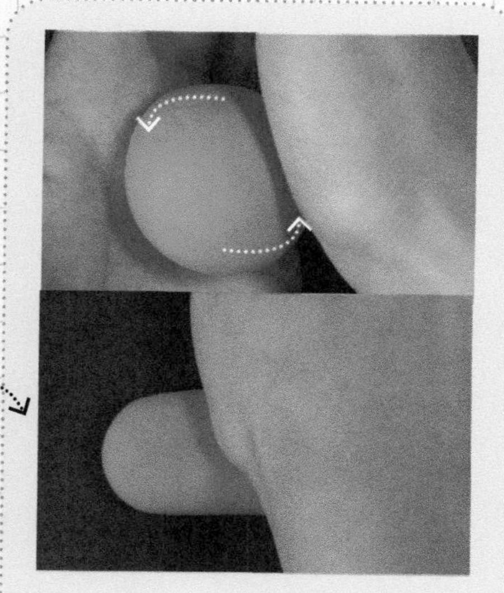

02 每一份都揉圆做柱形，然后压扁。

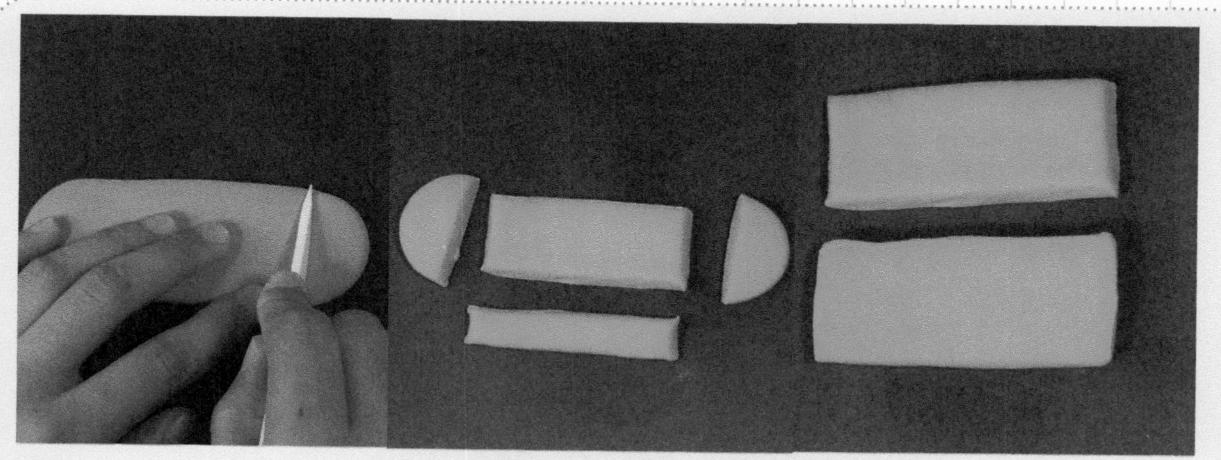

03 压扁后的柱形用工具刀切割成长方形，要一样大小的两个。

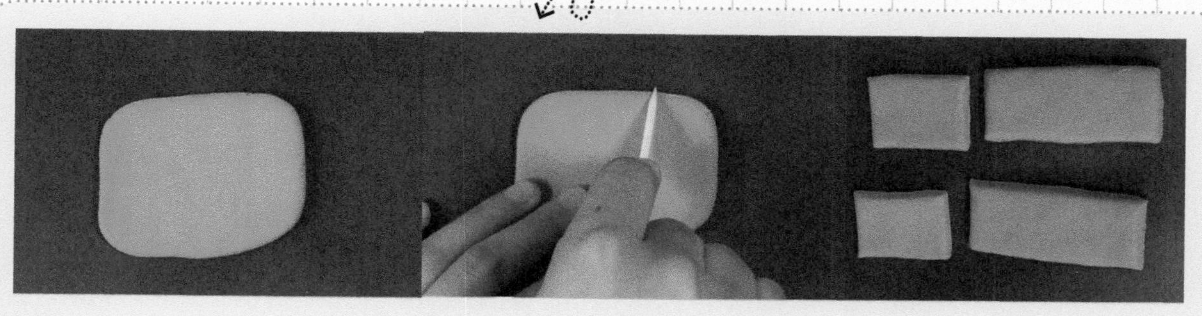

04 剩余的粘土也同样切割成两两一样大小的长方形。

05 切好的粘土拼接柜子。

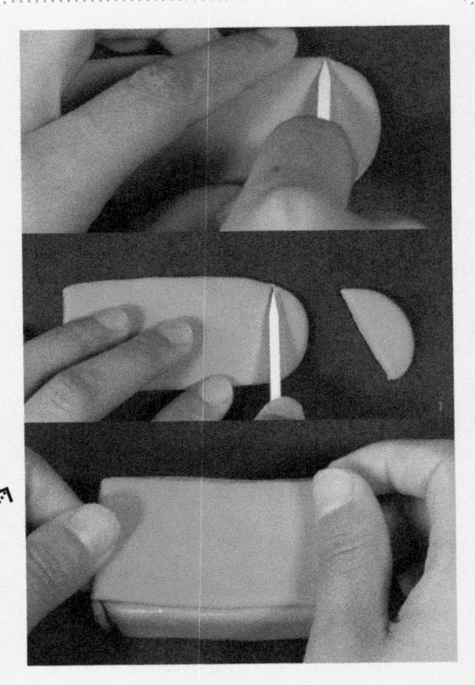

06 根据拼接的抽屉大小再切出柜子底部。

07 土黄色与肉色混合调匀。

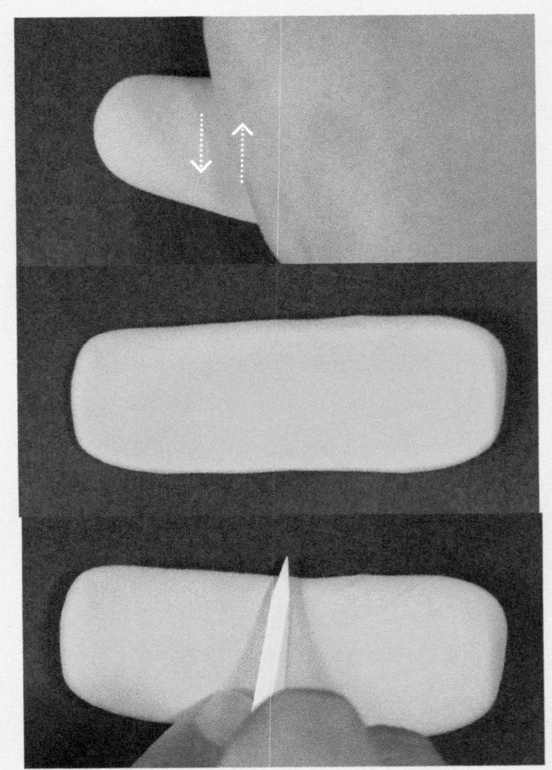

08 上下滚动做成柱形，压扁之后切割。值得注意的是切出的大小要比柜子小一点，要不然抽屉放不进去。

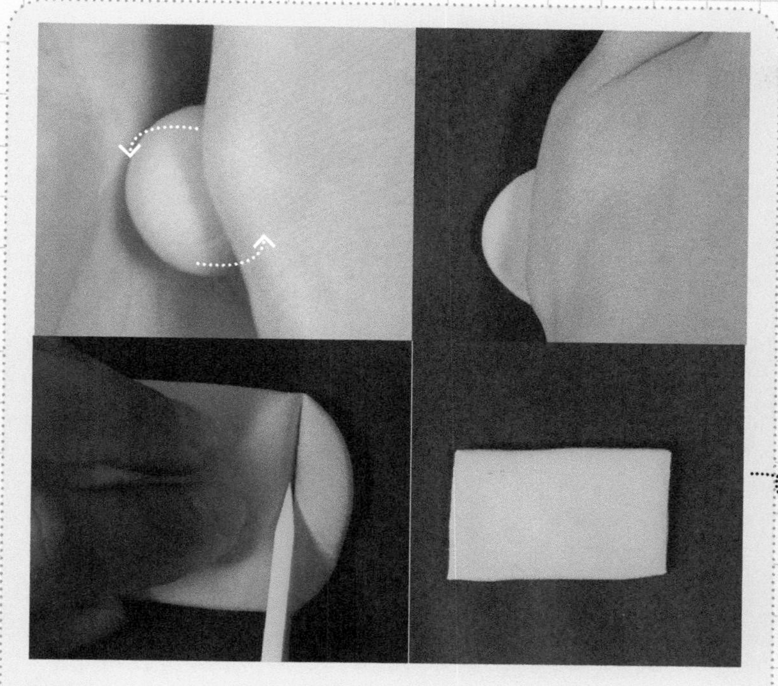

09 再一次将剩余的揉圆压扁切割。

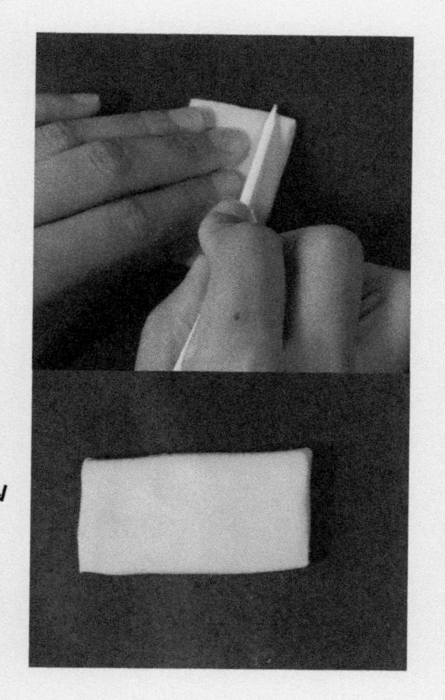

10 调整大小及形状。

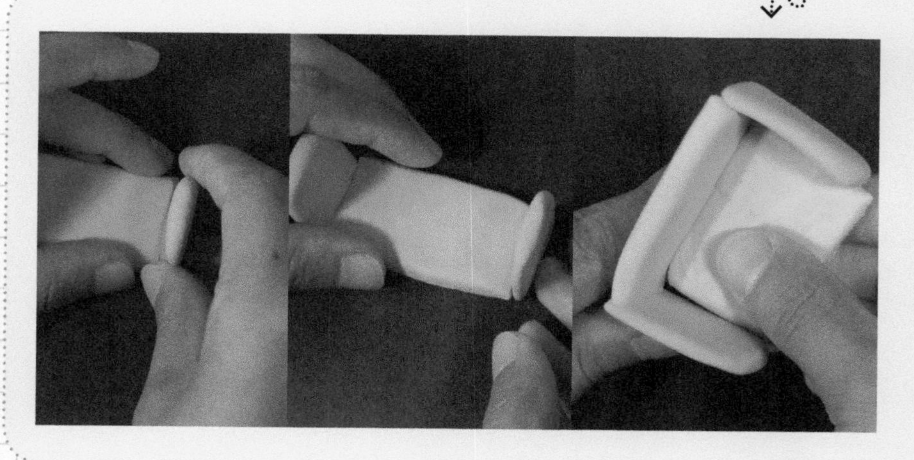

11 将做好的长方形拼接成抽屉。

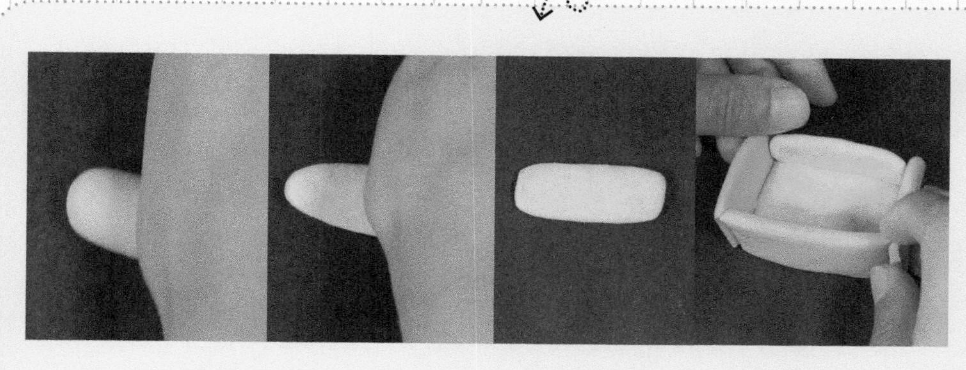

12 调整抽屉的形状。

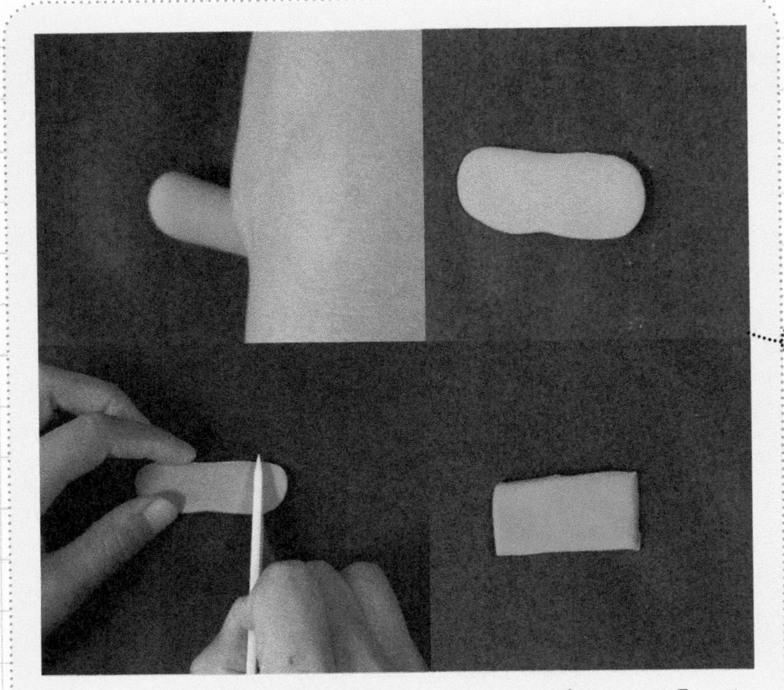

13 将土黄色粘土做成圆柱形，压扁后切割成长方形，如图所示。

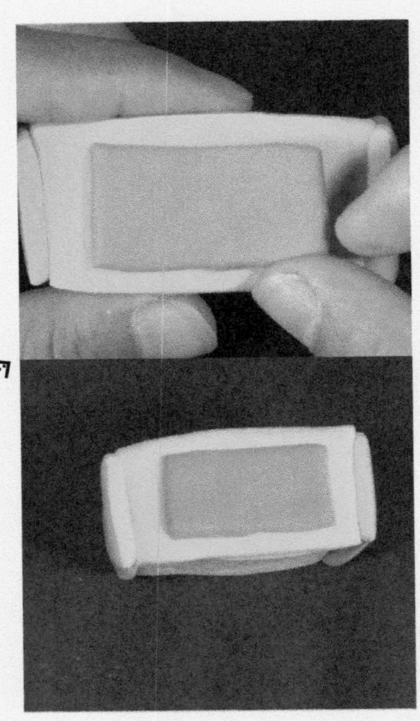

14 切割的大小要小于抽屉，并把它放到抽屉门上，如图所示。

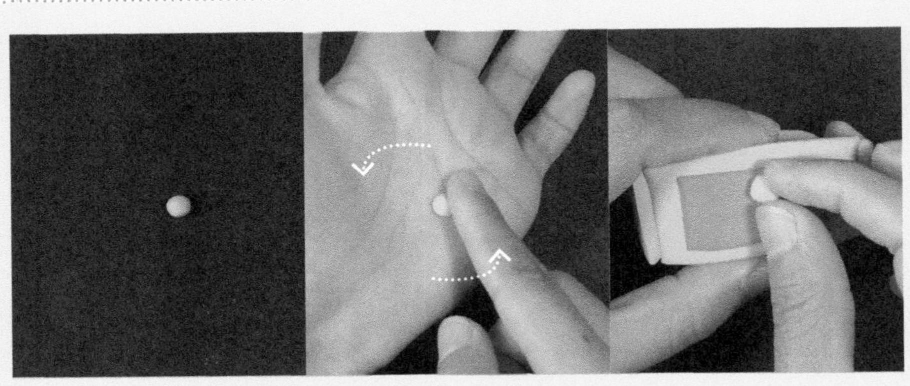

15 调好的浅色做小圆把手放到抽屉上。

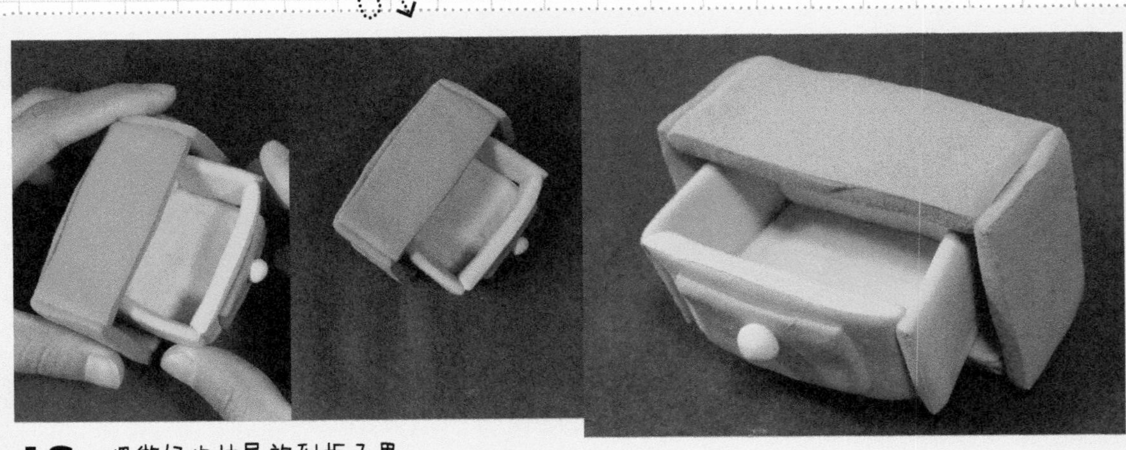

16 把做好的抽屉放到柜子里。

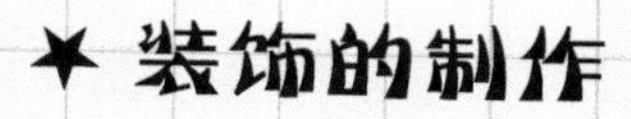

白色 红色  深绿色  紫色  黄色

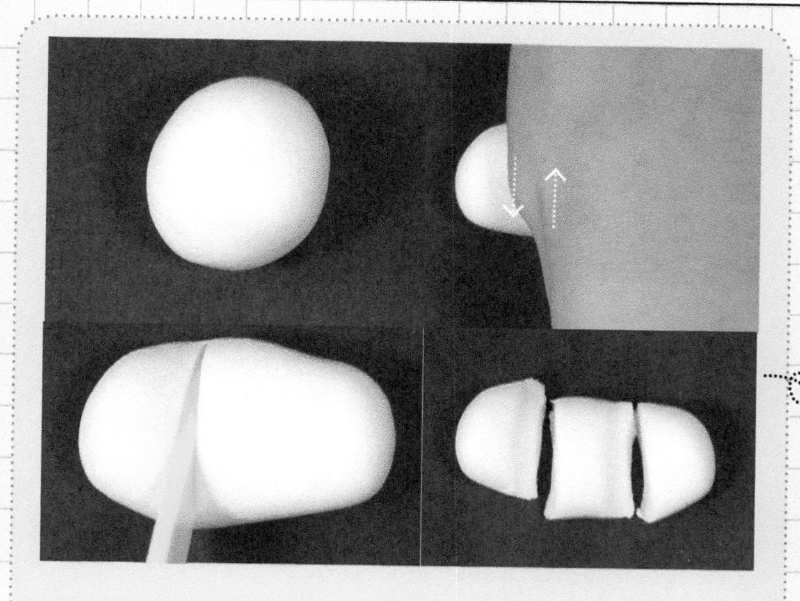

17 白色粘土揉圆分成三份。

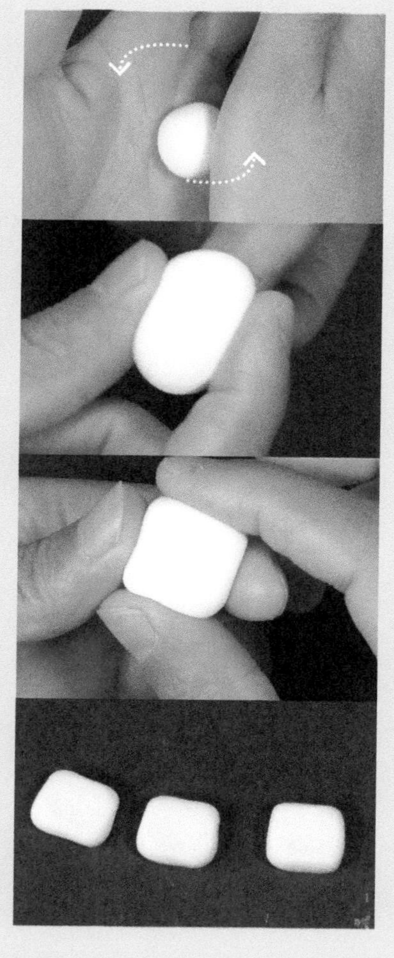

18 将三份白色粘土调整形状如图。

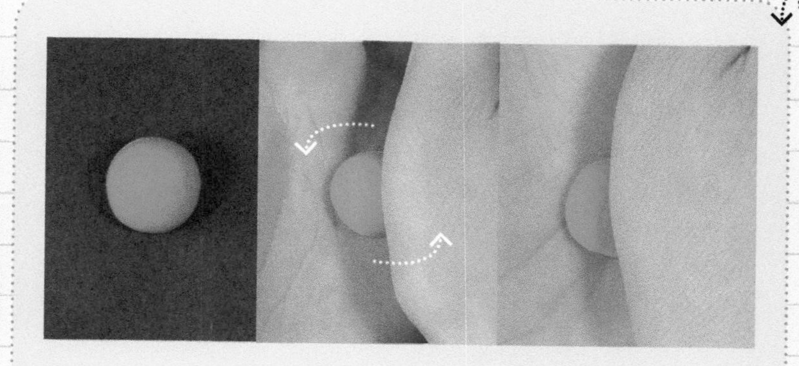

19 红色粘土揉圆做柱形压扁。

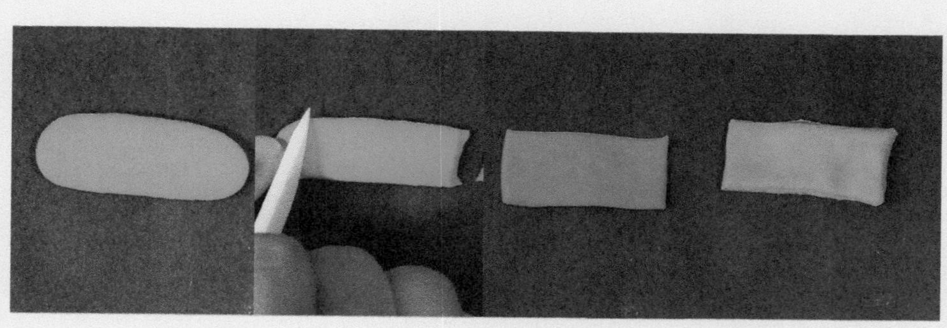

20 用工具刀切出正好可以做书皮的大小，其他两个颜色也是一样。

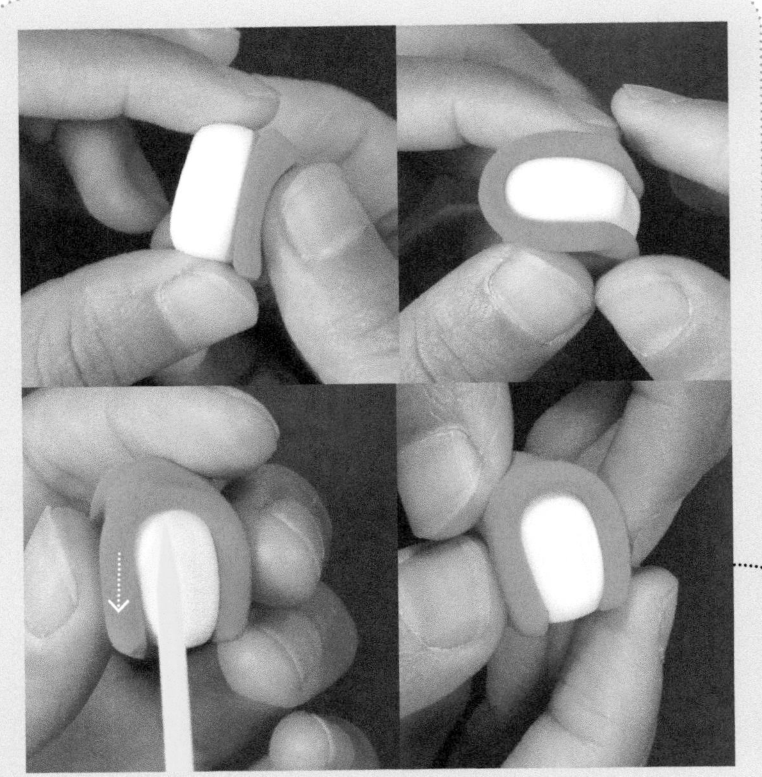

21 做好后将书皮包住白色粘土，并用工具刀在白色粘土上划出一页一页的感觉。

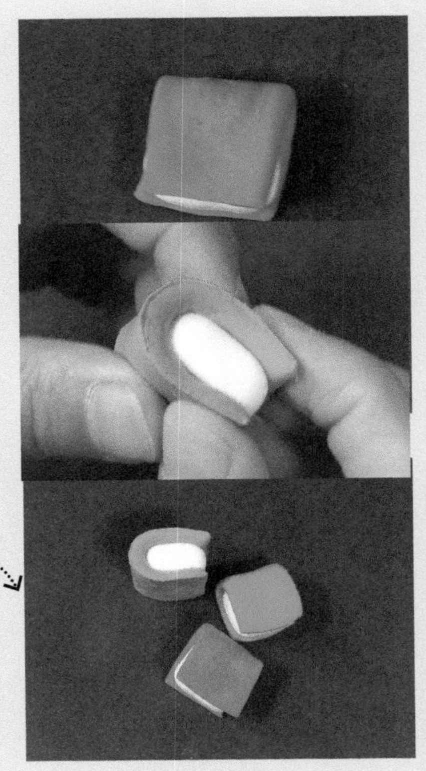

22 其他两本书也一样。

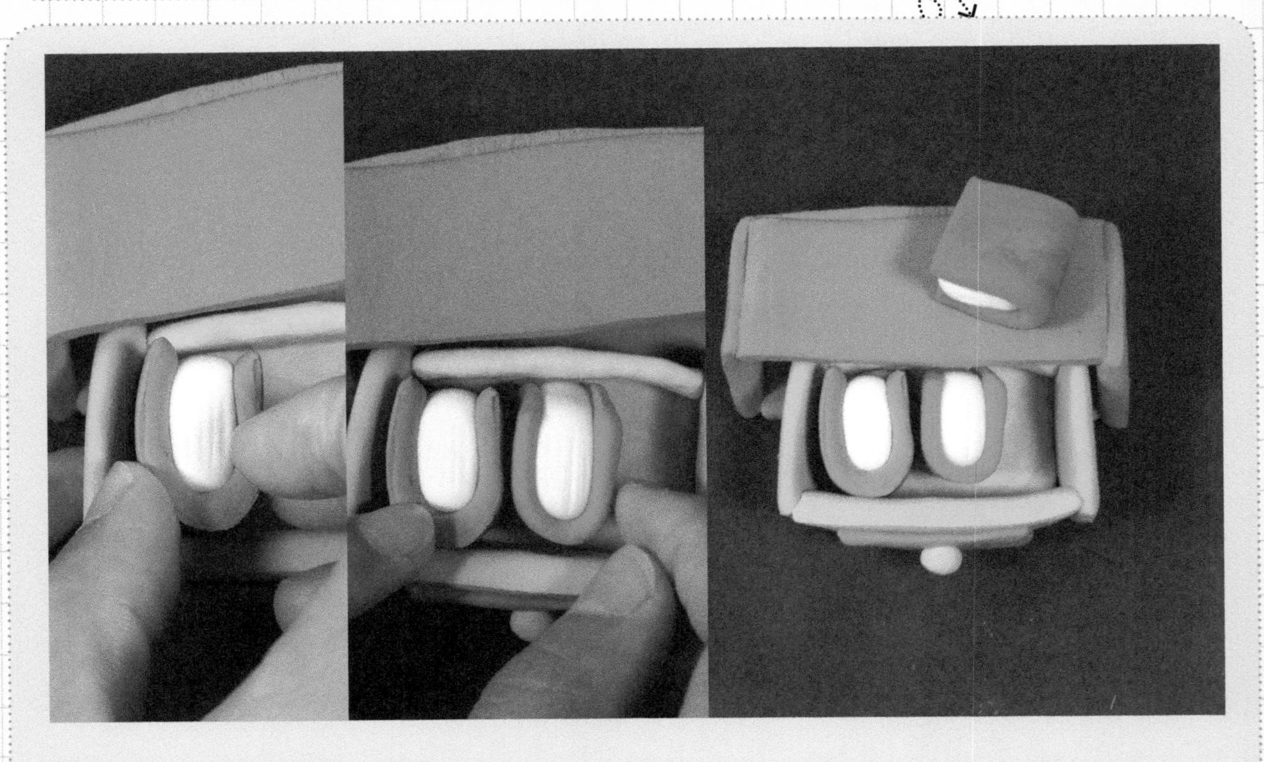

23 做好的小书放进抽屉柜吧。

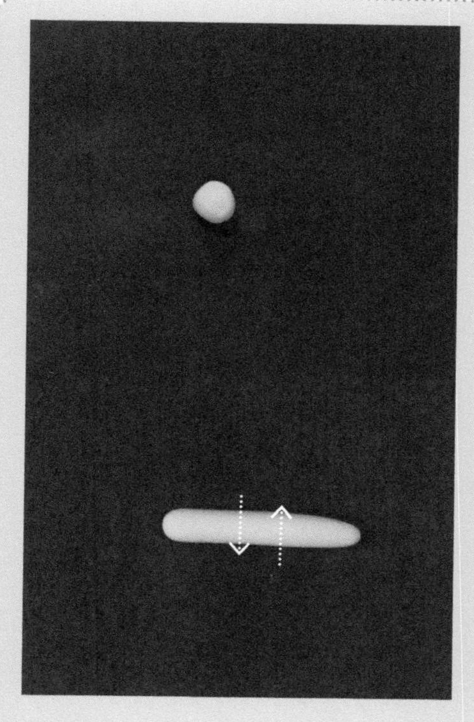

24 浅紫色粘土揉圆做长条压扁.

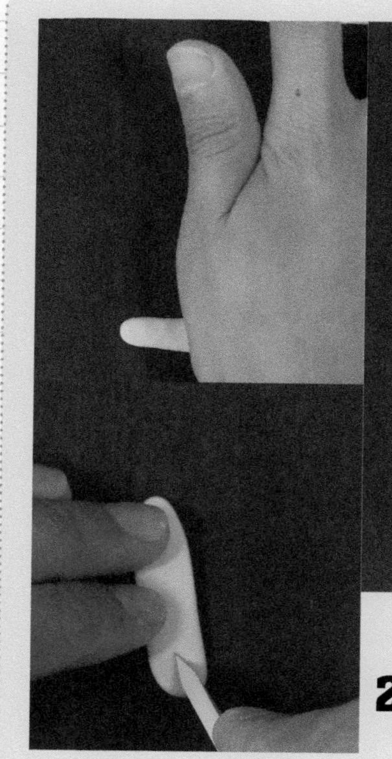

25 用工具刀划出彩带的花边.

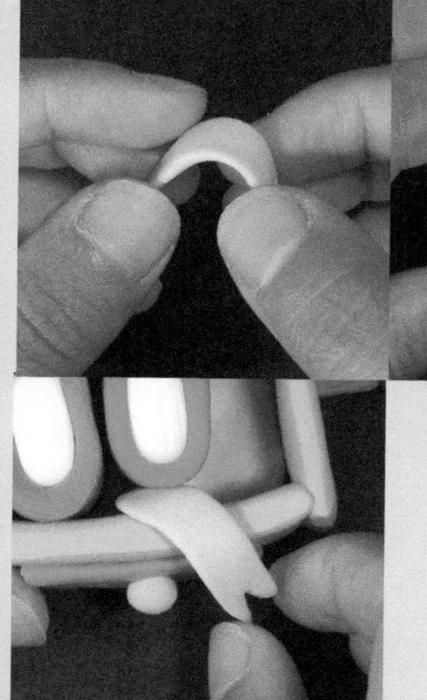

26 把彩带稍微弯折一下放到抽屉里.

27 白色粘土揉圆压扁.

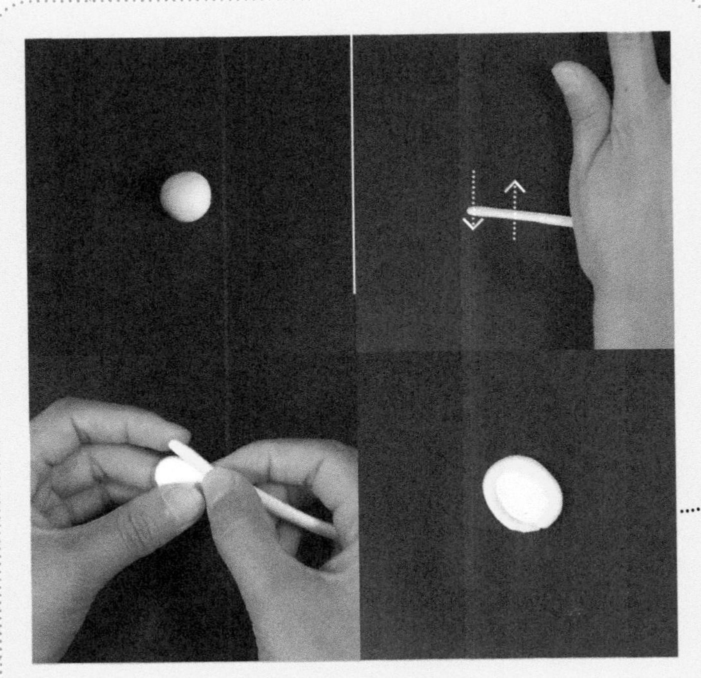

28 黄色粘土做长条把白色围起来.

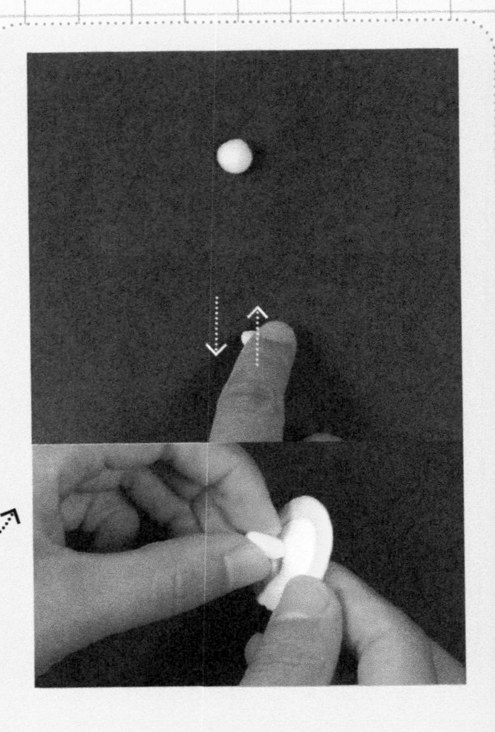

29 用剩余的黄色粘土做支架放到相册后边.

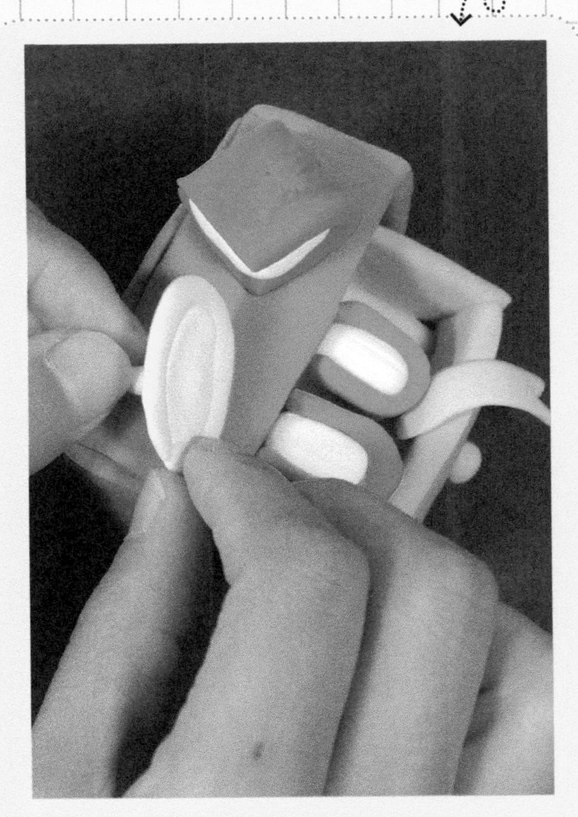

30 做好后的相册摆放好, 抽屉柜就做好了.

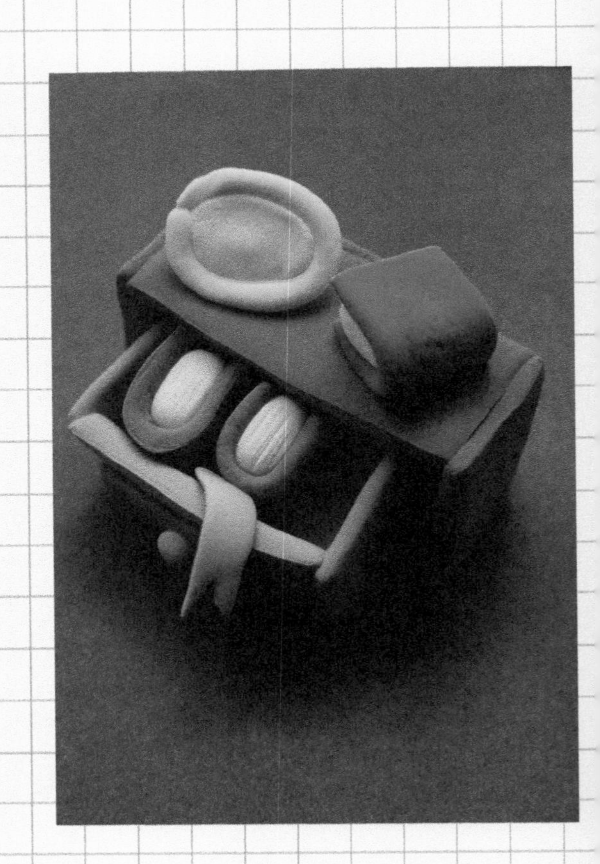

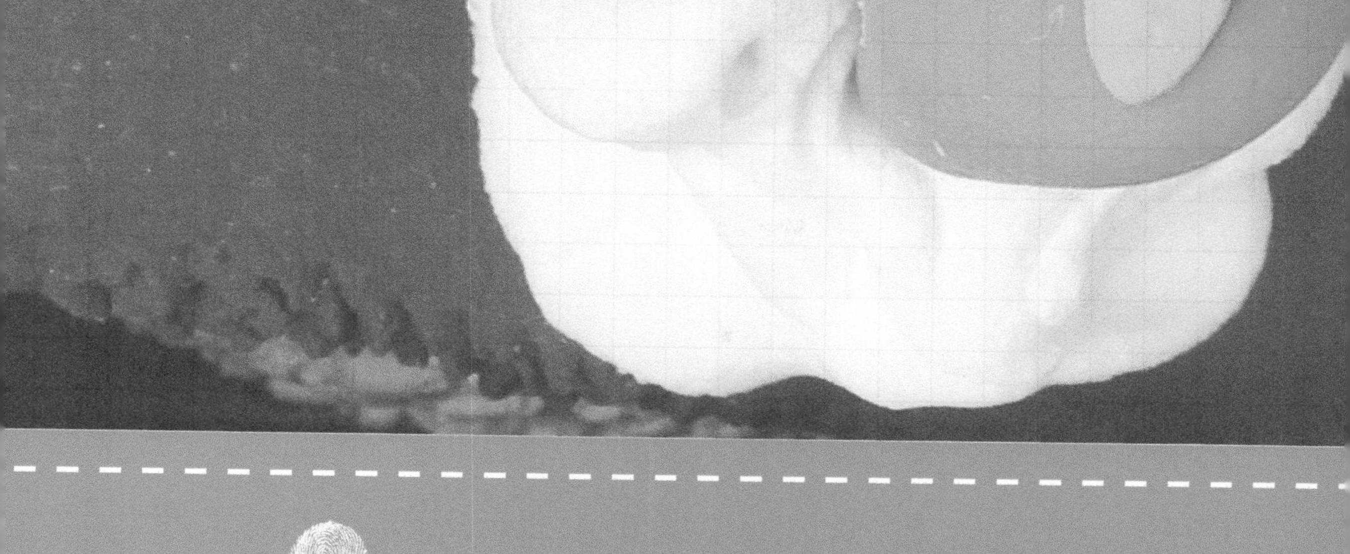

PART. 05
趣味应用篇

生活中也有许多小用品可以用粘土制作，美观、实用性强，大家来一起学一学吧！

NO.1 外籍好朋友杰森

外籍 好朋友杰森

制作人物的头发时，要小心地使用剪刀，不要戳伤。剪的时候要一次成功，以保证美观度。

准备工具

材料：

所需颜色：

白色　肉色　黄色　粉色

红色　蓝色　黑色

需调配颜色： 浅蓝色

白色 + 蓝色

难易度： ★★★★★

制作过程：

- 上衣的制作
- 裤子的制作
- 鞋子的制作
- 头部的制作
- 头发的制作
- 表情的制作
- 指托的制作

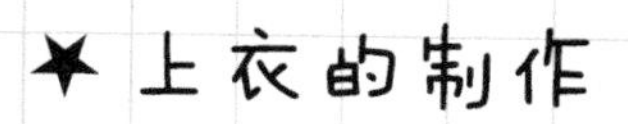

★上衣的制作

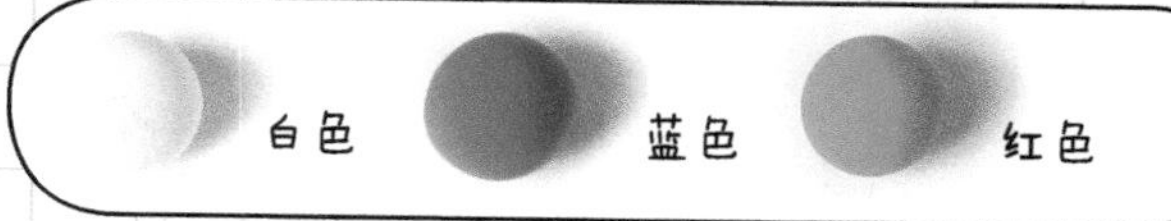

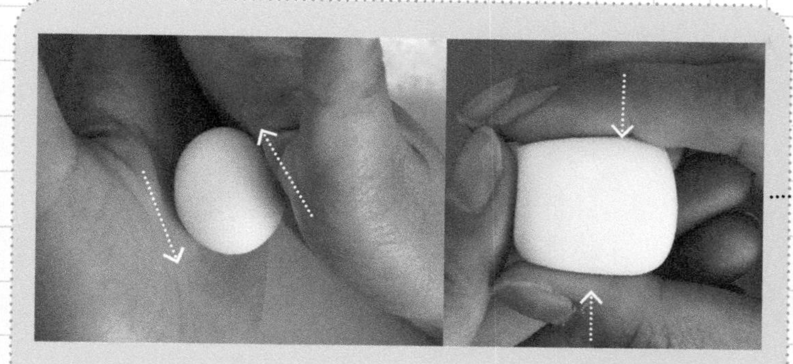

01 白色粘土揉圆调整形状做身体。

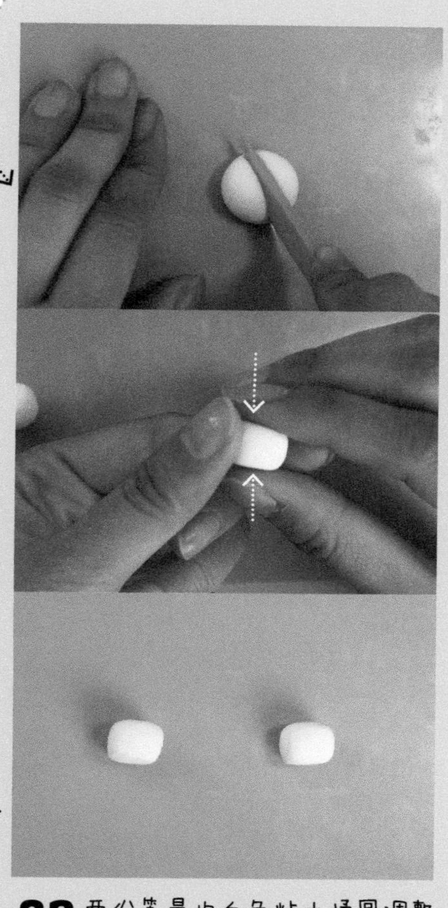

02 两份等量的白色粘土揉圆调整形状做胳膊。

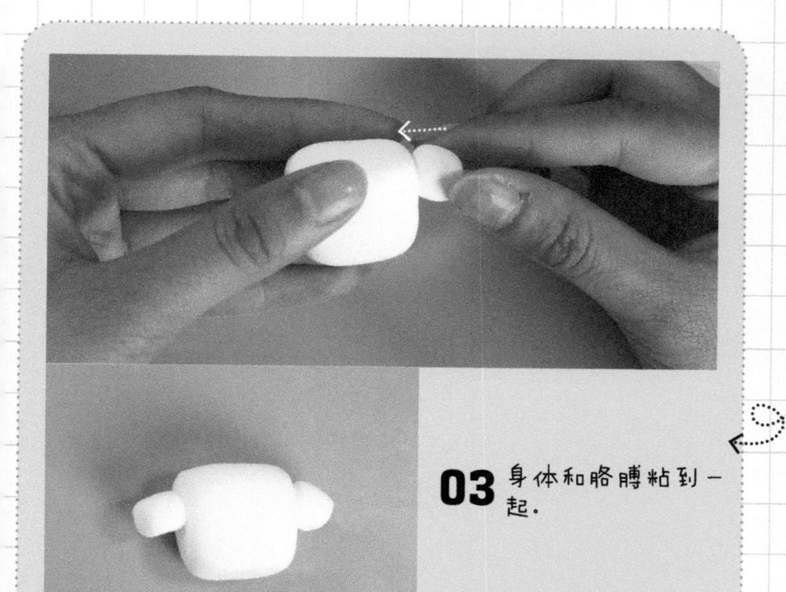

03 身体和胳膊粘到一起。

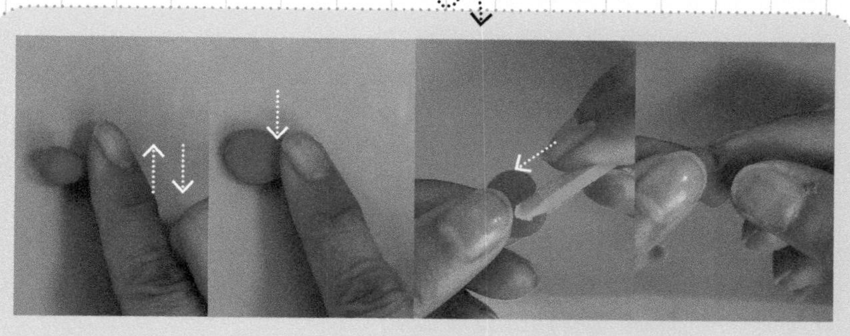

04 红色粘土揉圆做水滴状并压扁，再用工具刀切出爱心状。

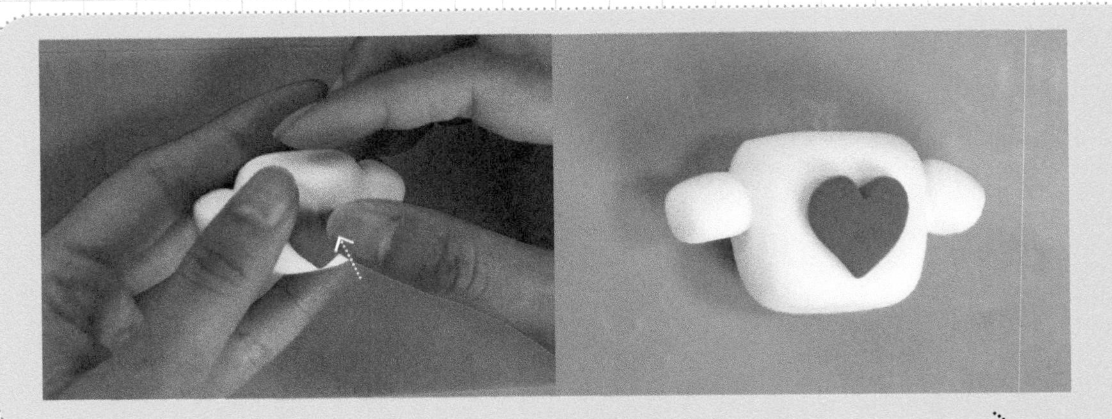

05

将心形放到衣
上。

★裤子的制作

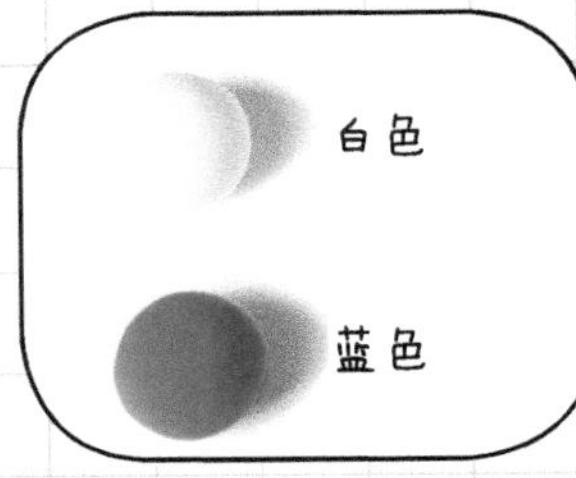

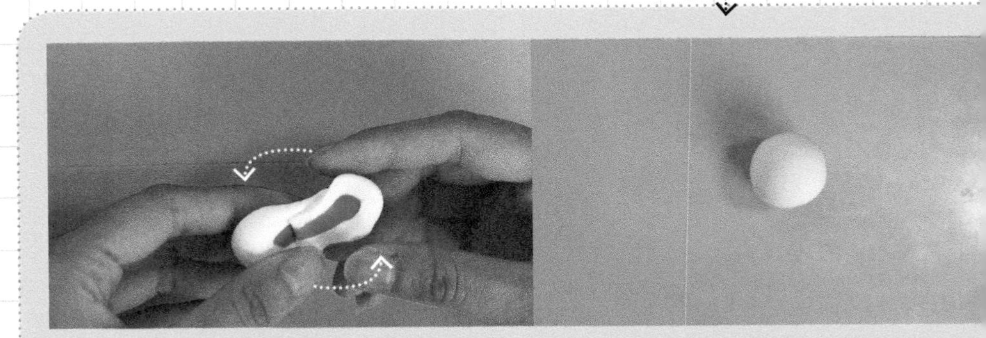

06 白色和蓝色混合调匀。

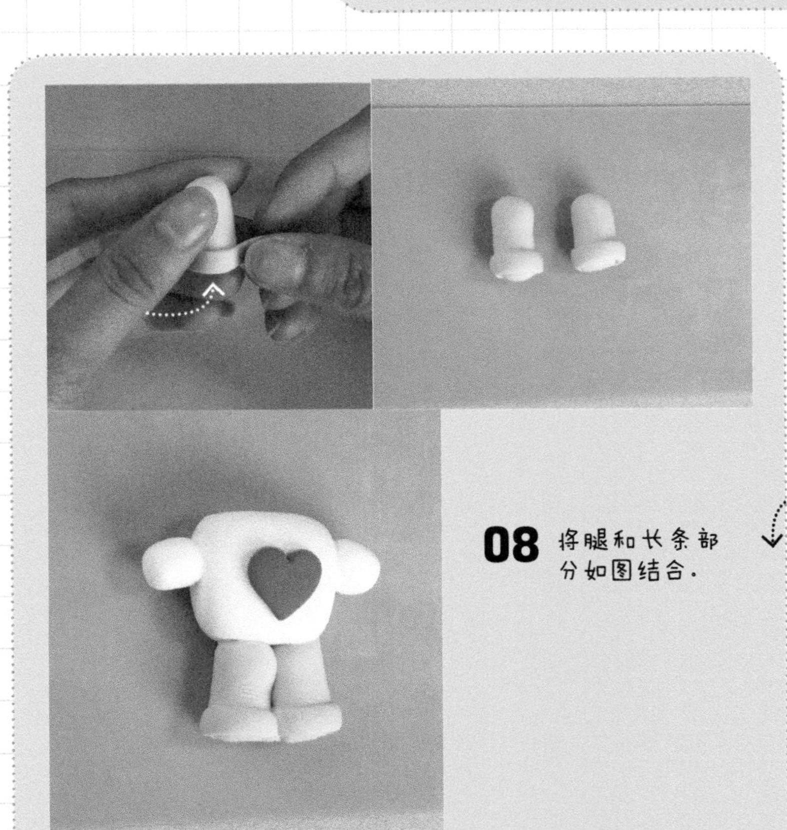

08 将腿和长条部分如图结合。

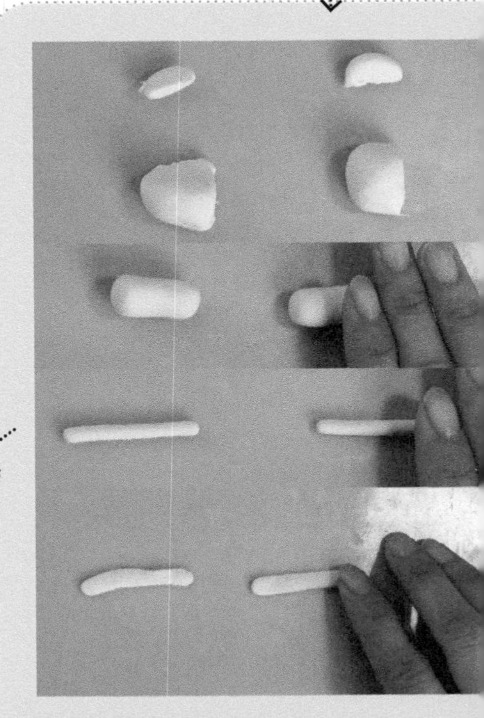

07 将浅蓝色分成如图的几份，
个大份的做柱形的腿，小份的
成长条。

★ 鞋子的制作

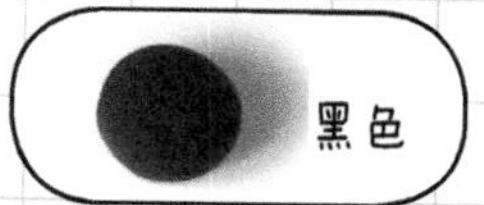

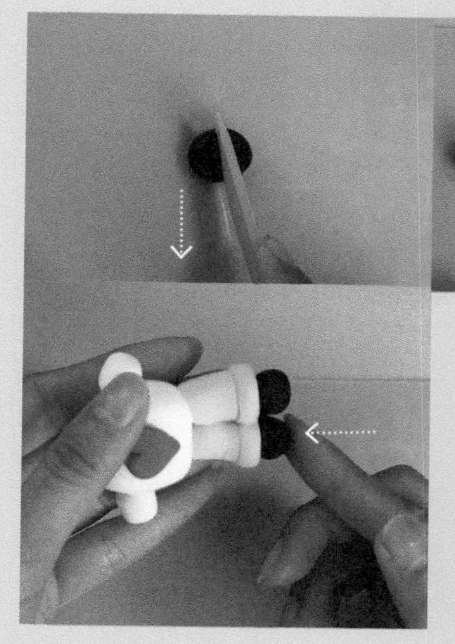

09 将黑色粘土分成两等份，做成水滴形的粘土放到脚的位置。

★ 头部的制作

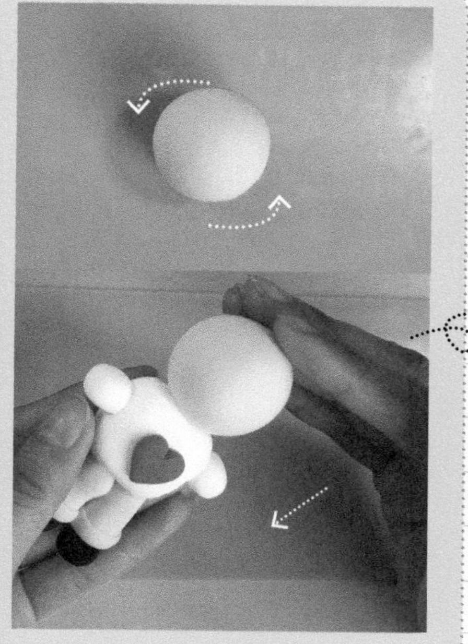

10 肉色粘土揉圆做头。

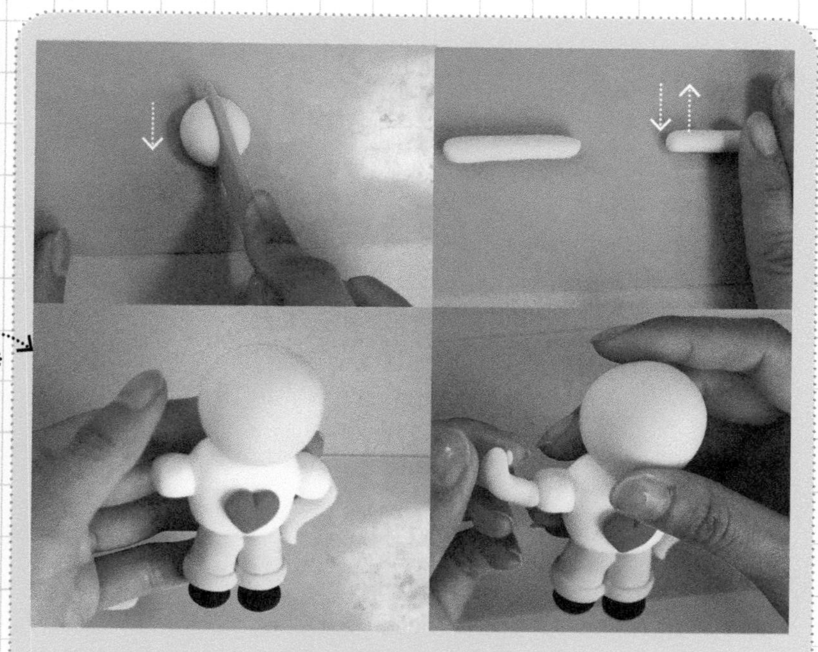

11 再取一份肉色粘土分两等份做柱形的胳膊，并用工具划出小手指来，调整胳膊的动作。

12 两个小耳朵揉圆放到头上。

13 调整小杰森的动态。

★ 头发的制作

黄色

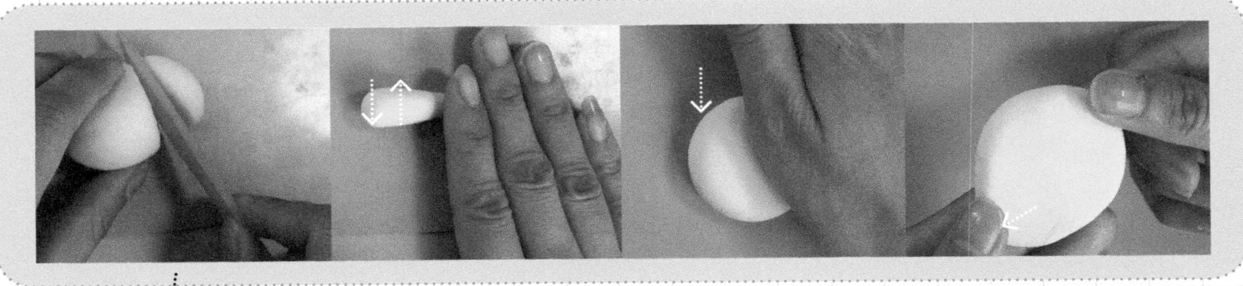

14 黄色粘土取适量的一份揉圆，并做不规则的水滴状。

15 将其贴到头顶并用剪刀剪出头发来。

16 另外一边也同理。

★ 表情的制作

黑色　粉色

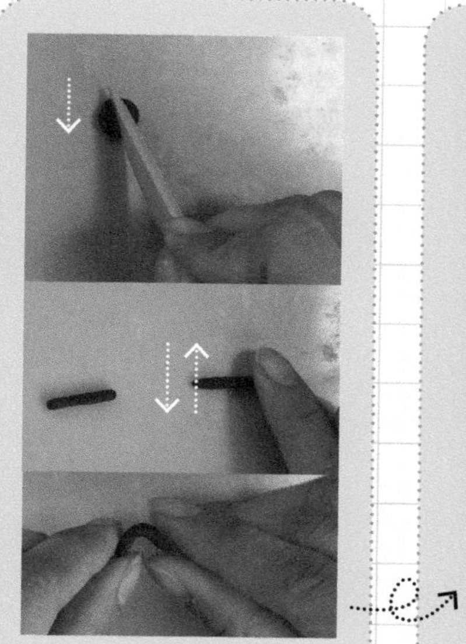

17 黑色的粘土分两份做长条。

18 做好的长条调整形状做弯弯的眼睛。

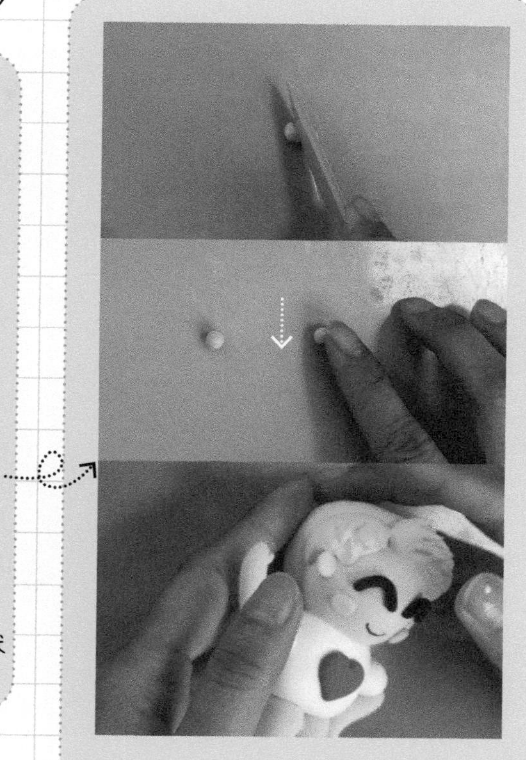

19 粉红色两小份粘土揉圆压扁做小脸蛋儿。

★ 指托的制作

粉色

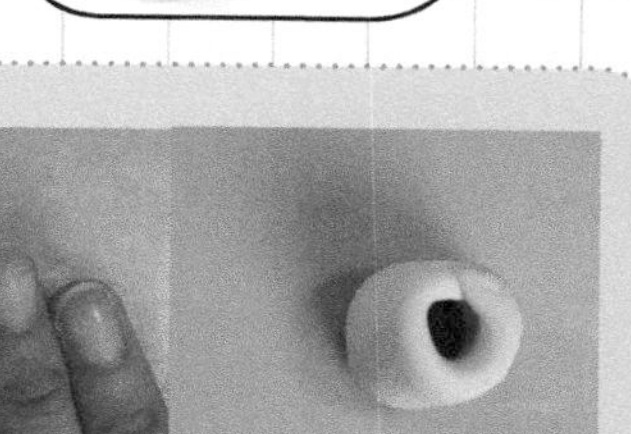

20 粉红色粘土做长条压扁，两边卷起贴到杰森背上，粘好后就是指托了。

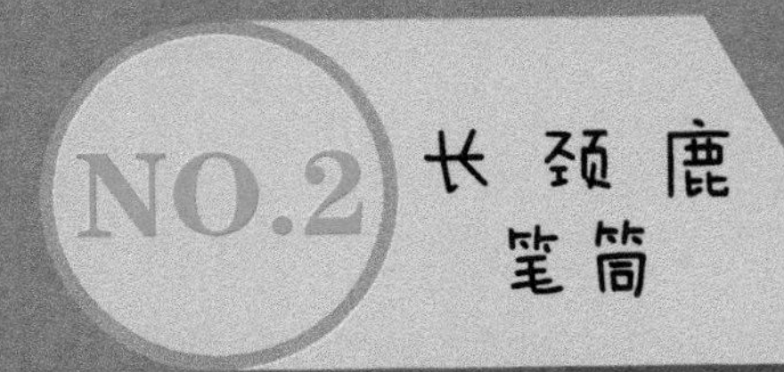

长颈鹿 笔筒

混合颜色时，要注意颜色比例，可一点一点地添加。制作背景的时候，可以富有童趣，做出参差不齐的样子，也可以做得整齐，依个人爱好而定。

准备工具

材料：

难易度： ★★★★

所需颜色：

白色 肉色 黄色 粉色

红色  蓝色  黑色  深绿色

需调配颜色： 浅蓝色 绿色 浅黄色 浅紫色

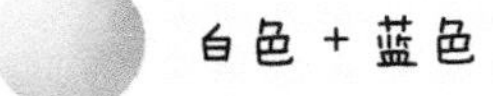 白色 + 蓝色  黄色 + 深绿色 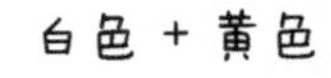 白色 + 黄色 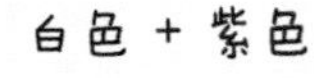 白色 + 紫色

制作过程：

- 背景的制作
- 长颈鹿的制作
- 装饰物的制作

★背景的制作

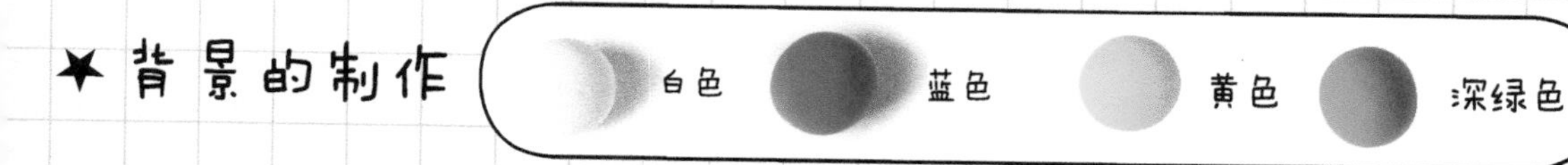

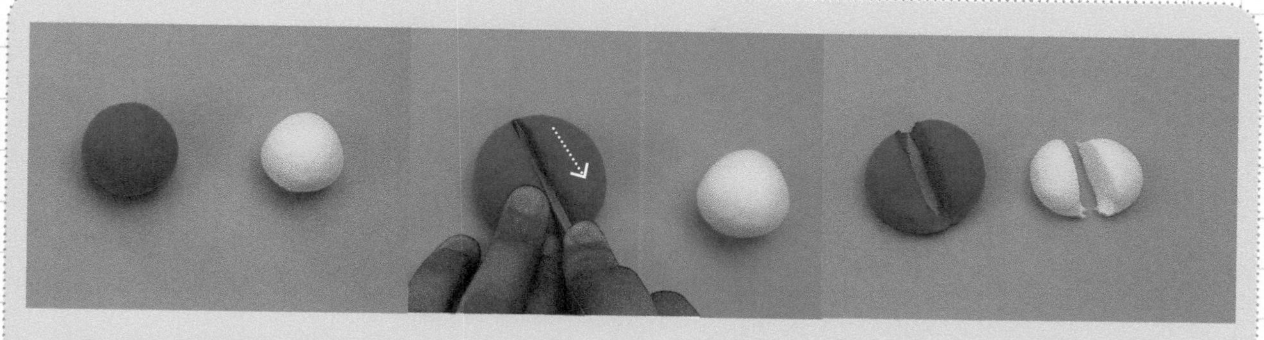

01 将蓝色和白色粘土分割。

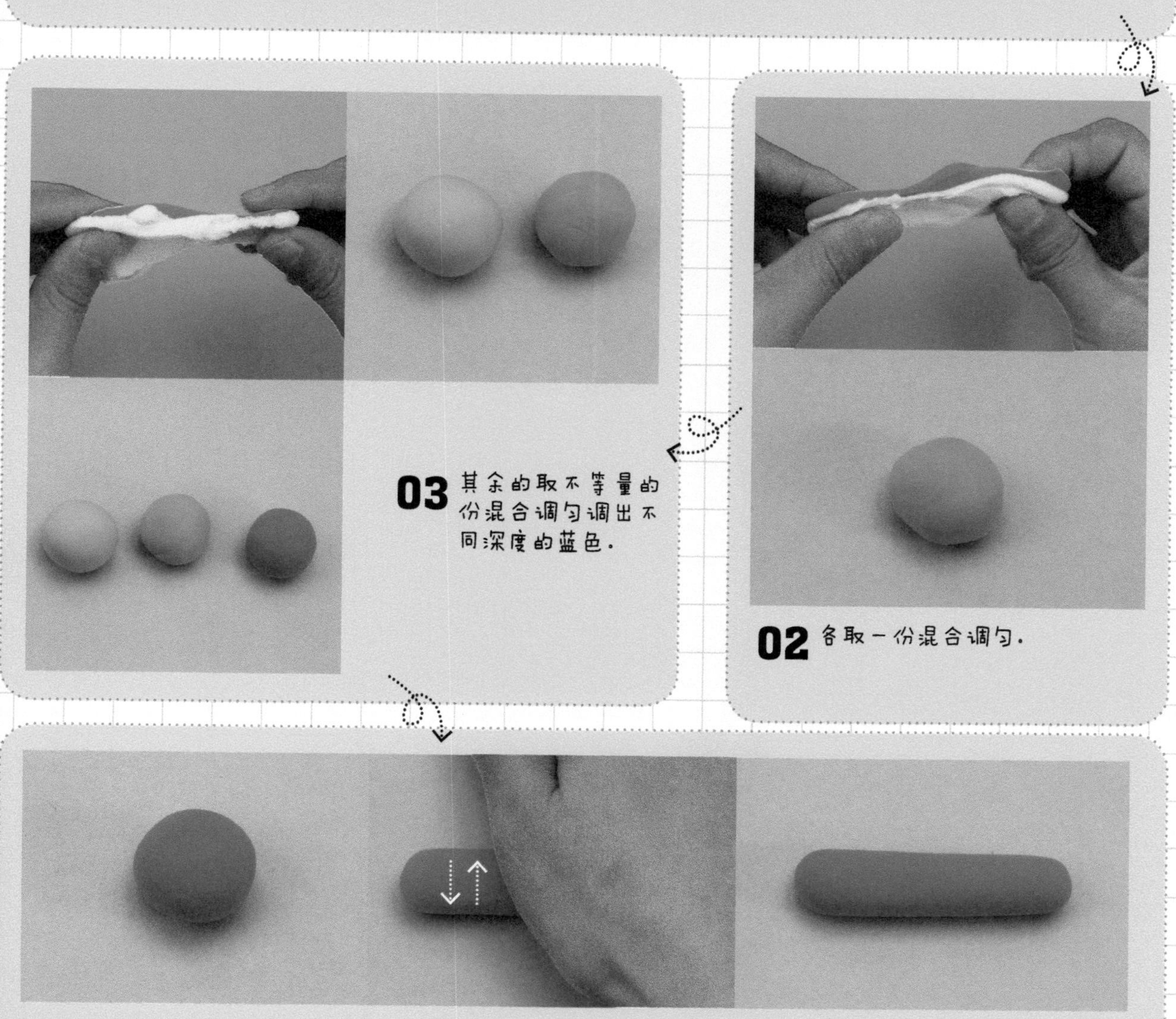

02 各取一份混合调匀。

03 其余的取不等量的份混合调匀调出不同深度的蓝色。

04 从颜色最深的开始揉圆做长条。

05 将蓝色的粘土均匀地贴到笔筒上。

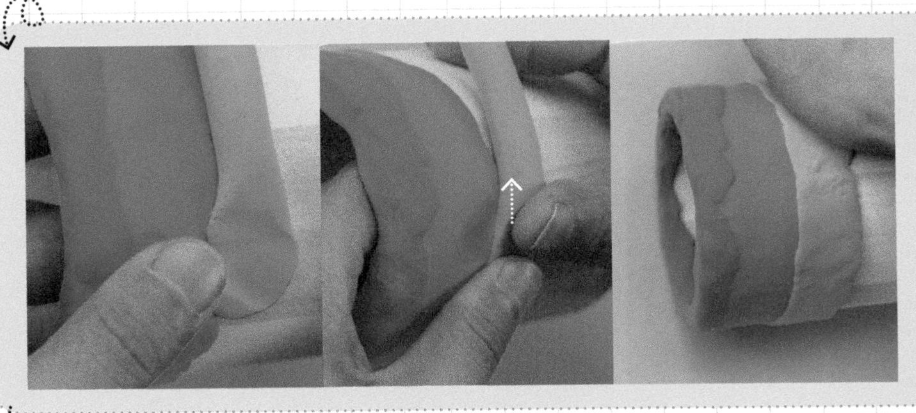

06 依次用同样的方法从深到浅有规律地贴到上边。

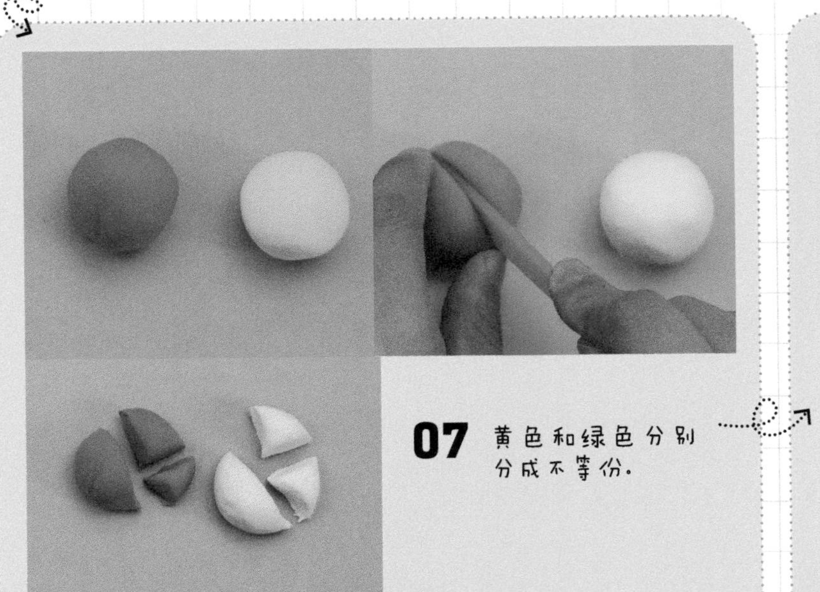

07 黄色和绿色分别分成不等份。

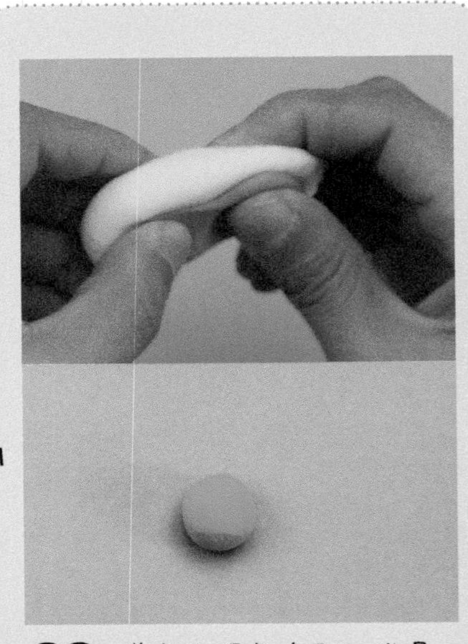

08 黄色和绿色各取一份混合调匀。

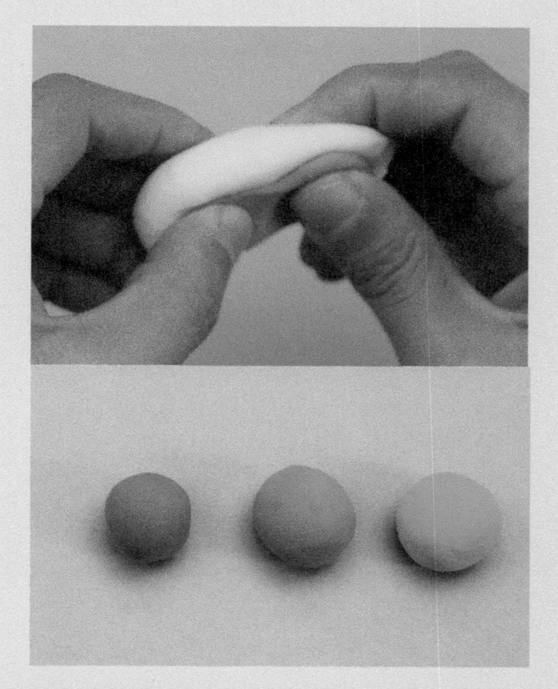

09 用同样的方法依次调出不同的绿色。

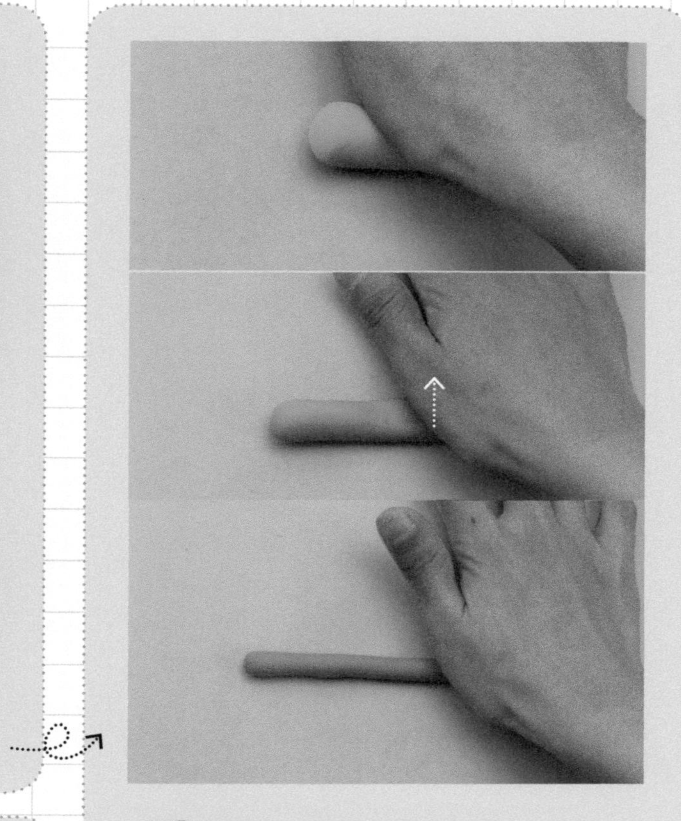

10 将各个绿色搓长条。

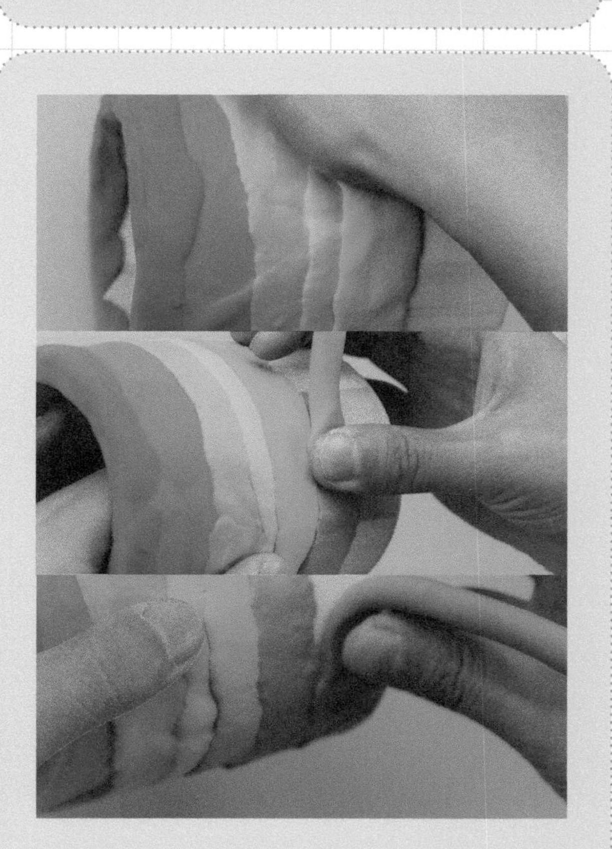

11 跟蓝色粘土贴法相反由浅到深依次贴到笔筒上。

12 贴好后略微调整一下平整度。

★ 长颈鹿的制作

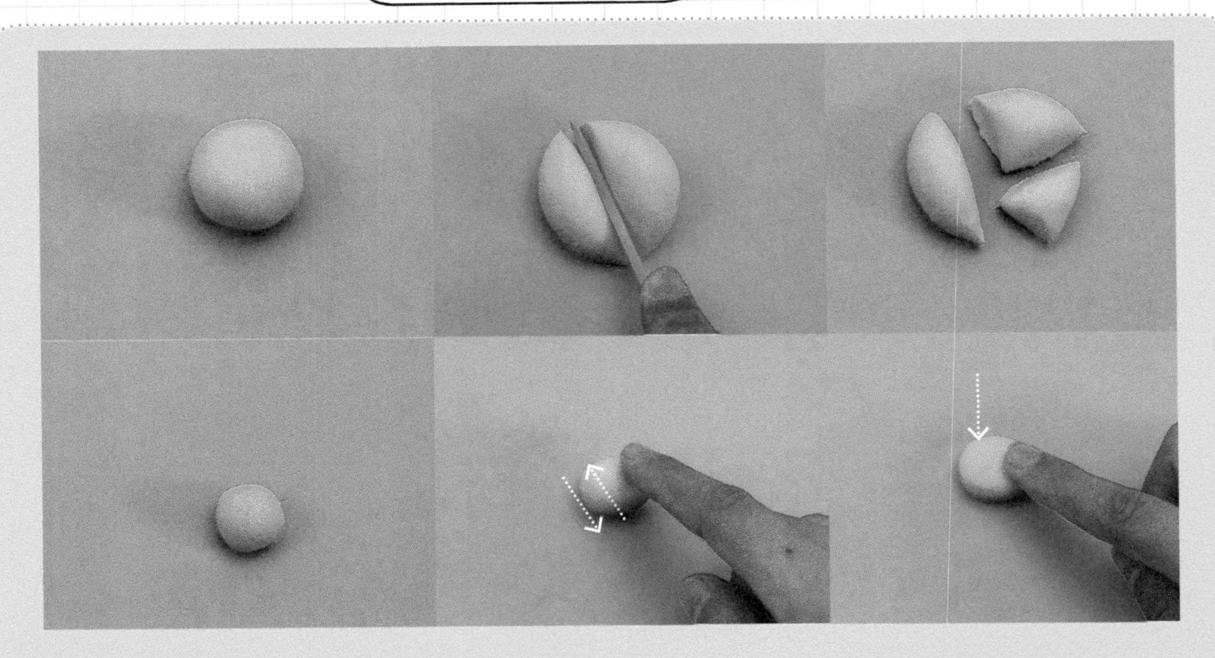

13 黄色粘土分成如图几份，揉圆。

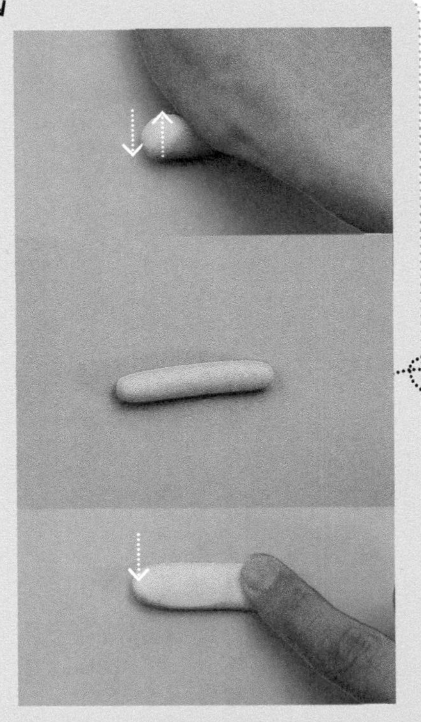

14 取一份做脖子，揉圆搓长条压扁。

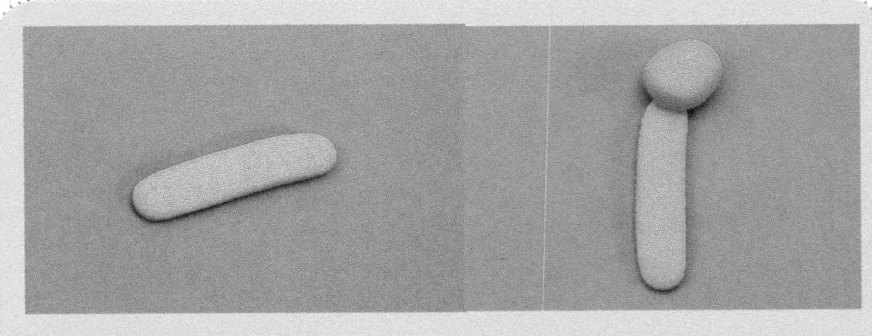

15 做好后与头放到一起。

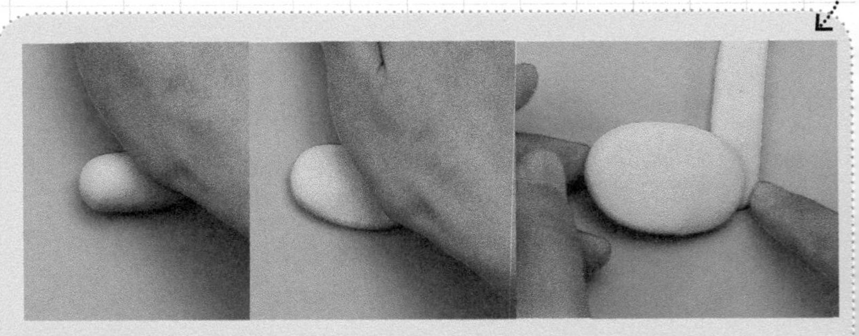

16 取稍大一份揉成椭圆压扁做身体。

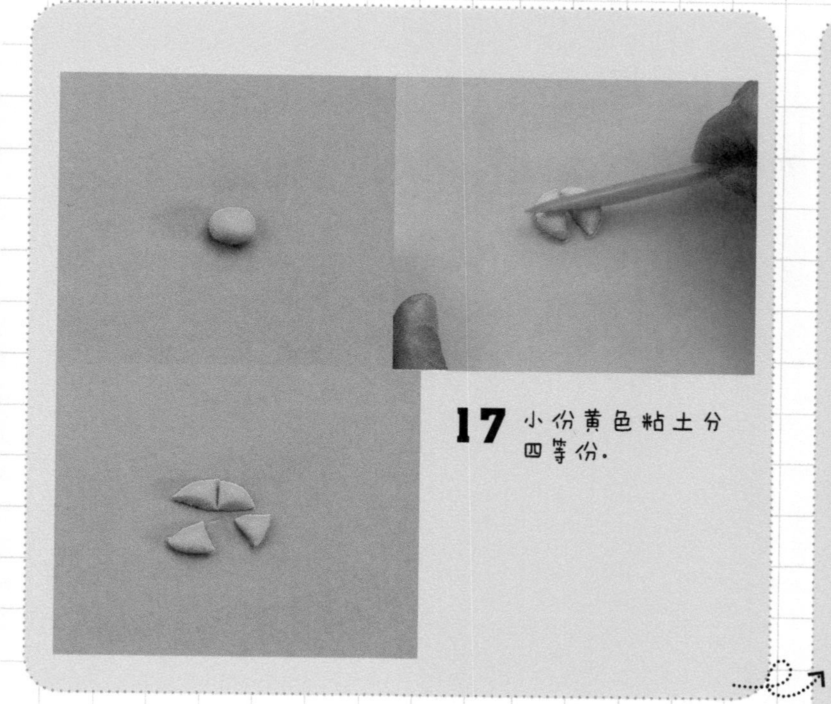

17 小份黄色粘土分四等份.

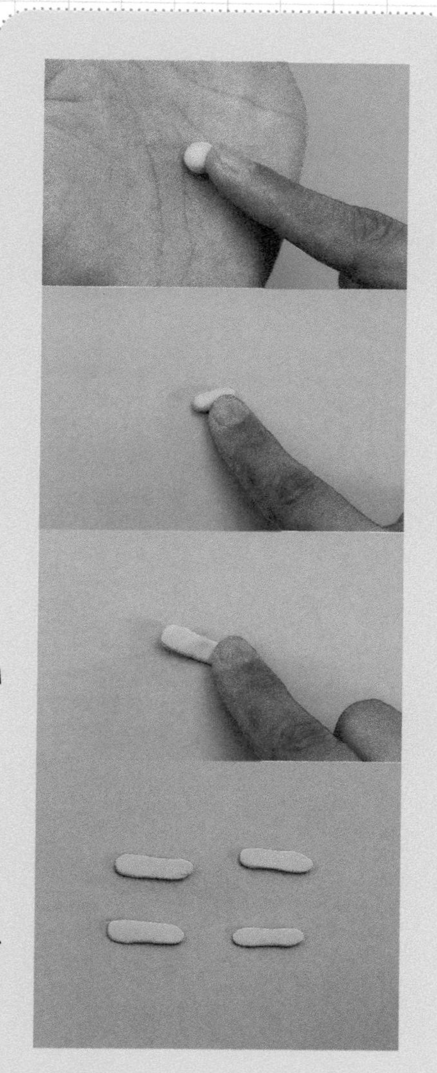

18 分别做柱形压扁.

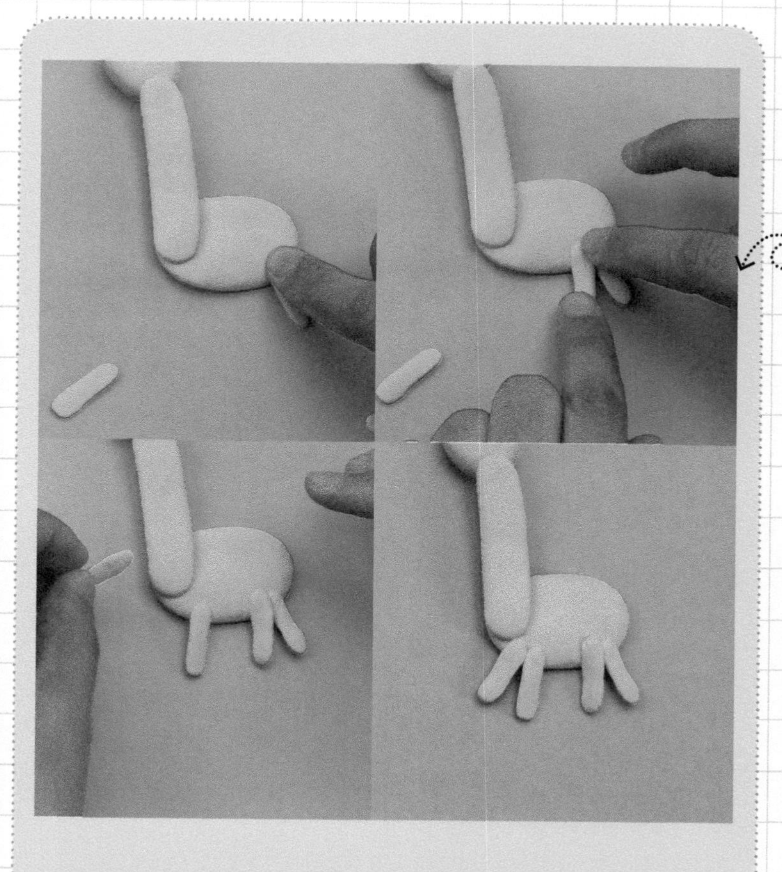

19 四条腿做好后放到相应的位置.

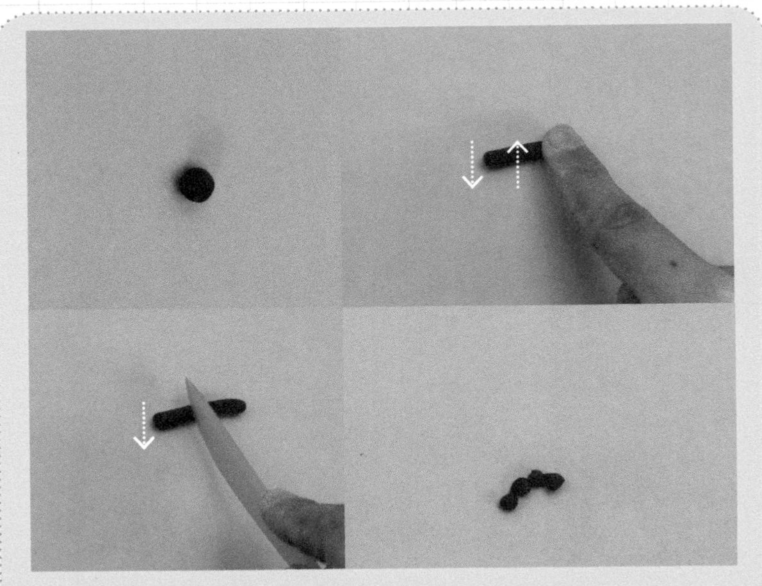

20 黑色粘土做长条分成四等份.

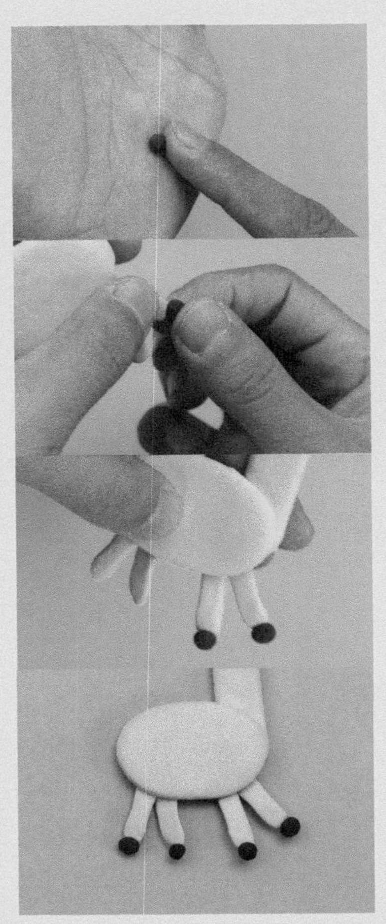

21 四小份黑色粘土揉圆压扁放到长颈鹿的腿下做蹄子.

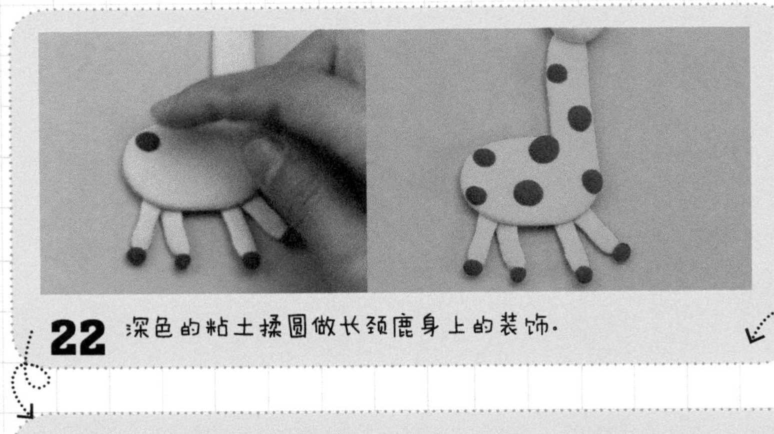

22 深色的粘土揉圆做长颈鹿身上的装饰.

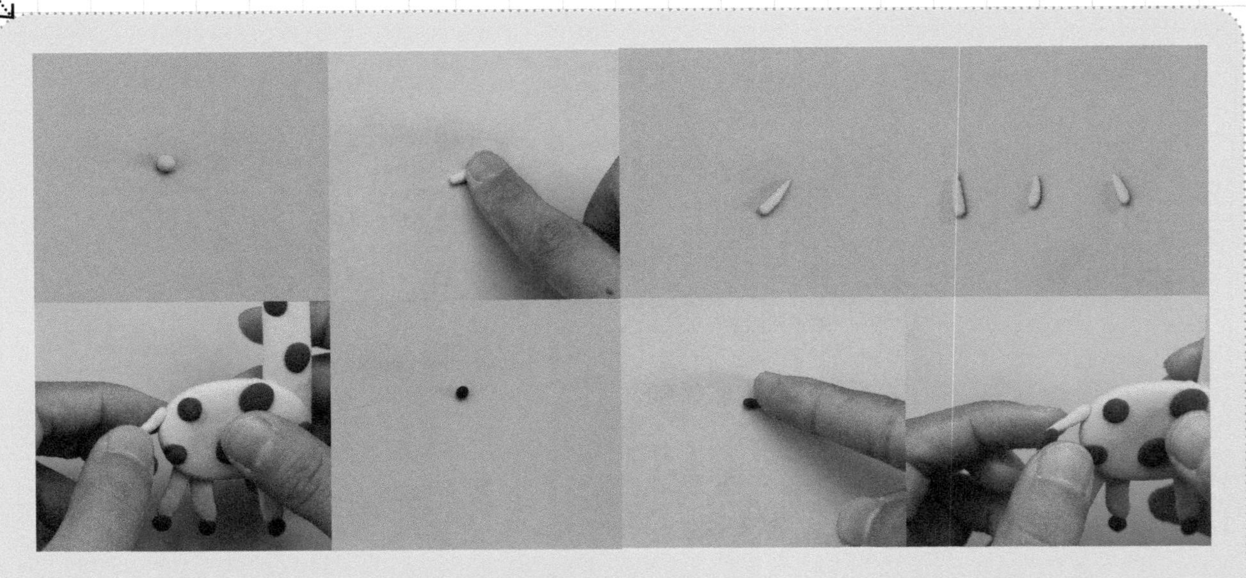

23 将小块黄色粘土揉圆做成细水滴，放到尾巴的位置，并用黑色小圆点来装饰尾巴尖.

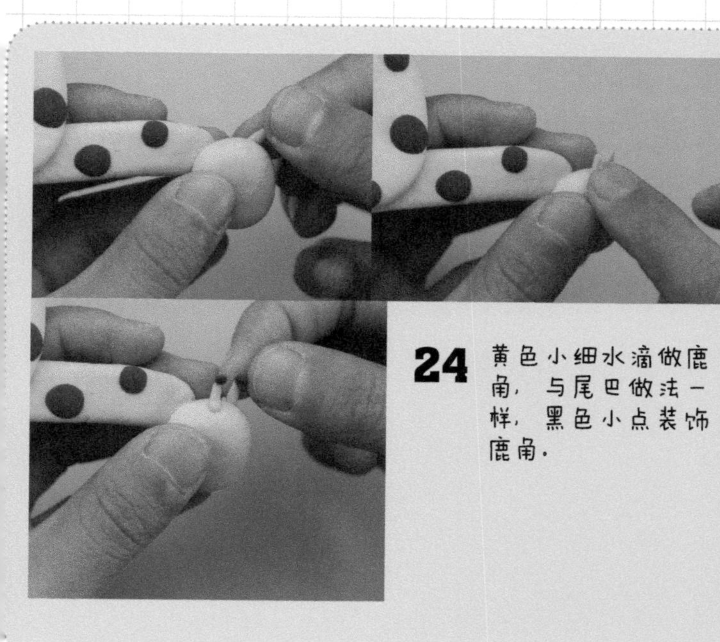

24 黄色小细水滴做鹿角，与尾巴做法一样，黑色小点装饰鹿角。

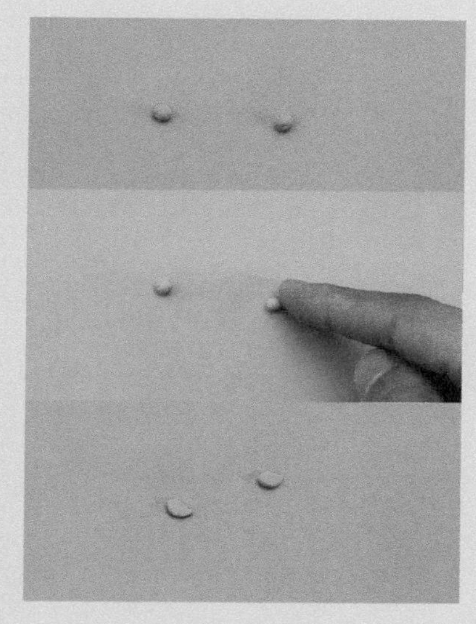

25 小份黄色做小水滴压扁。

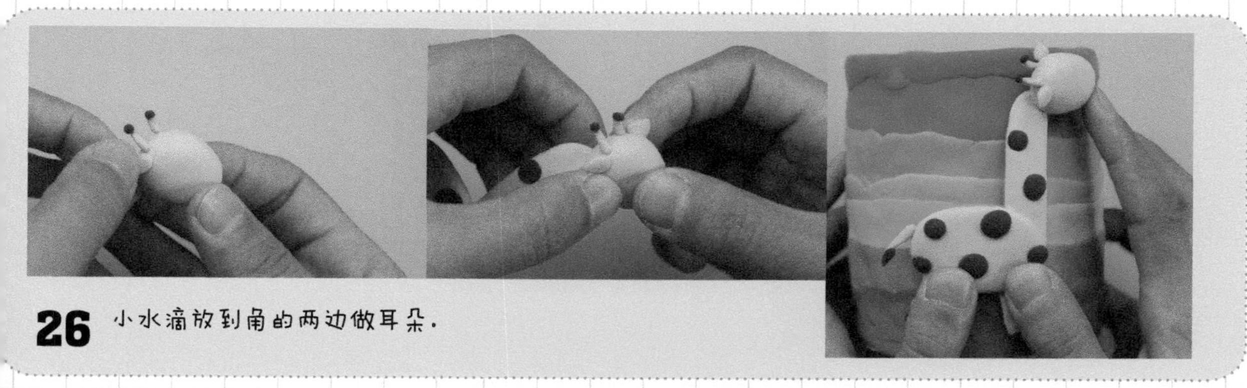

26 小水滴放到角的两边做耳朵。

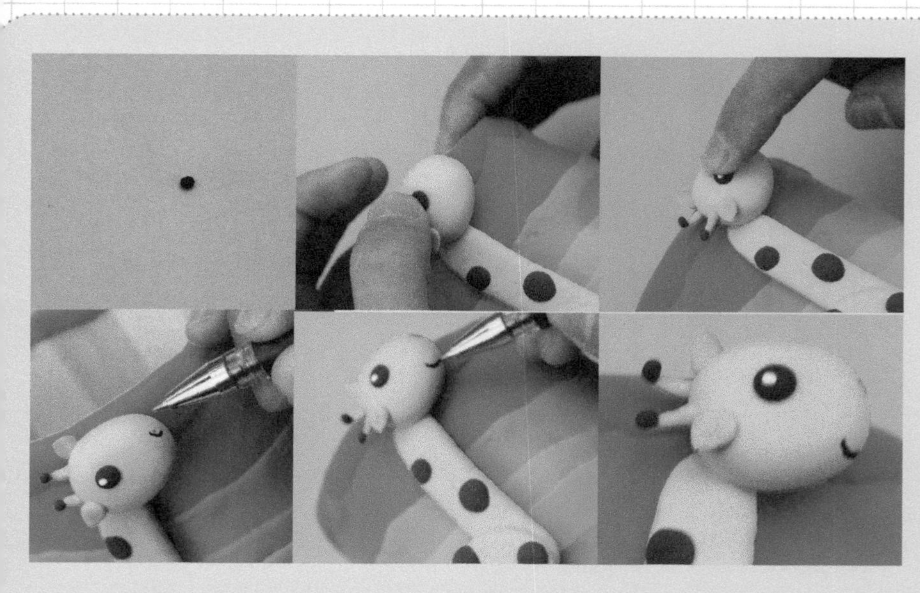

27 黑色的小点做眼睛并稍微加白色做眼睛的高光，最后用笔画出嘴巴。

★ 装饰物的制作

白色　浅黄色　浅紫色

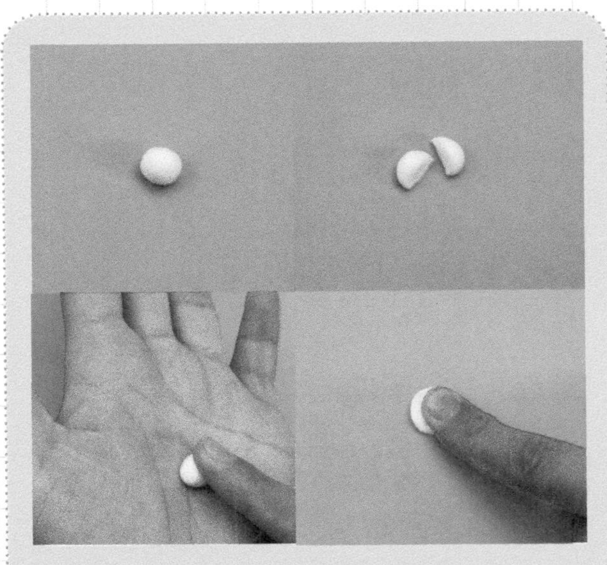

28 白色的粘土揉圆压扁。

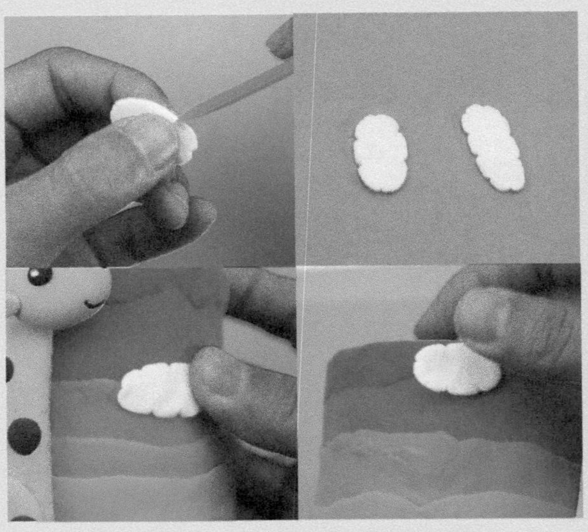

29 用工具刀切出白云的边缘并将白云贴到笔筒上。

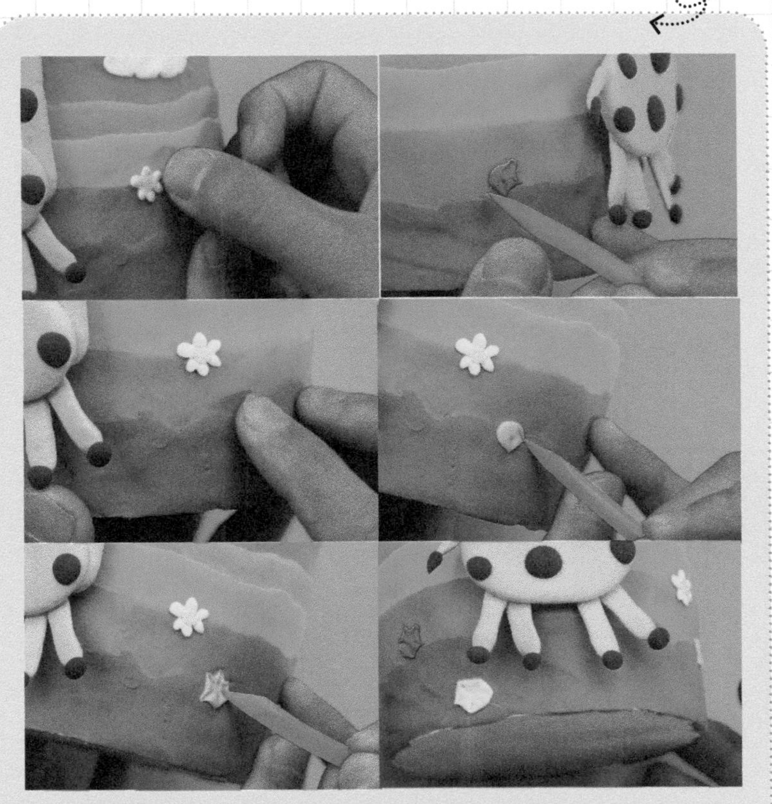

30 笔筒的草地上再加几朵小花来装饰。

NO.3 萌萌的猫咪戒指

萌萌的猫咪戒指

用签字笔画猫的五官时，不容易找到位置的时候可以先用铅笔打底稿。

准备工具

材料：

难易度： ★★

所需颜色：

白色　黑色

制作过程：

- 脸的制作
- 装饰物的制作

需调配颜色： 灰色

白色＋黑色

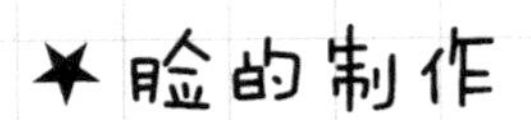

★脸的制作

白色

黑色

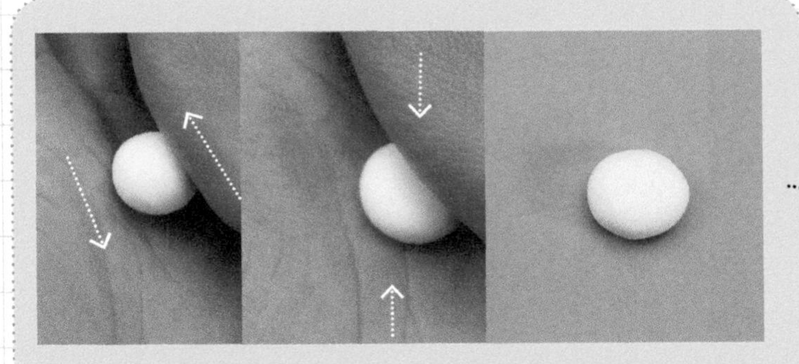

01 白色粘土揉圆。

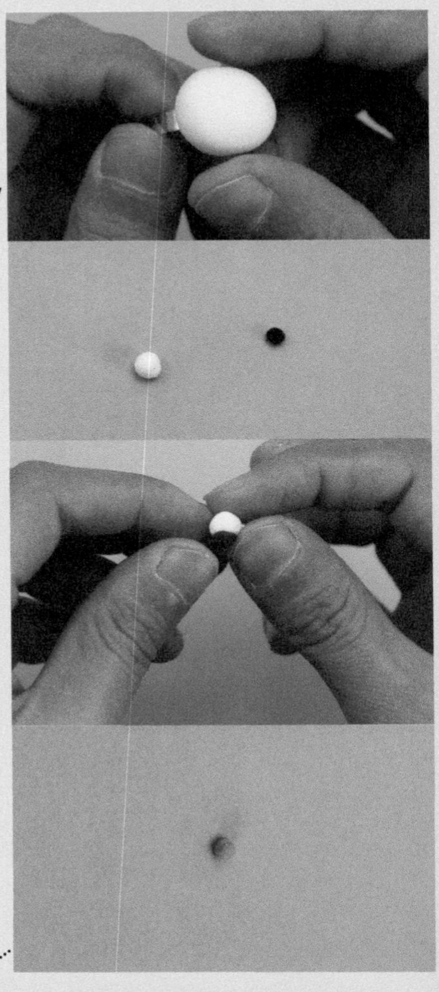

02 黑色和白色粘土混合调匀为灰色。

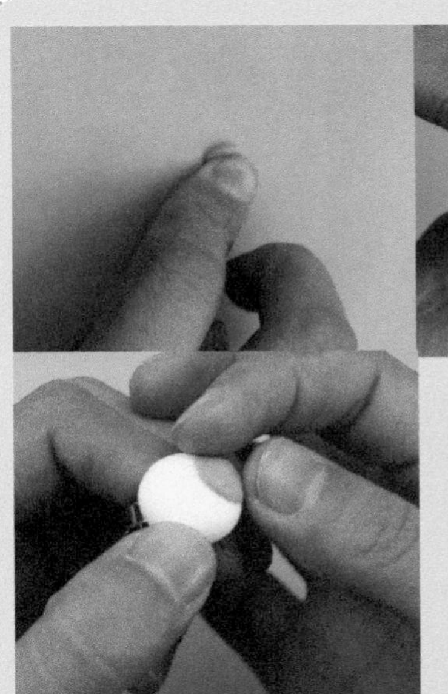

03 将小块灰色粘土揉圆压扁，贴到头的一边。

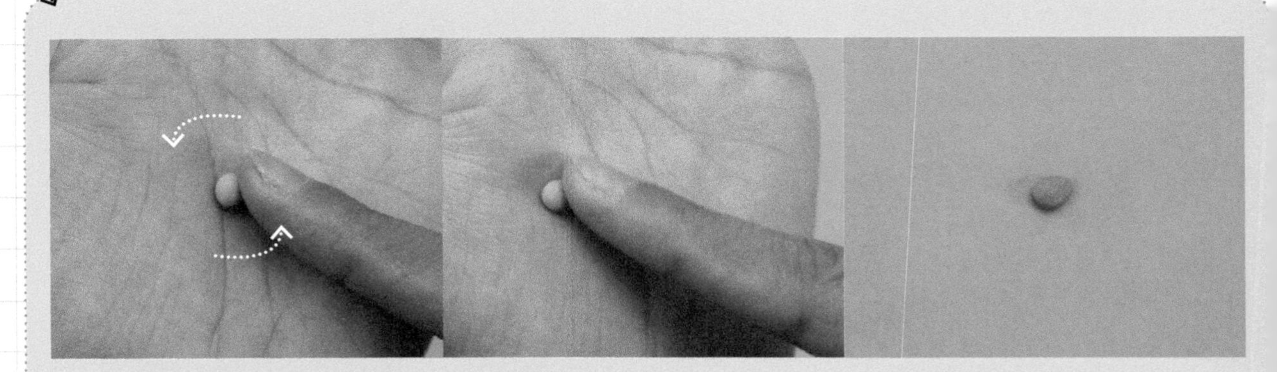

04 取两份等量的灰色做成水滴状，然后压扁。

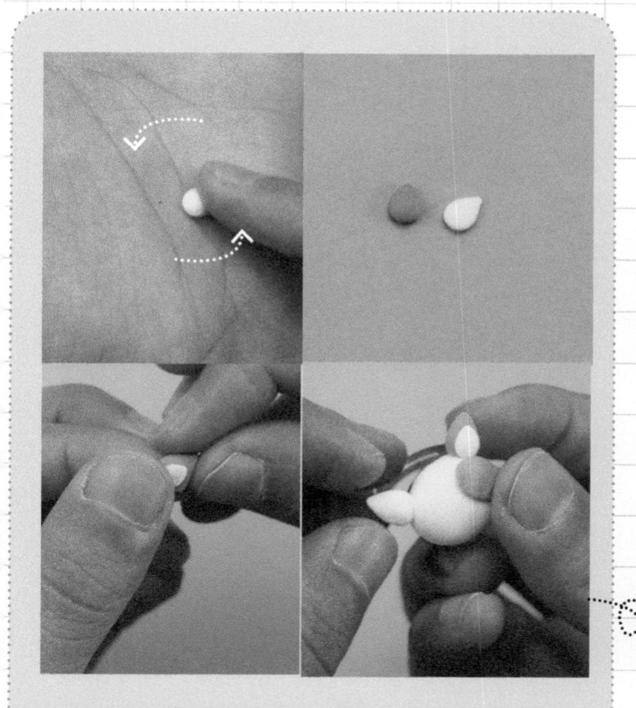

05 分别取两份小于灰色量的白色粘土做成水滴状并压扁，然后放到灰色上边做成猫的耳朵。

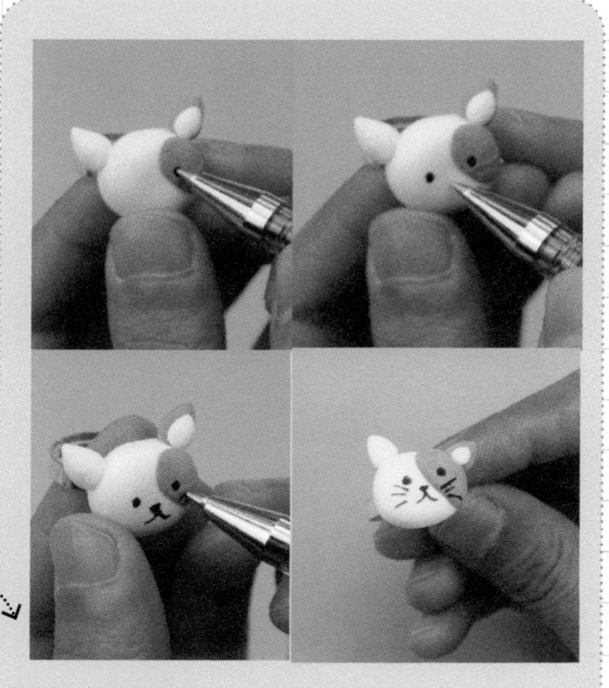

06 用笔画出眼睛、嘴巴和胡子。

NO.4 糖果手机壳

糖果手机壳

制作棒棒糖的时候，要注意糖体搓动时不要过于着急，导致颜色混合得不好看。制作的同时要和手机壳比对大小。不要超出手机壳的大小。

准备工具

材料：

难易度： ★★★

所需颜色：

白色　肉色　黄色　粉色

红色　蓝色　黑色　绿色

紫色　棕色

制作过程：

- 棒棒糖的制作
- 糖果和星星的制作

★棒棒糖的制作

白色 黄色

红色

绿色

棕色

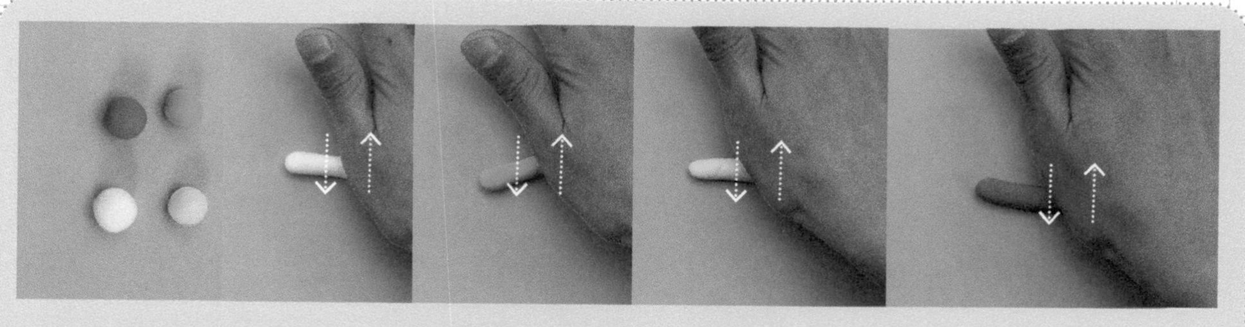

01 四种不同的颜色分别做一样长短的柱形。

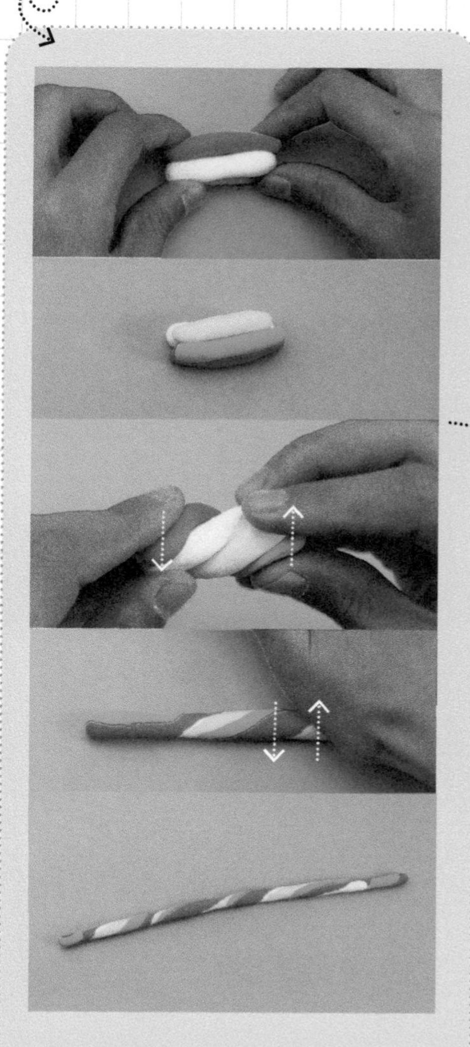

02 做好后将四个柱形放到一起如图，像拧麻花一样拧一下，并继续搓长条。

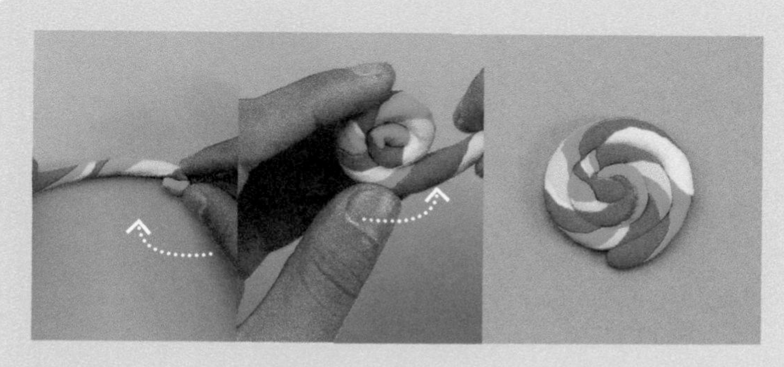

03 将长条的一段卷起来，做蜗牛卷状。

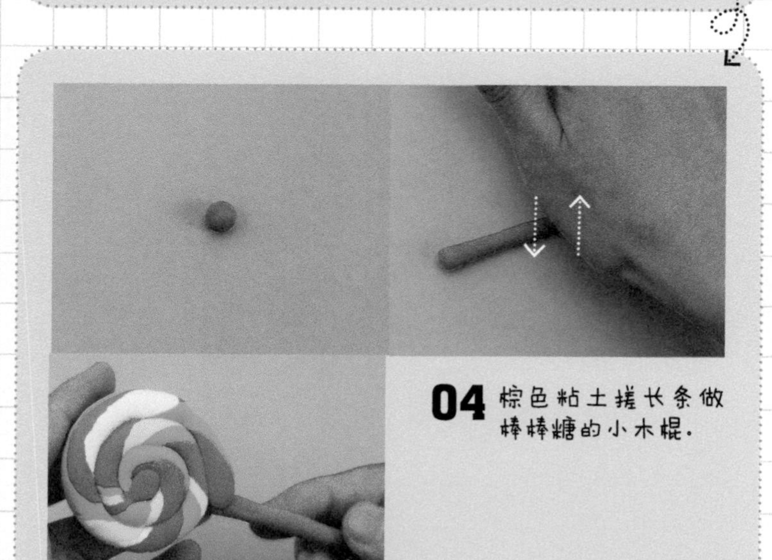

04 棕色粘土搓长条做棒棒糖的小木棍。

★糖果和星星的制作

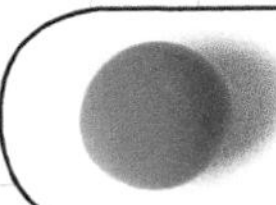
白色 肉色 黄色

紫色

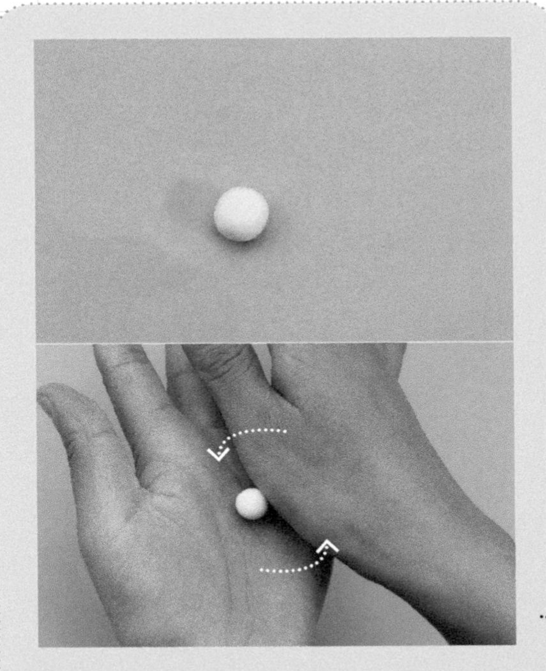

05 肉色粘土揉圆。

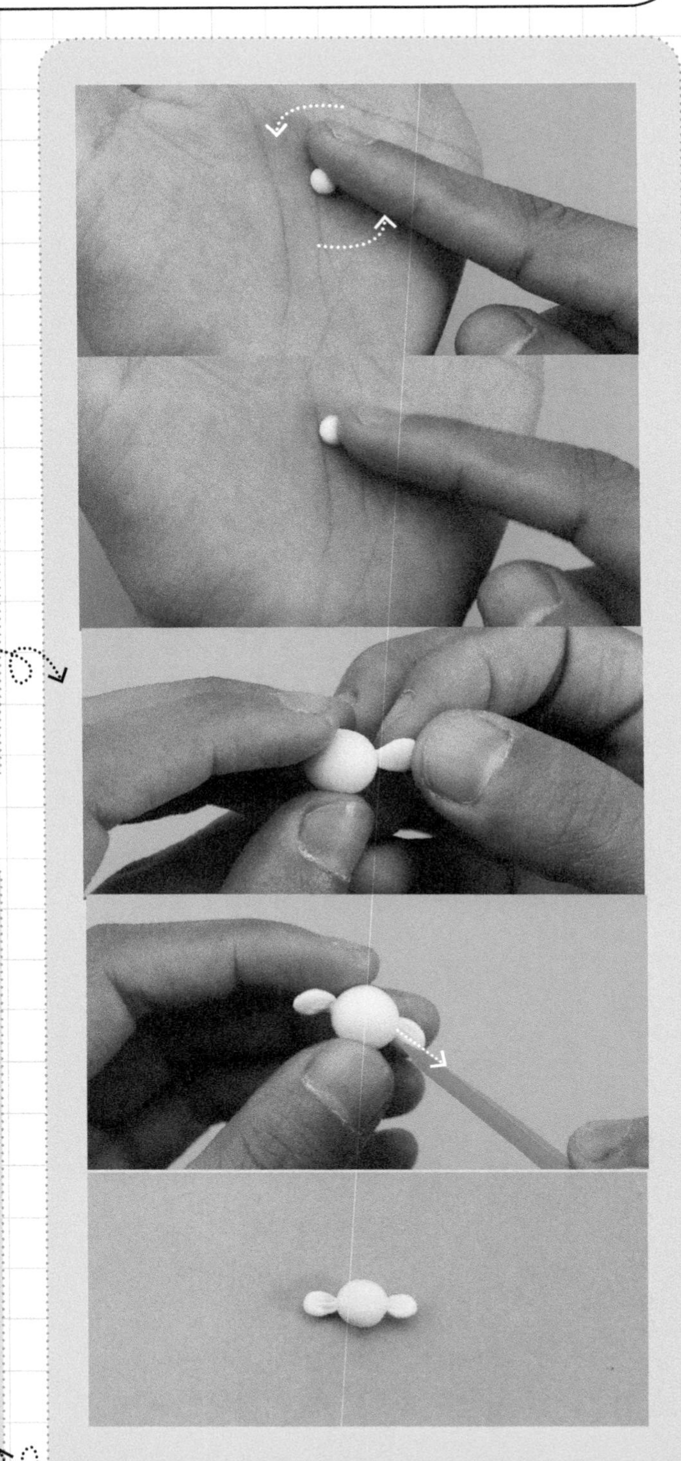

06 两小份肉色揉圆压扁，用工具刀划出糖纸的纹。

07 再做出不同颜色的糖果来。

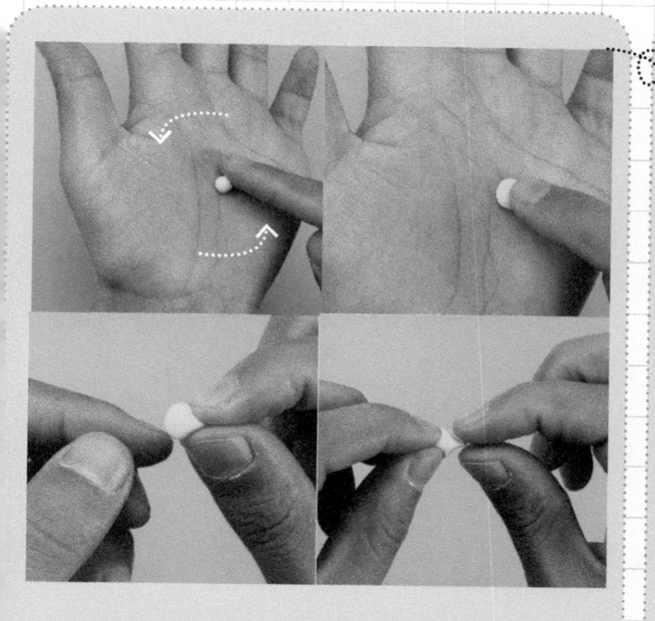

08 小块黄色粘土揉圆压扁，并用食指和拇指捏出星星的四个或五个角。

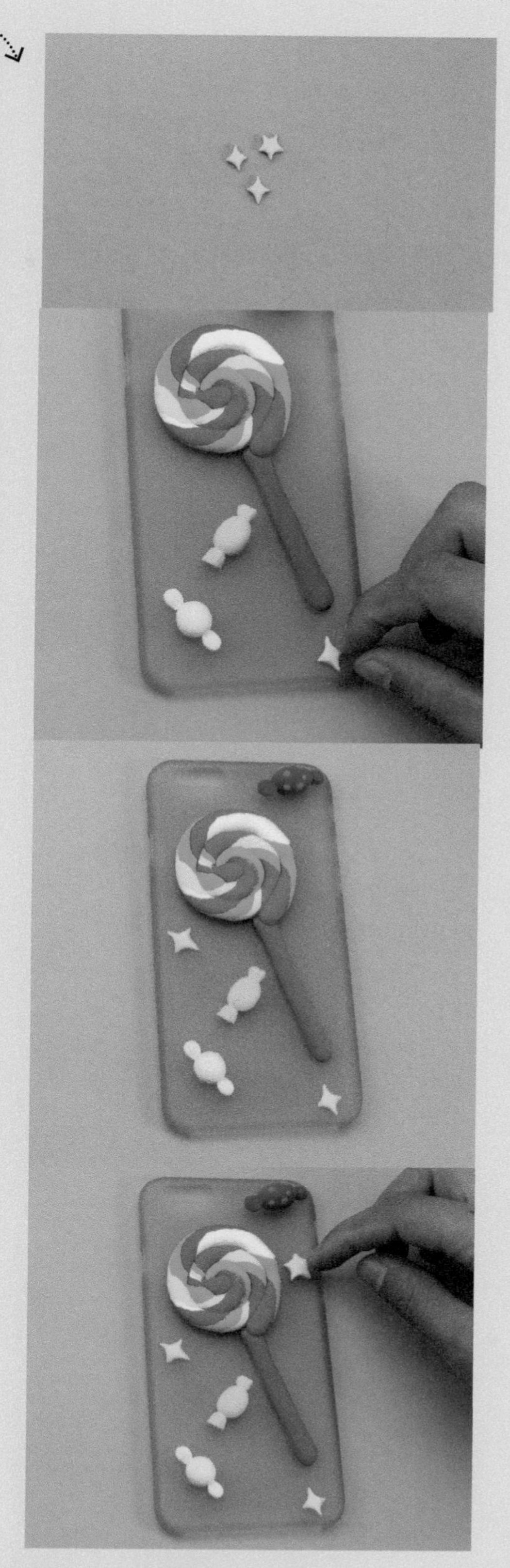

09 将所有的糖果和星星摆到手机壳上边粘好。

雪人 音乐盒

雪人 音乐盒

用粘土制作底色时，要制作出土地的凹凸的质感，不要弄得太平。调配天蓝色时要注意粘土的比例。

准备工具

材料：

难易度： ★★

所需颜色：

白色　深绿色　黄色　橙色

红色　蓝色　黑色

需调配颜色： 天蓝色　草绿色

白色＋蓝色　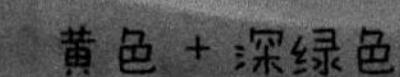黄色＋深绿色

制作过程：

- 雪人的制作
- 装饰的制作

★雪人的制作

白色

蓝色

红色
橙色

深绿色

01 蓝色和白色粘土混合调匀.

02 用天蓝色粘土将音乐盒均匀地包起来.

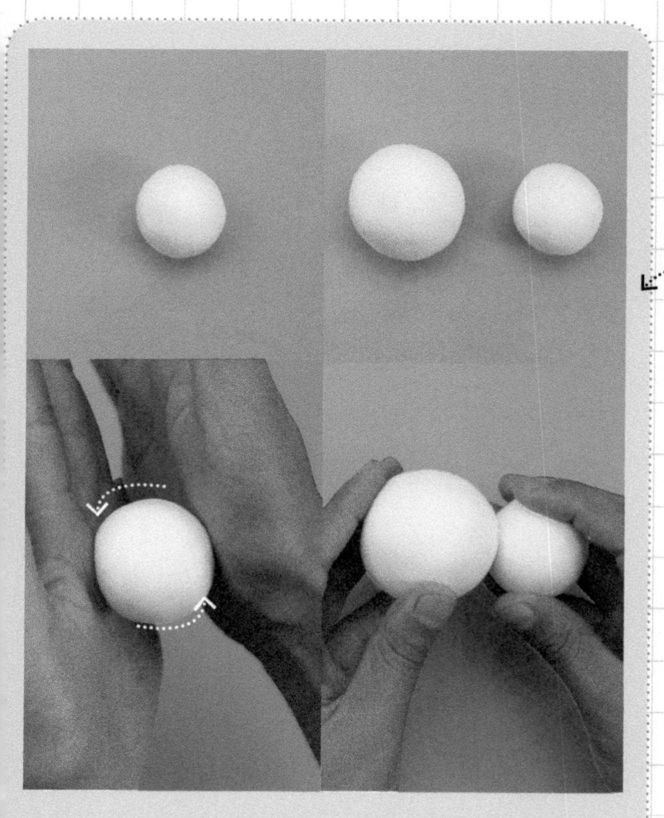

03 两个不等分的白色粘土分别揉圆，如上图所示放好.

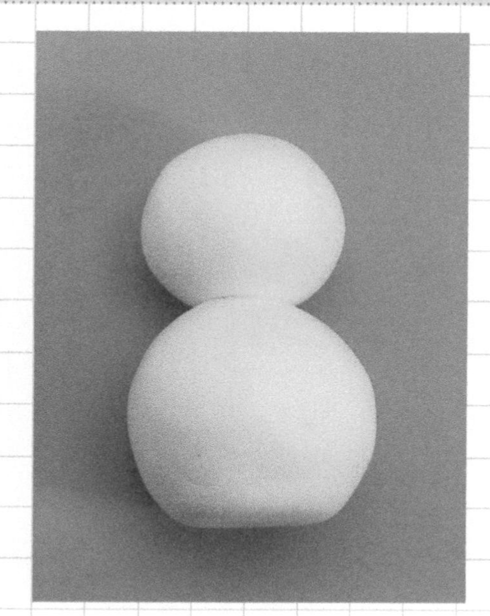

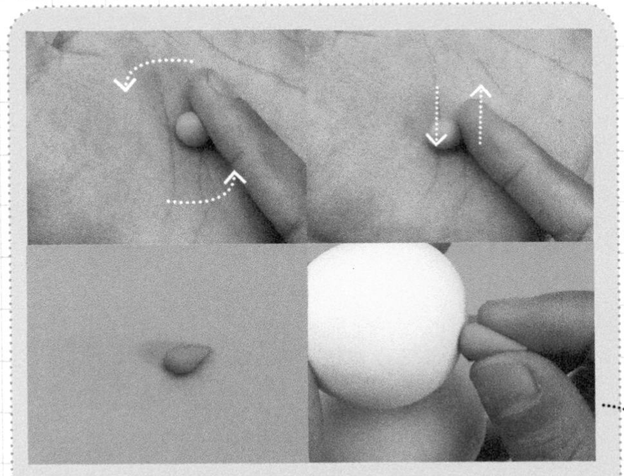

04 橙色做水滴形来做鼻子.

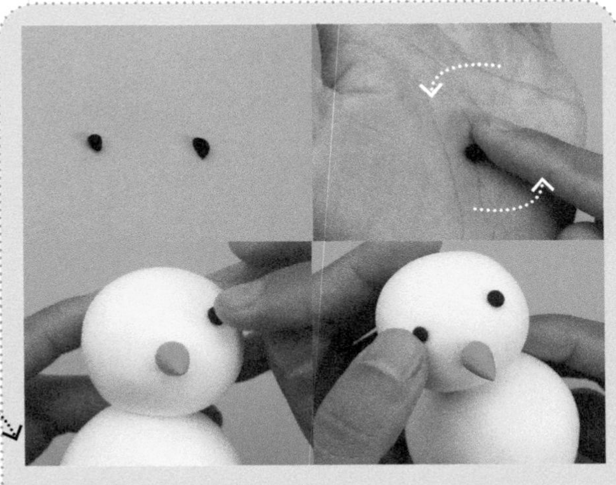

05 再加两个小黑眼睛.

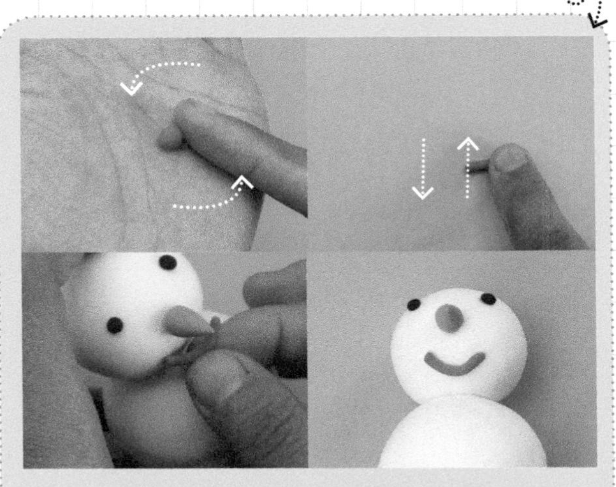

06 弯弯的红色粘土长条做嘴巴.

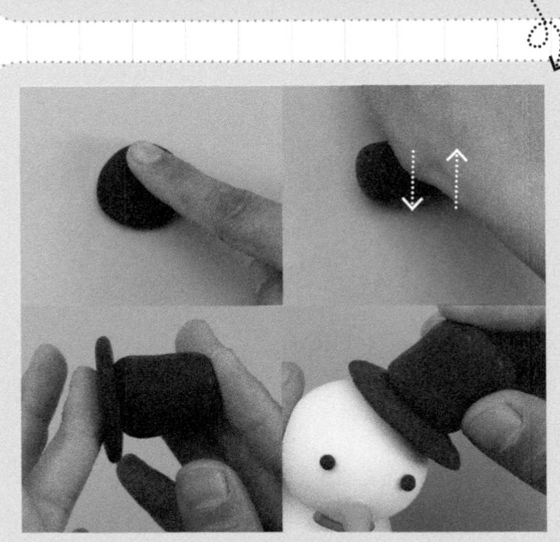

07 黑色粘土分两份不等份，大份做柱形，小份揉圆压扁，放到一起.

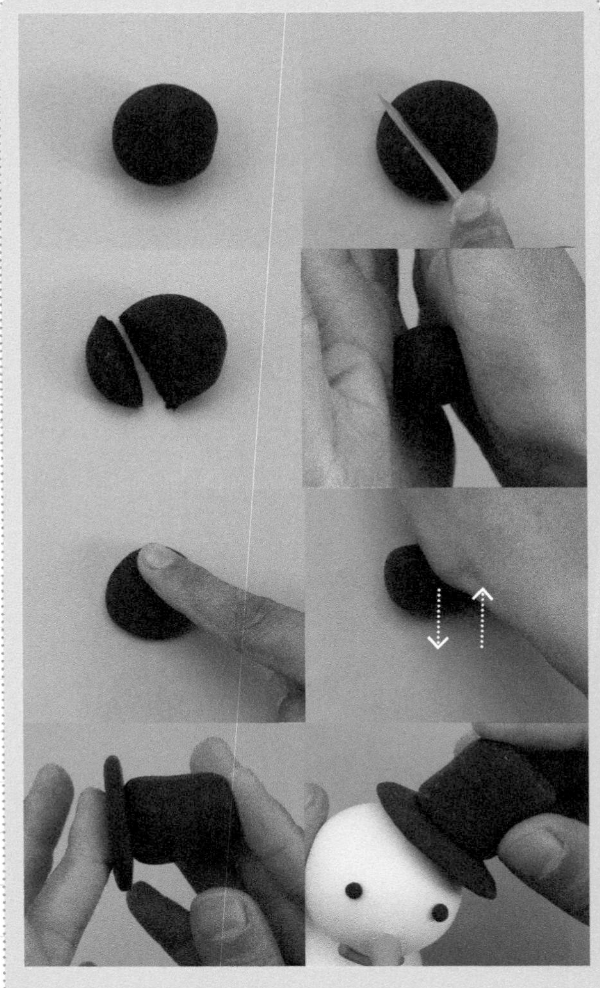

08 小黑帽子放到雪人头上吧.

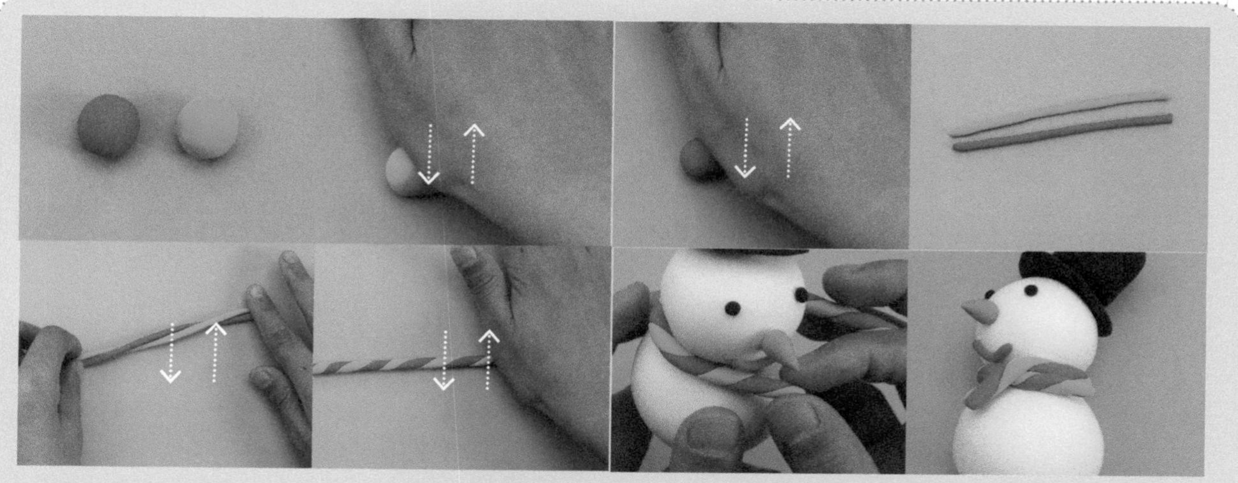

09 红色和草绿色粘土分别做两个一样长短的长条，如图搓成长条并围到雪人的脖子上。

10 紫色的小圆点做小扣子。

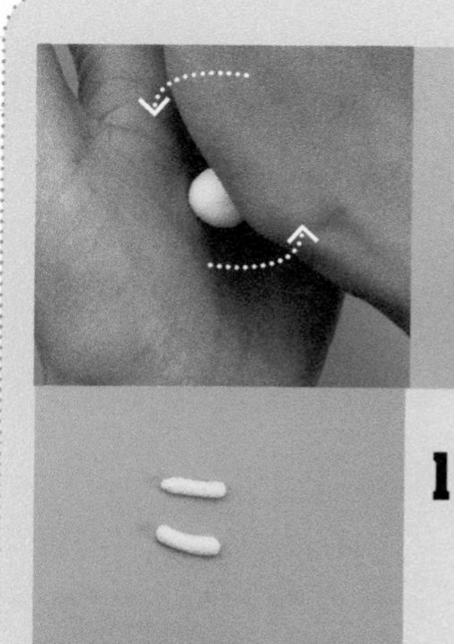

11 白色的两份一样大小的粘土做柱形。

12 两个小柱形放到胳膊的位置做胳膊，并将雪人放到音乐盒上。

★装饰的制作

白色  草绿色 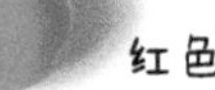 红色

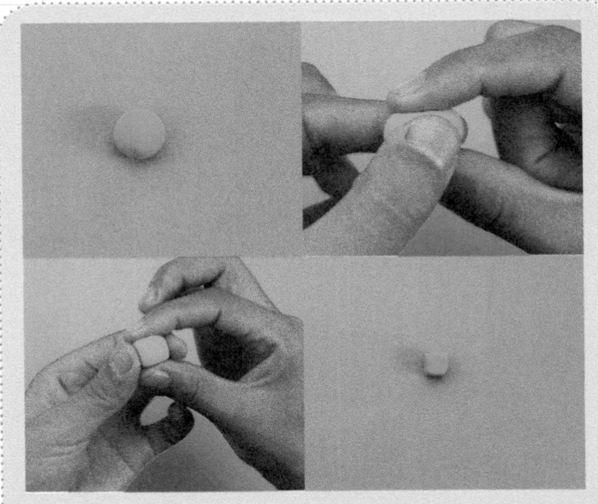

13 将草绿色粘土揉圆并调整形状。

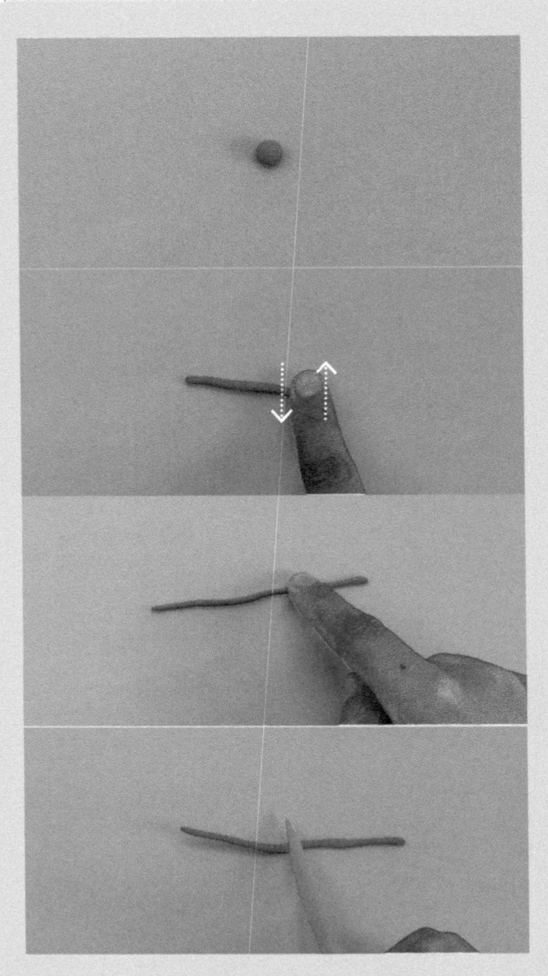

14 将红色粘土做成长条并分成两份。

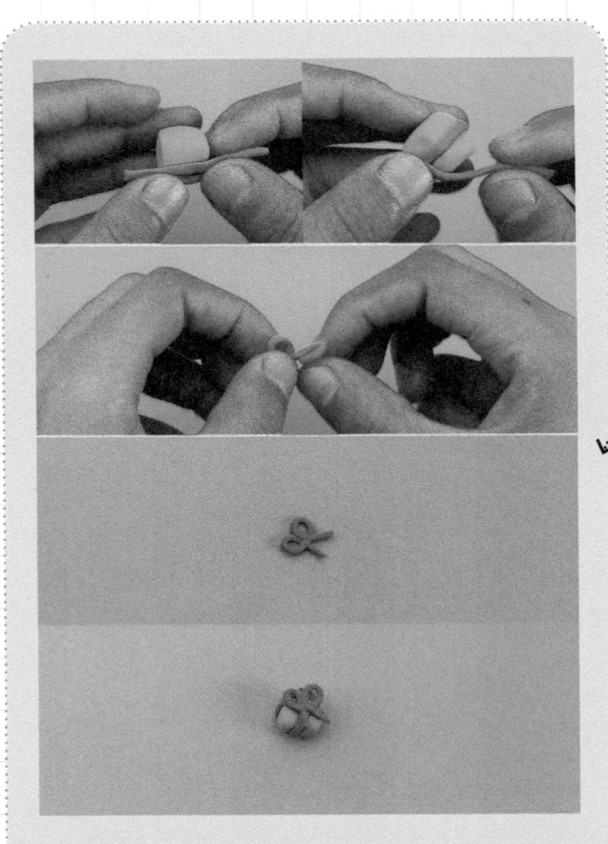

15 将红色的长条如图把礼盒包起，剩余的一份红长条做蝴蝶结放到上边，如图所示。

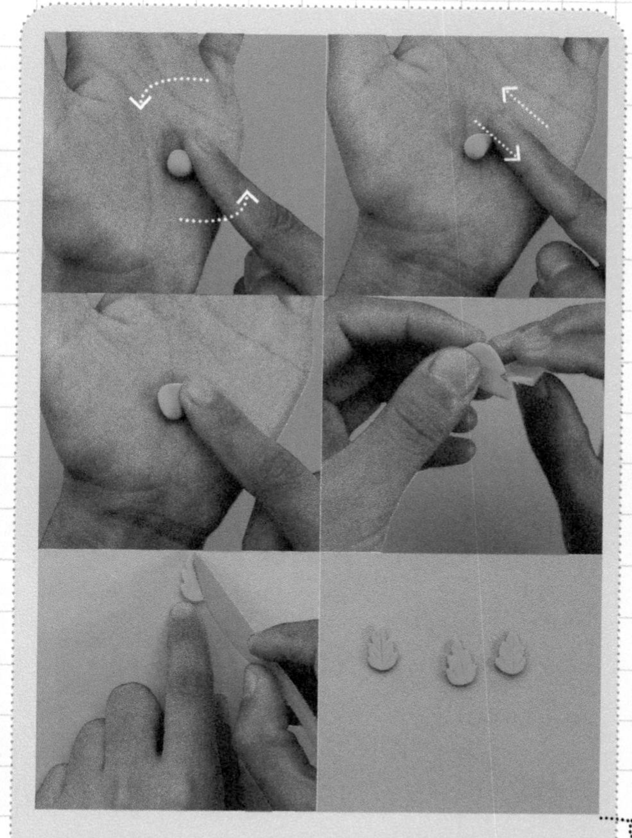

16 草绿色粘土做水滴，用工具刀斜切叶子的形状并划出叶脉。

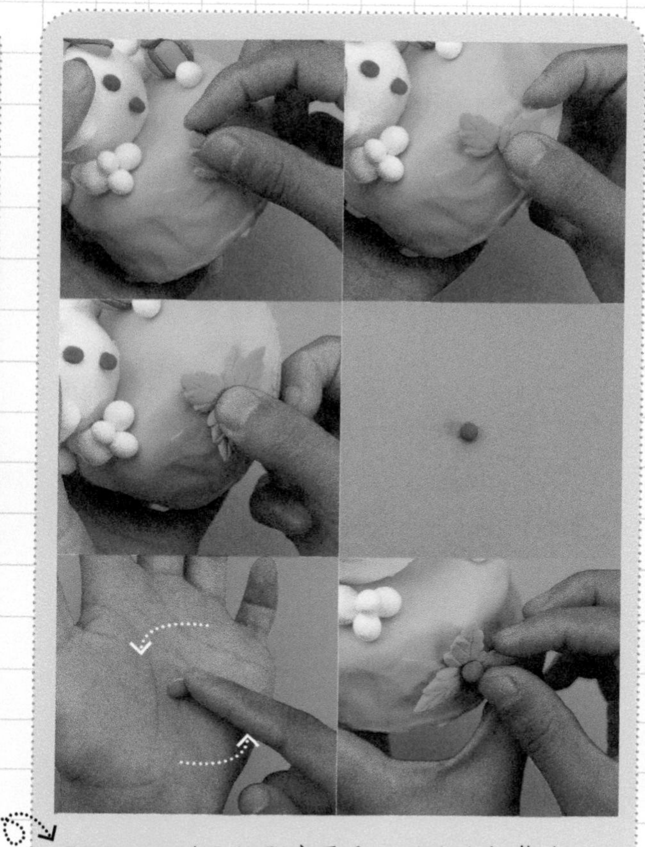

17 把小叶子放到音乐盒上并在中间装饰一个小红球。

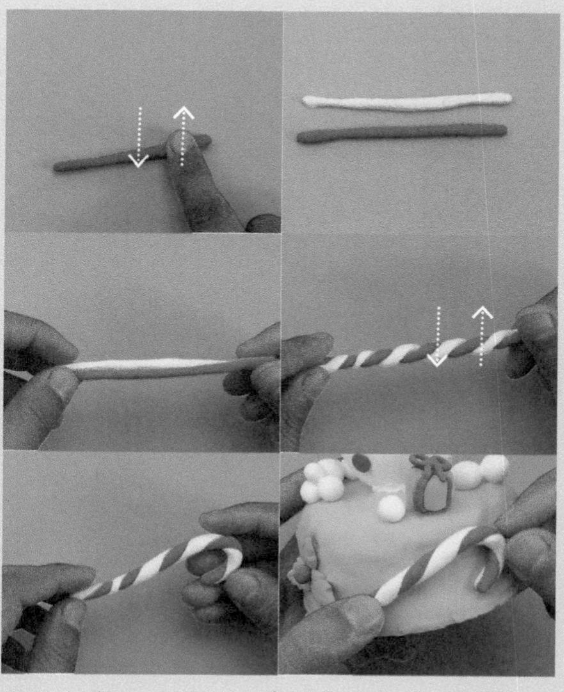

18 红色和白色粘土搓长条结合做出如图的形状放到音乐盒上。

NO.6 冰激凌时钟

冰激凌时钟

制作甜筒时，划出的线条要美观，尽量保持距离一致。

准备工具

材料：

所需颜色：

白色 棕色 黄色 肉色

红色 蓝色 黑色

需调配颜色： 天蓝色 土黄色

白色＋蓝色

白色＋棕色＋肉色

难易度： ★★★

制作过程：

- 主体的制作
- 装饰的制作

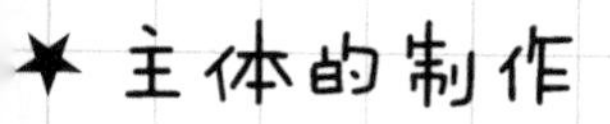

★主体的制作

白色

蓝色

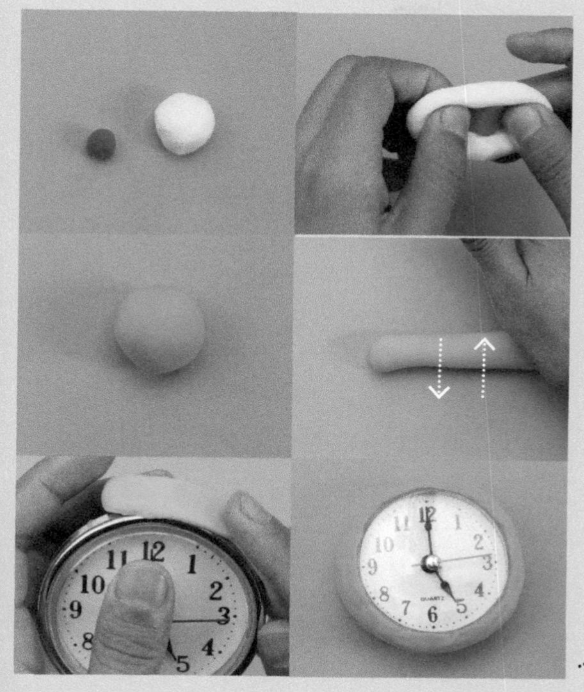

01 蓝色和白色粘土混合调成天蓝色并将时钟包起来。

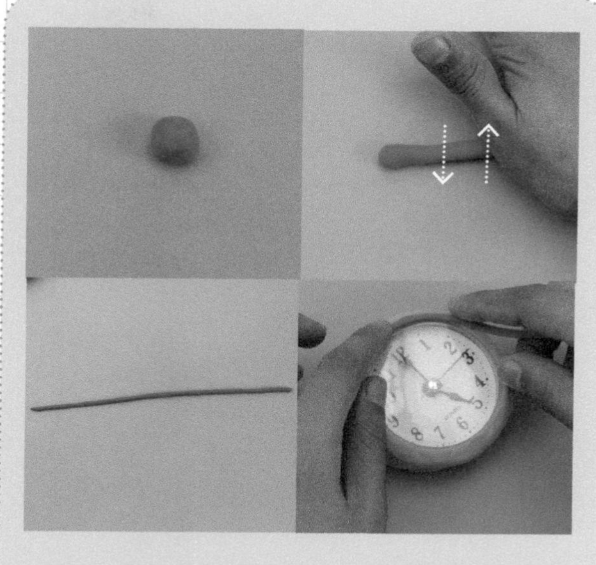

02 将蓝色粘土搓成长条，把时钟的边缘围起来。

★装饰的制作

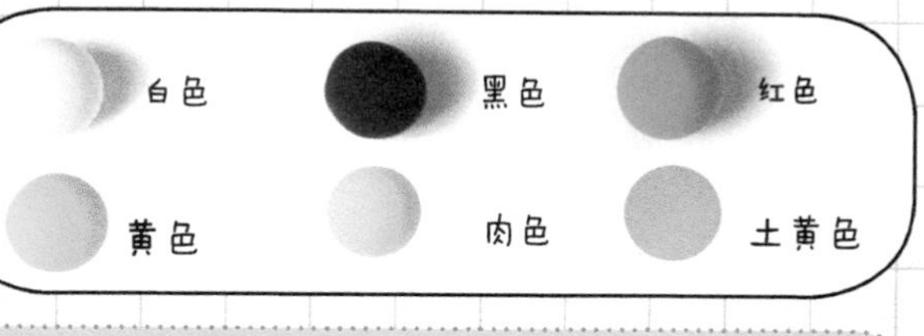

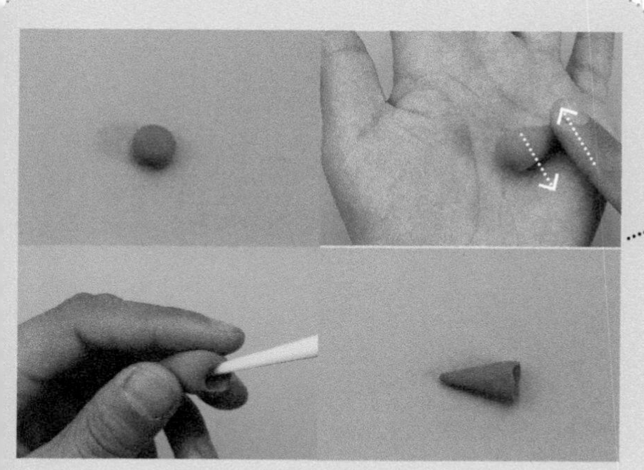

03 土黄色粘土做水滴，并用工具在顶端扎洞。

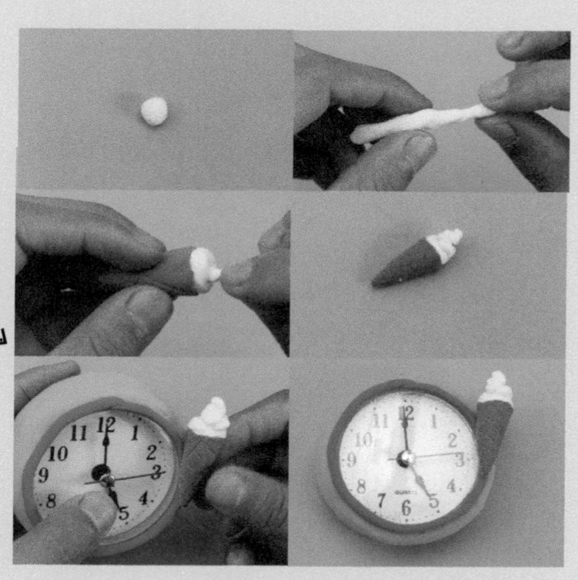

04 白色粘土任意拉伸长条，并放到土黄色蛋卷上做冰激凌。

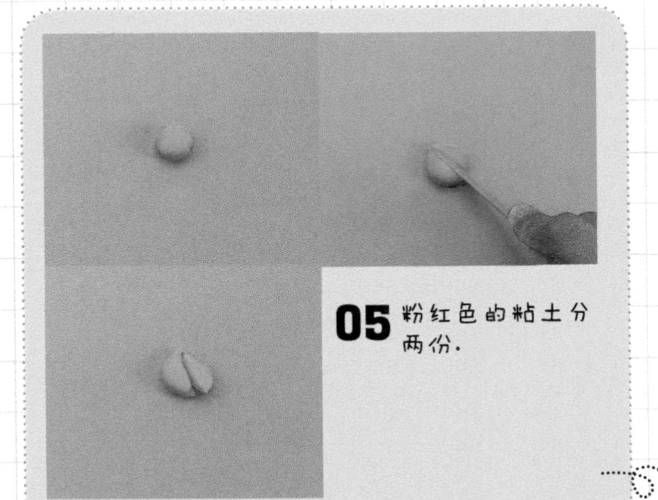

05 粉红色的粘土分两份.

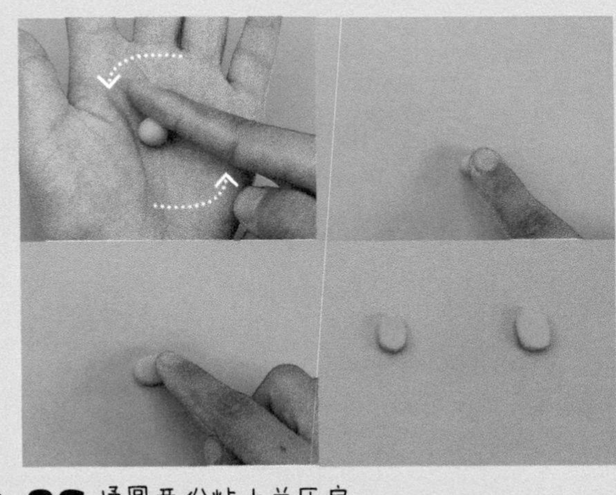

06 揉圆两份粘土并压扁.

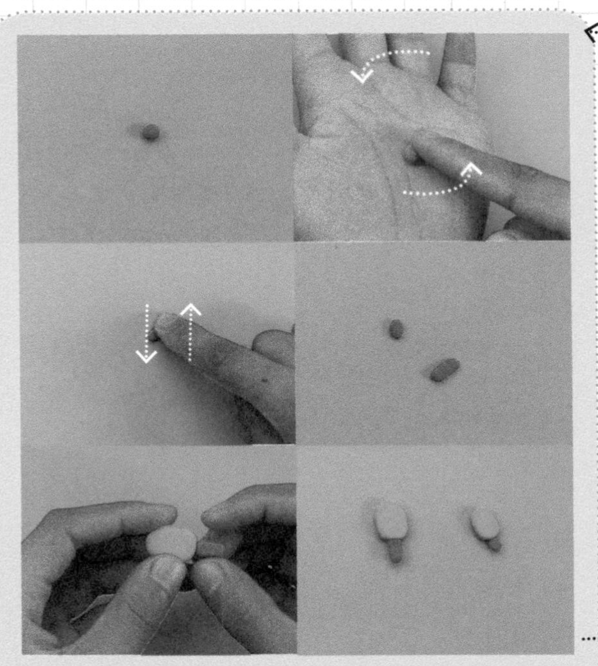

07 土黄色的粘土做两个短柱形，放到雪糕的下边.

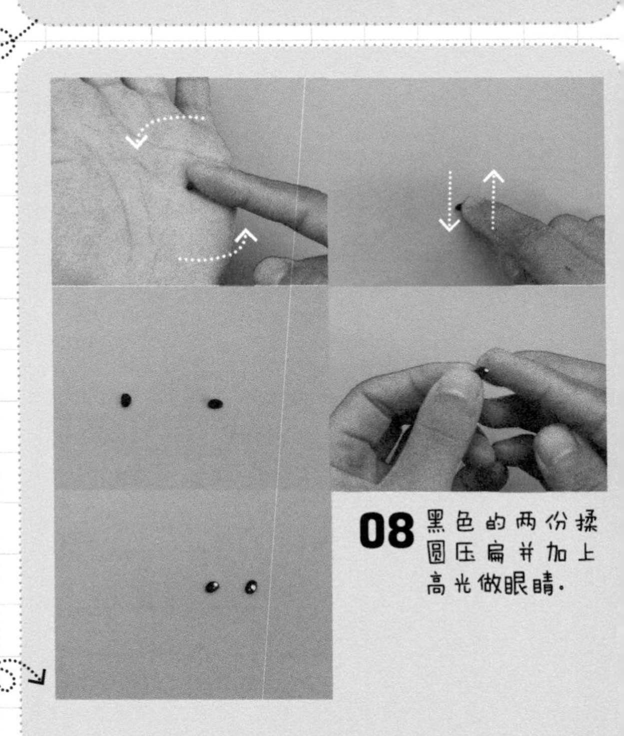

08 黑色的两份揉圆压扁并加上高光做眼睛.

09 把眼睛贴到雪糕上边，另一个用笔画出表情.

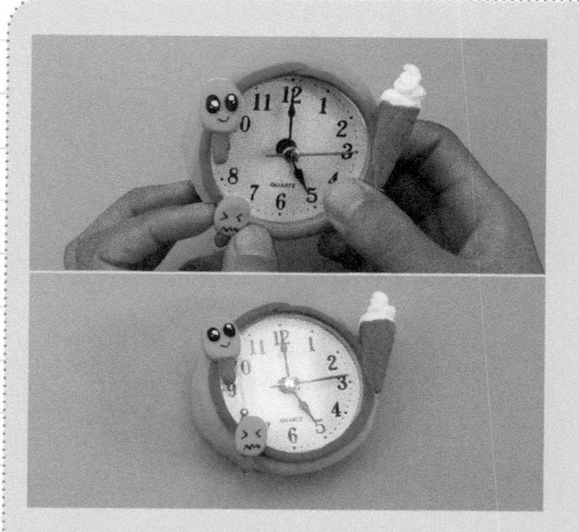

10 将做好的雪糕放到时钟上。

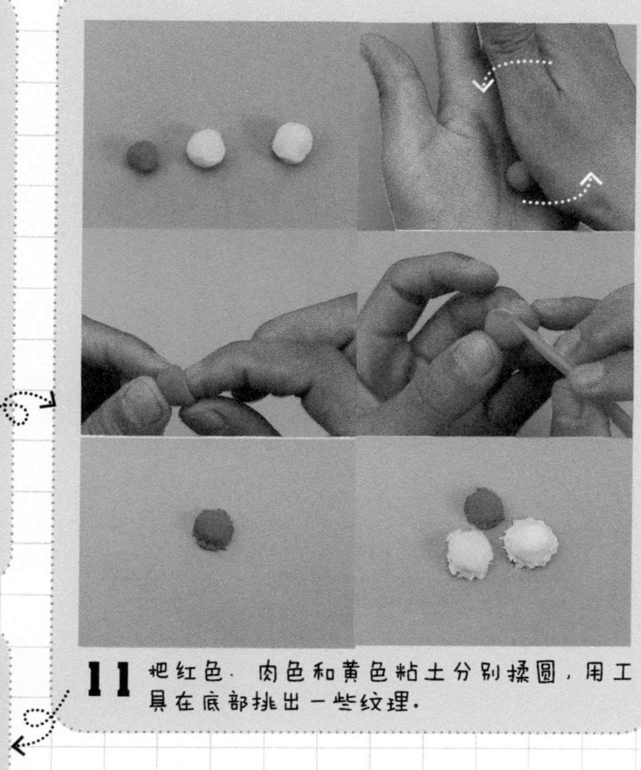

11 把红色、肉色和黄色粘土分别揉圆，用工具在底部挑出一些纹理。

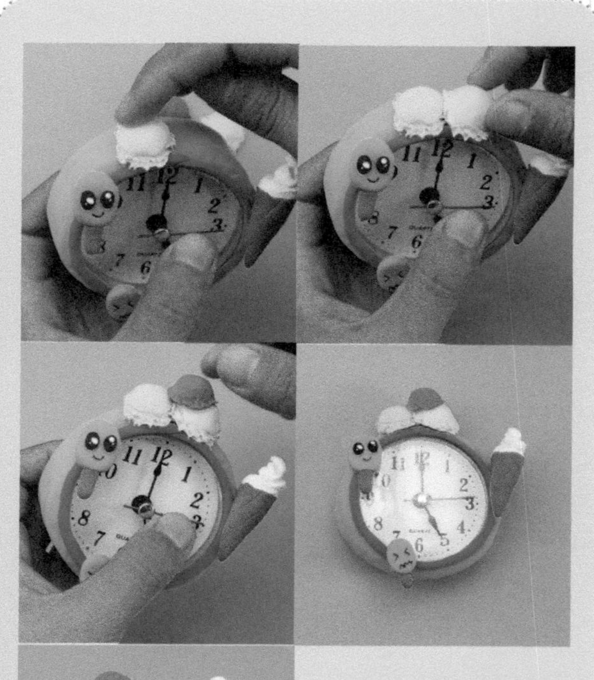

12 将做好的球放到时钟上。

汉堡 钥匙圈

制作时，注意汉堡的大小，不要做得太大，否则不便于当钥匙链。

准备工具

材料：

难易度：

所需颜色：

白色 肉色 黄色  深绿色

 红色  蓝色 黑色

需调配颜色： 姜黄色 绿色

红色＋黑色＋肉色＋白色  黄色＋深绿色

制作过程：

- 面包的制作
- 蔬菜、肉和酱的制作

★面包的制作

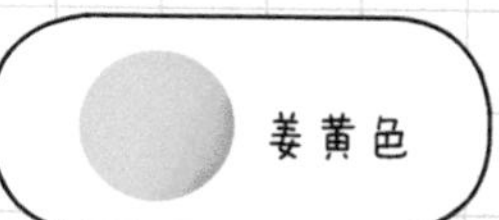

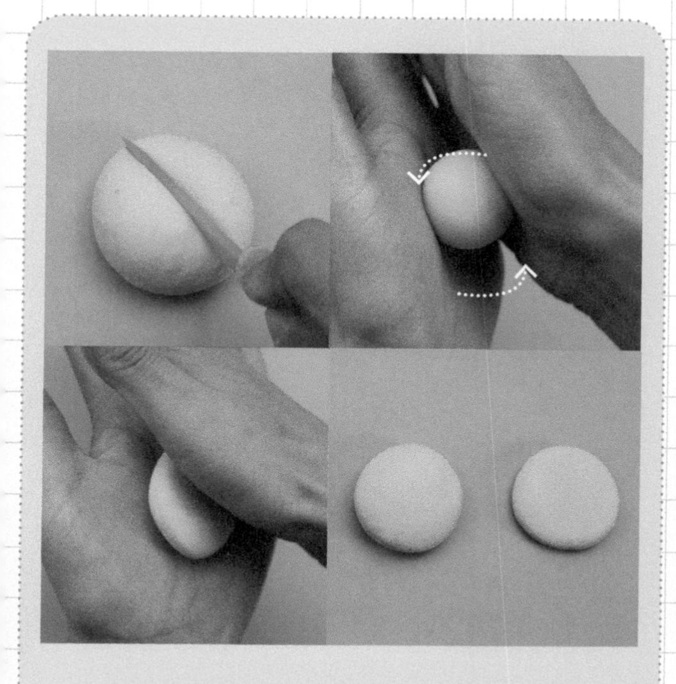

01 把姜黄色粘土分两等份，分别揉圆压扁。

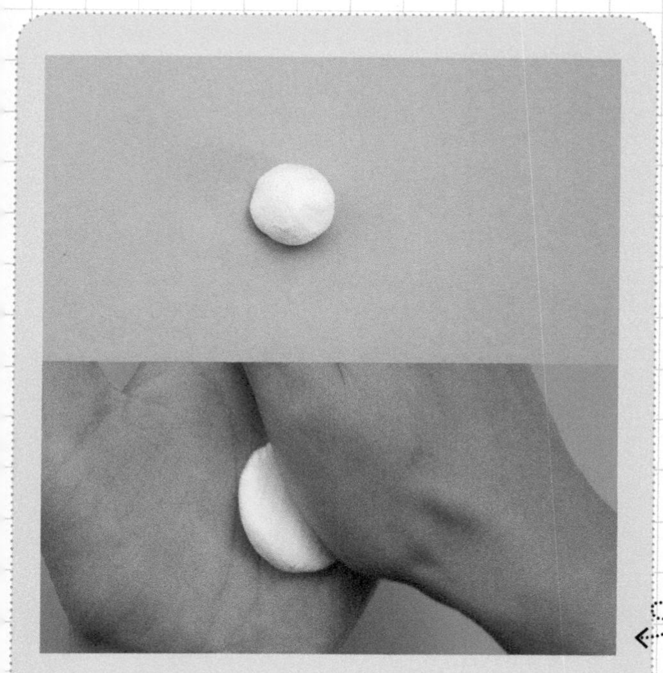

03 白色粘土揉圆压扁同样把边缘调整一下。

★蔬菜、肉和酱的制作

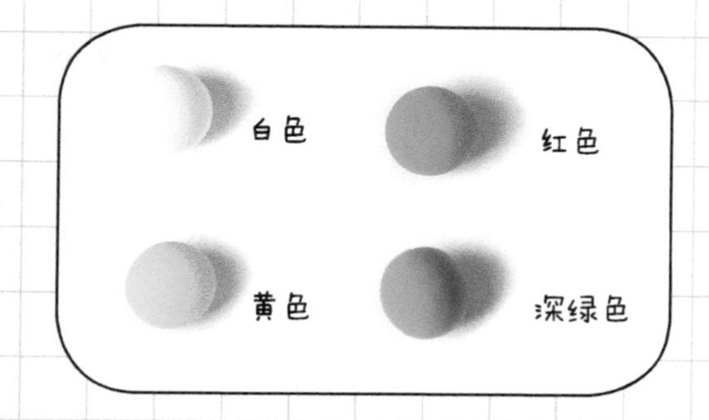

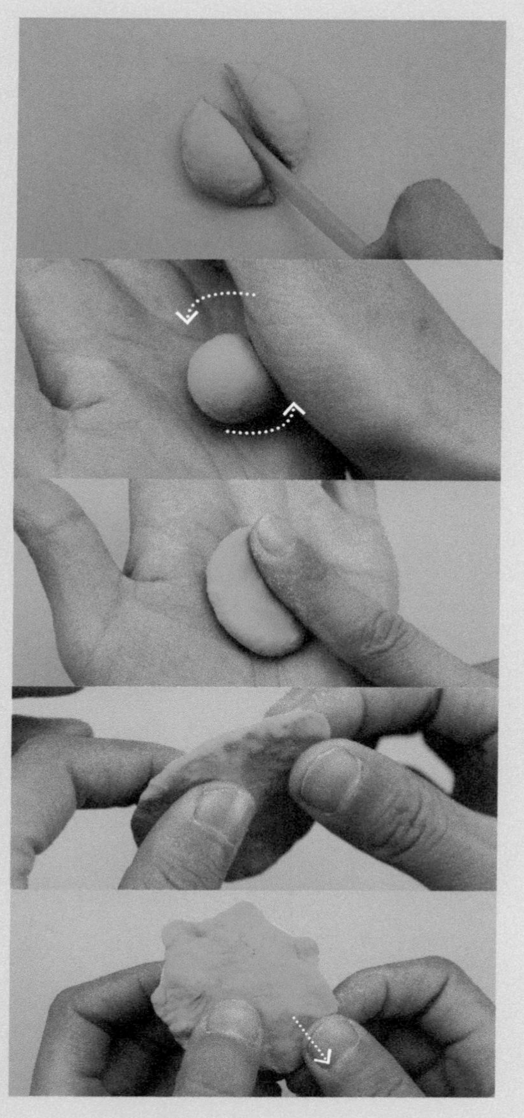

02 用黄色和深绿色粘土调成绿色粘土，然后分两份压扁，并调整出不规则的边缘。

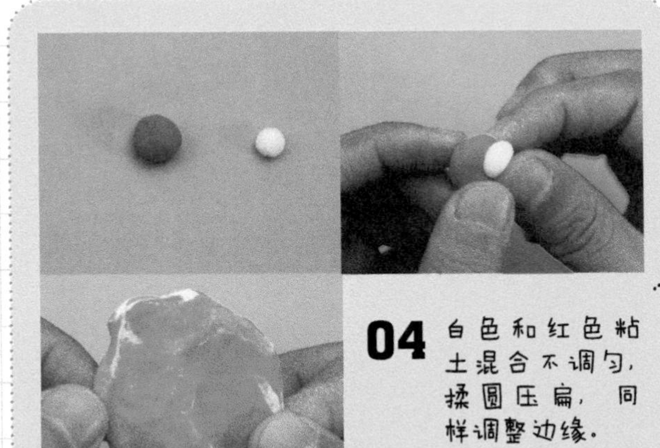

04 白色和红色粘土混合不调匀，揉圆压扁，同样调整边缘。

05 将做好的几份放到一起。

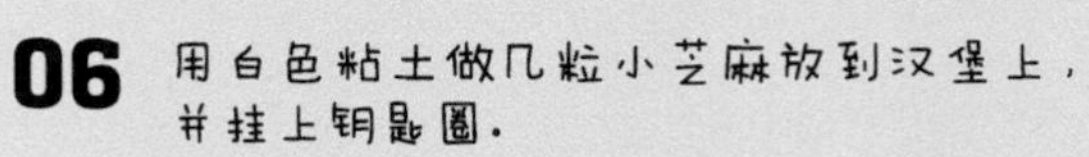

06 用白色粘土做几粒小芝麻放到汉堡上，并挂上钥匙圈。

NO.8 音乐风相框

音乐风 相框

制作音符时，要注意掌握好粘土的粗细，不应过粗，以免影响作品的美观。

准备工具

材料：

难易度： ★★★

所需颜色：

白色 紫色 红色

棕色 黑色

需调配颜色：浅紫色 浅棕色

白色＋紫色

白色＋棕色

制作过程：

- 背景的制作
- 钢琴和装饰物的制作

★背景的制作

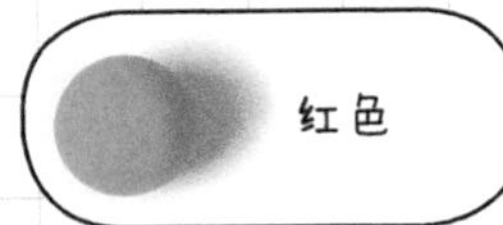

★音符的制作

01 用红色粘土将准备好的相框包起来。

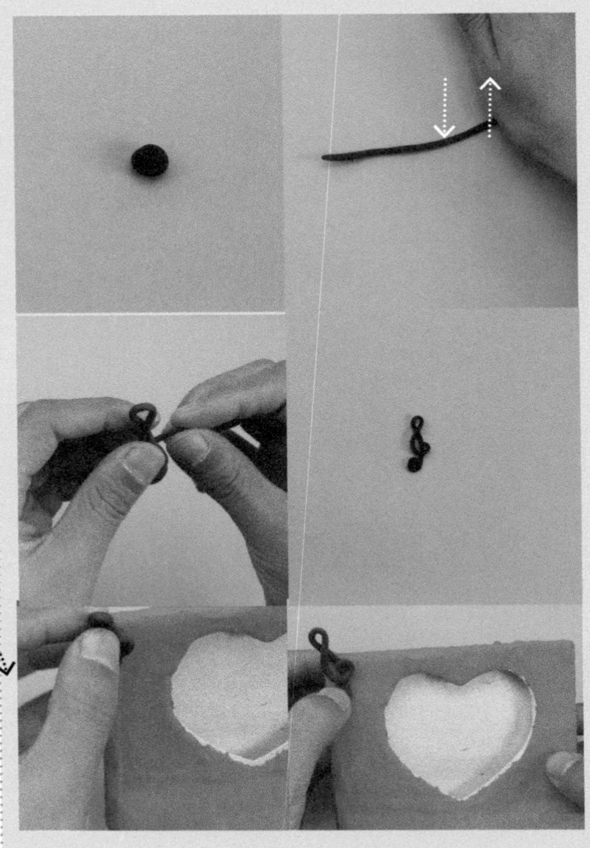

02 将黑色的粘土搓成长条并做出音符的形状摆放到上边。

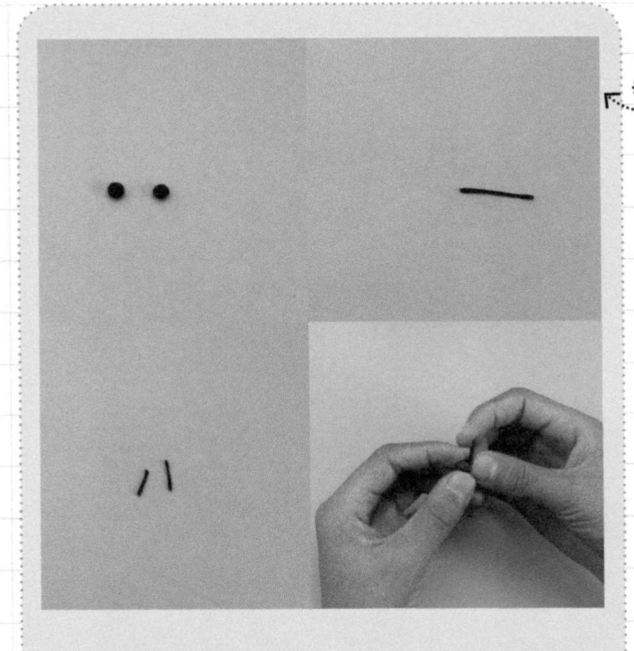

03 将黑色粘土先揉成两个大小相同的球形，再取一些揉成一长两短的长条形。

04 将两个黑色的小球与两根长条相连，再用另一个长条连接两者做成音符。

★钢琴和装饰物的制作

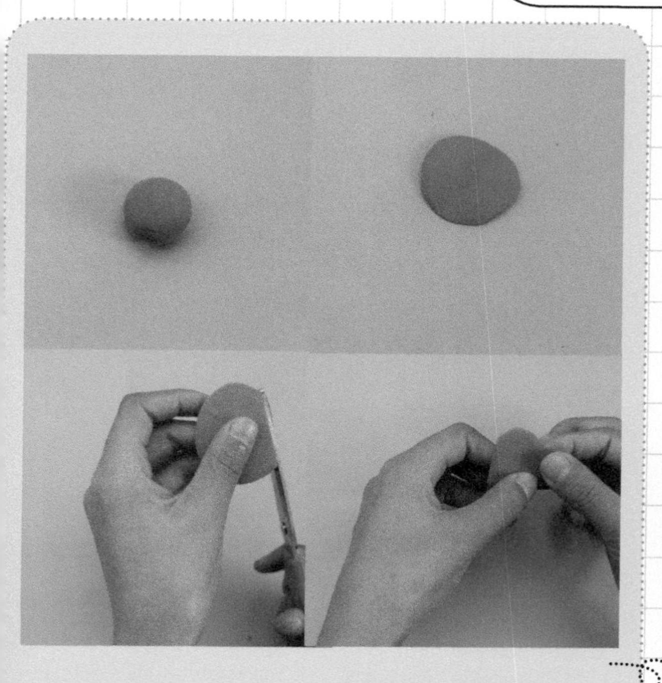

05 浅棕色粘土揉圆压扁，用剪刀剪出钢琴的形状。

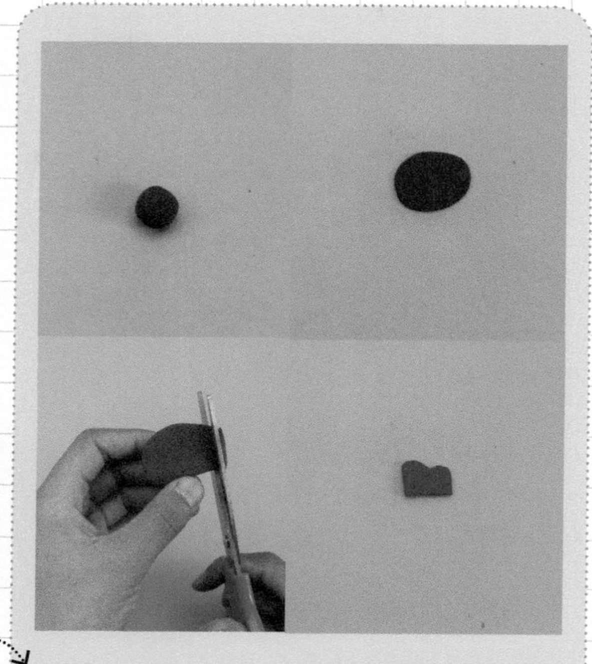

06 深棕色的同样揉圆压扁，剪出比浅棕小一圈的形状。

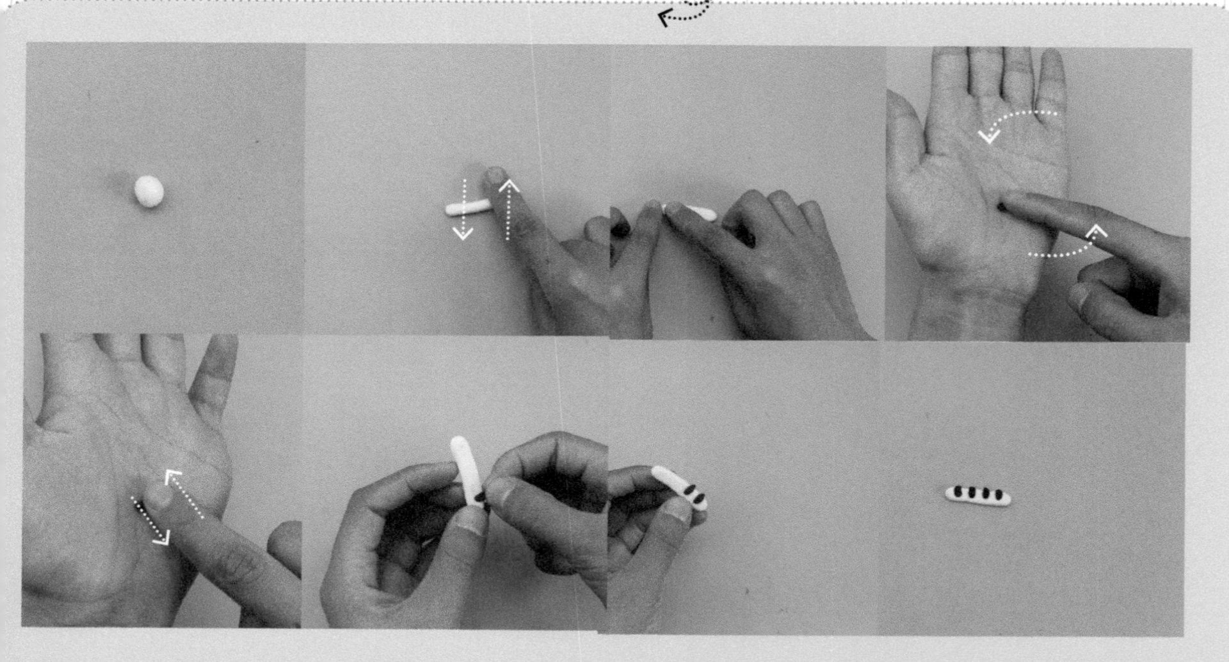

07 白色粘土做长条压扁，黑色粘土做小柱形，压扁做钢琴键。

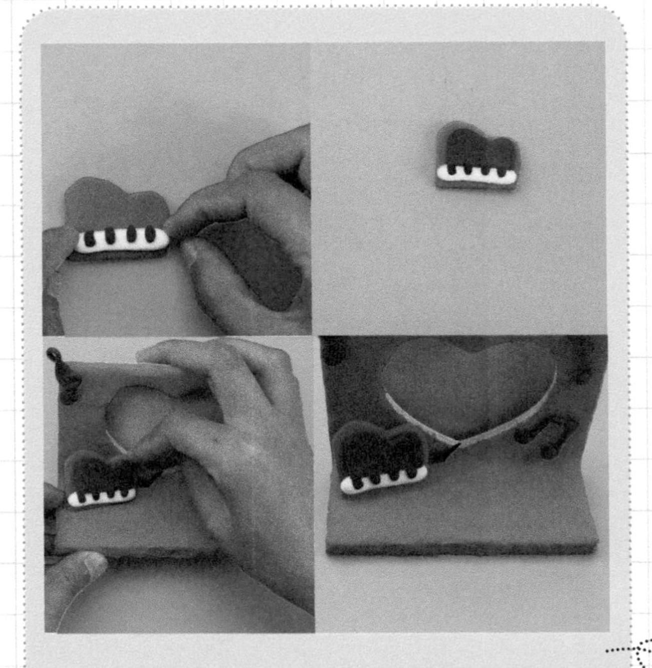

08 将两部分放到一起，如上图所示。

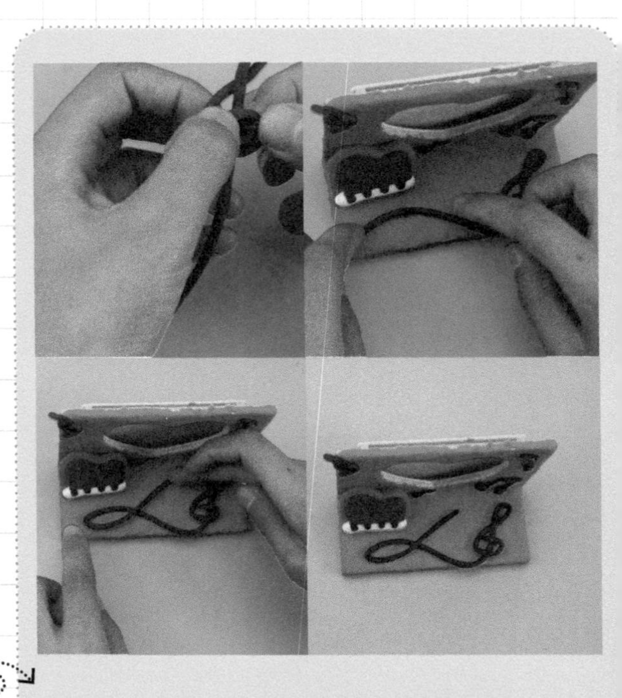

09 黑色粘土做长条，做音符来装饰相框的底部。

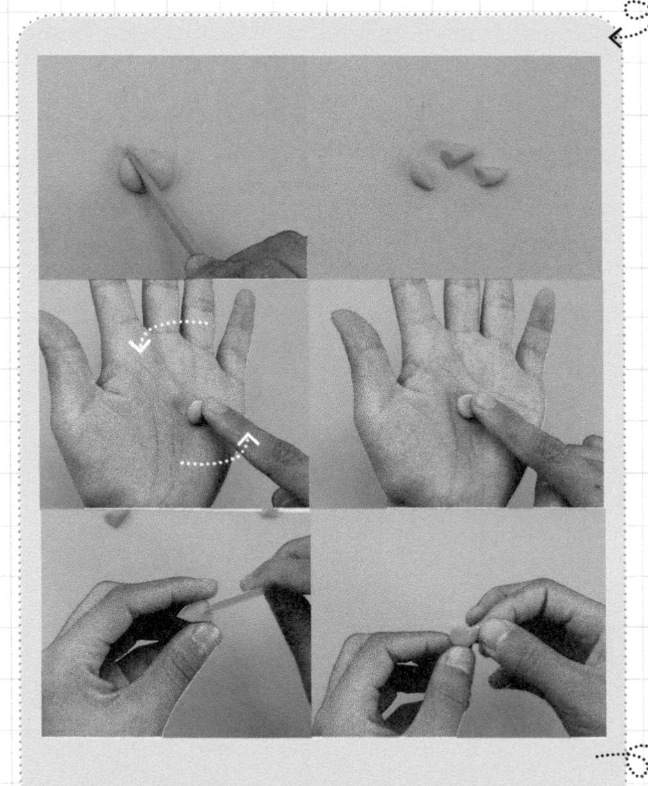

10 浅紫色的粘土分成不等份做心形。

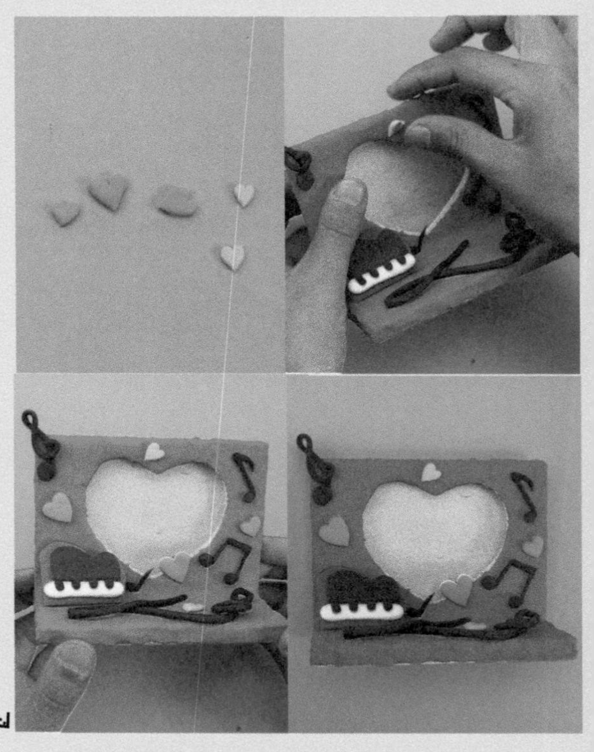

11 做好的心形放到相框上做装饰。

马卡龙
便签夹

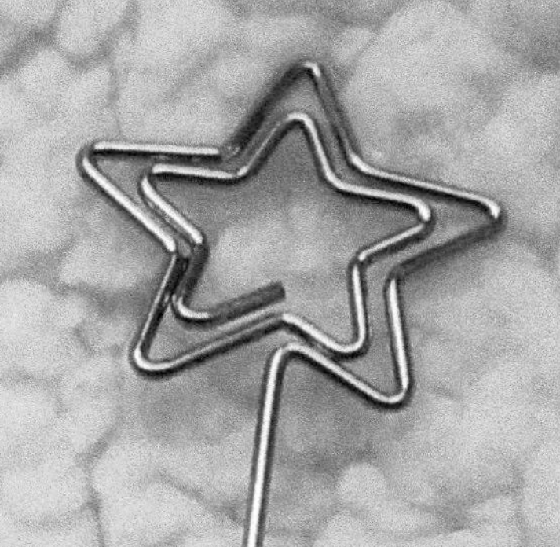

马卡龙 便签夹

用工具画出马卡龙饼干边缘纹理时，要小心使用，不要戳坏边缘。

准备工具

材料：

难易度： ★★

所需颜色：

白色　紫色

制作过程：

- 马卡龙的制作
- 组合

需调配颜色： 浅紫色

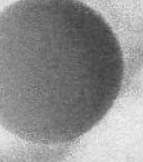

白色 + 紫色

★马卡龙的制作

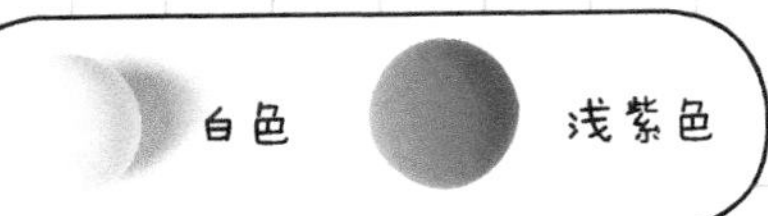

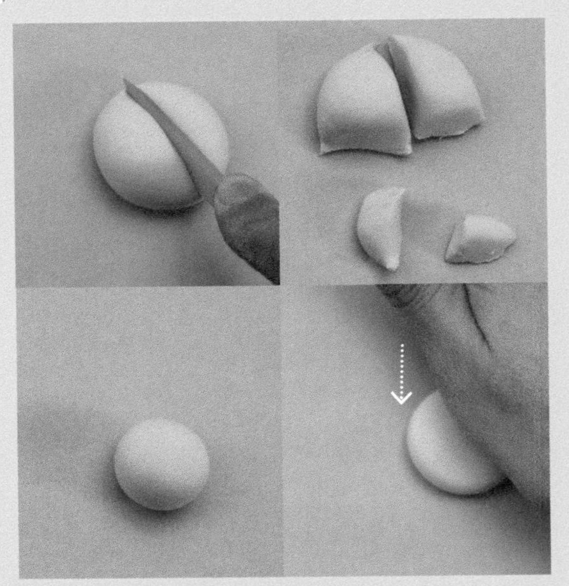

01 浅紫色粘土分成如图的几份，取其中一份揉圆压扁。

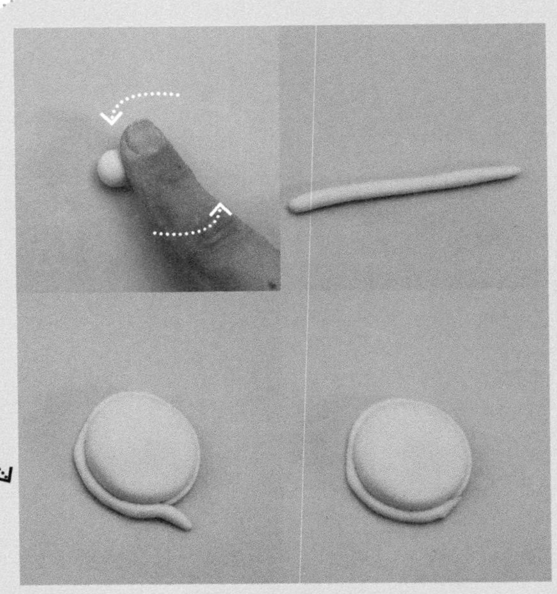

02 小份做长条把圆饼围起来。

03 用工具将长条部分挑拨出纹理来。然后用相同方法做出另一片饼干。将白色粘土揉圆压扁放到两个圆饼中间，马卡龙就做好了。

★组合

04 将便签夹插到马卡龙上吧。